"十二五"普通高等教育本科国家级规划教材
国 家 精 品 课 程 配 套 教 材
国家级精品资源共享课程配套教材

21世纪大学本科计算机专业系列教材

丛书主编 李晓明

程序设计基础（C语言）习题集与实验指导（第3版）

蔺永政 潘玉奇 主编
蒋 彦 袁 宁 张 玲 赵亚欧 编著

清华大学出版社
北京

内容简介

本书是《程序设计基础(C语言)(第3版)》(主教材)的配套教材，分为4部分。第一部分是C语言上机开发环境介绍，详细介绍Visual Studio 2013集成开发环境的使用方法，使读者熟悉开发环境，掌握上机调试程序的方法和技巧。第二部分是习题与参考答案，针对主教材的各章内容精心设计了习题，包括选择题、程序阅读题、程序填空题和编程题，各章的题目数量、类型、难易程度略有不同，帮助读者更好地理解和掌握每章的重点、难点。第三部分是C语言实验平台介绍，主要介绍希冀实验平台和在线评测平台。第四部分是上机实验，实验题目包括阅读程序、程序改错和编程。其中第1～9章列出了本章实验中常见的错误及解决方法，有助于读者避免在编程中出现类似的错误；第10章设置了21个综合性和实用性较强的实验题目，可以作为程序设计基础课程的课程设计题目。

本书既可满足高等学校计算机、网络工程等专业的实验教学需要，也可满足非计算机专业计算机公共基础课程的实验教学需要。

图书在版编目(CIP)数据

程序设计基础(C语言)习题集与实验指导/蔺永政，潘玉奇主编．—3版．—北京：清华大学出版社，2023.6
21世纪大学本科计算机专业系列教材
ISBN 978-7-302-63654-0

Ⅰ.①程…　Ⅱ.①蔺…　②潘…　Ⅲ.①C语言－程序设计－高等学校－教学参考资料　Ⅳ.①TP312.8

中国国家版本馆CIP数据核字(2023)第090166号

责任编辑：张瑞庆
封面设计：常雪影
责任校对：郝美丽
责任印制：沈　露

出版发行：清华大学出版社
网　　址：http://www.tup.com.cn，http://www.wqbook.com
地　　址：北京清华大学学研大厦A座　　**邮　　编**：100084
社 总 机：010-83470000　　**邮　　购**：010-62786544
投稿与读者服务：010-62776969，c-service@tup.tsinghua.edu.cn
质量反馈：010-62772015，zhiliang@tup.tsinghua.edu.cn
课件下载：http://www.tup.com.cn，010-83470236
印 装 者：三河市铭诚印务有限公司
经　　销：全国新华书店
开　　本：185mm×260mm　　**印　　张**：21.25　　**字　　数**：516千字
版　　次：2011年1月第1版　2023年6月第3版　　**印　　次**：2023年6月第1次印刷
定　　价：68.00元

产品编号：094646-01

21世纪大学本科计算机专业系列教材编委会

本书主审：李晓明　杨　波

前言

FOREWORD

“程序设计基础”课程需要进行大量的编程练习和上机操作，学生才能理解和掌握程序设计所涉及的概念、内涵、编程思想和程序调试方法与技巧。本书包含大量的基础习题和上机实践案例，旨在帮助读者通过训练逐步积累编程经验，从而全面提高程序设计类人才的培养质量，着力造就拔尖创新人才，为国家人才强国战略的实现做出贡献。

本书是《程序设计基础(C 语言)(第 3 版)》(主教材)的配套教材，全书内容分为 4 部分。

第一部分：C 语言上机开发环境介绍。详细介绍 Visual Studio 2013 集成开发环境的使用方法，包括源程序的创建、编译、连接和运行过程，程序的单步调试方法和调试窗口的使用，使读者较快地熟悉 Visual Studio 2013 环境，帮助读者掌握上机调试程序的方法和技巧。另外，CodeBlocks 是一个开放源码的全功能的跨平台 C/C++ 集成开发环境，应用比较广泛，因此本书也对 CodeBlocks 的开发环境进行了简要介绍，帮助读者快速掌握程序编辑和执行的基本步骤。

第二部分：习题与参考答案。针对主教材的各章内容精心设计了习题，包括选择题、程序阅读题、程序填空题和编程题。每章根据需要掌握的知识，涉及的题目数量、类型、难易程度略有不同，通过这些题目可以更好地理解和掌握每章的重点、难点。参考答案部分对难度较大的题目给出详细的解题说明。考虑到编程题并没有标准答案，而且编程本身非常具有“个人特色”，读者可以运行自己编写的程序来验证其正确性。因此，本书仅对有一定难度的编程题给出了解题提示，个别难题给出了参考代码。

第三部分：C 语言实验平台介绍。首先介绍了我们目前使用的实验平台——希冀实验平台(Course Grading，CG)，它是由北京航空航天大学计算机学院与郑州云海科技有限公司合作开发的交互教学实验平台。主要功能包括程序的自动评测、作业管理、考试管理、在线答疑等。另一个是在线评测平台(Online Judge，OJ)，OJ 平台比较多，比较著名的有北京大学 poj、杭州电子科技大学 hdoj、浙江大学 zoj、PTA、牛客、洛谷、计蒜客等，这些 OJ 读者可以自行注册。本书介绍了 OJ 上的题目格式，以及输入输出的几种常用方法，希望对读者有所帮助。

第四部分：上机实验。实验题目主要分 3 类：①阅读程序并写出程序的运行结果；②找出程序中的语法错误或逻辑错误，并改正错误使程序能正确运行；③编写程序，一般会给出 2～3 道题目，要求上机调试并运行程序，编程题的难度也有所区别。部分章节还给出了 ICPC 竞赛题，让读者了解竞赛题目的出题思路和模式，读者可以根据自己的情况选做不同的题目。每章的最后列出了本章上机实验中常见的错误及解决方法，这部分内容有助于深入理解所学知识，从而避免在编程中反复出现类似的错误。此外，第 10 章中的题目都具有较强的综合性和实用性,可以作为程序设计基础的课程设计题目。

本书由济南大学C语言课程组组织编写,主要由蔺永政、潘玉奇、将彦、袁宁、张玲、赵亚欧编写,课程组的其他老师在教材的编写过程中提出了宝贵意见,在此表示衷心感谢。

受编者水平所限,书中难免存在疏漏之处,恳请广大读者提出宝贵意见。编者的联系邮箱为 ise_linyz@ujn.edu.cn。

编　者

2023年1月于济南

目 录

CONTENTS

第一部分 C语言上机开发环境介绍

第二部分 习题与参考答案

第三部分 C 语言实验平台介绍

第四部分 上机实验

第一部分
C 语言上机开发环境介绍

第 1 章 Visual Studio 2013 集成开发环境介绍

Visual Studio(简称 VS)是微软公司开发的基于 Windows 平台的多语言集成开发环境。在这个环境下,可以编辑、编译、连接、运行和调试 C 及 C++ 程序。该环境提供了程序开发的常用工具,并具有项目管理、窗口管理、联机帮助等功能。本书以 Visual Studio 2013 Professional(VS 2013 专业版)为背景介绍 VS 的基本操作。

1.1 启动 Visual Studio 2013 专业版

1.1.1 首次启动集成开发环境

首次启动会显示提示用户登录 Visual Studio 账户,如果已有账户,则单击“登录”按钮,输入用户名和密码登录;如果没有账户,则单击“以后再说”,如图 1.1(a)所示。随后会出现“开发环境设置”对话框,从开发设置下拉框中选择 Visual C++,主题颜色可保持默认“蓝色”。如果喜欢深色背景,代码白色显示,则可选择“深色”,如图 1.1(b)所示。单击“启动 Visual Studio”按钮启动,则出现“准备”对话框,等待几分钟即可启动开发环境。

(a)

(b)

图 1.1 首次启动对话框

1.1.2 正常启动集成开发环境

通过菜单方式启动 Visual Studio 2013。选择“开始”→Visual Studio 2013,即可启动,启动后的开发环境如图 1.2 所示。

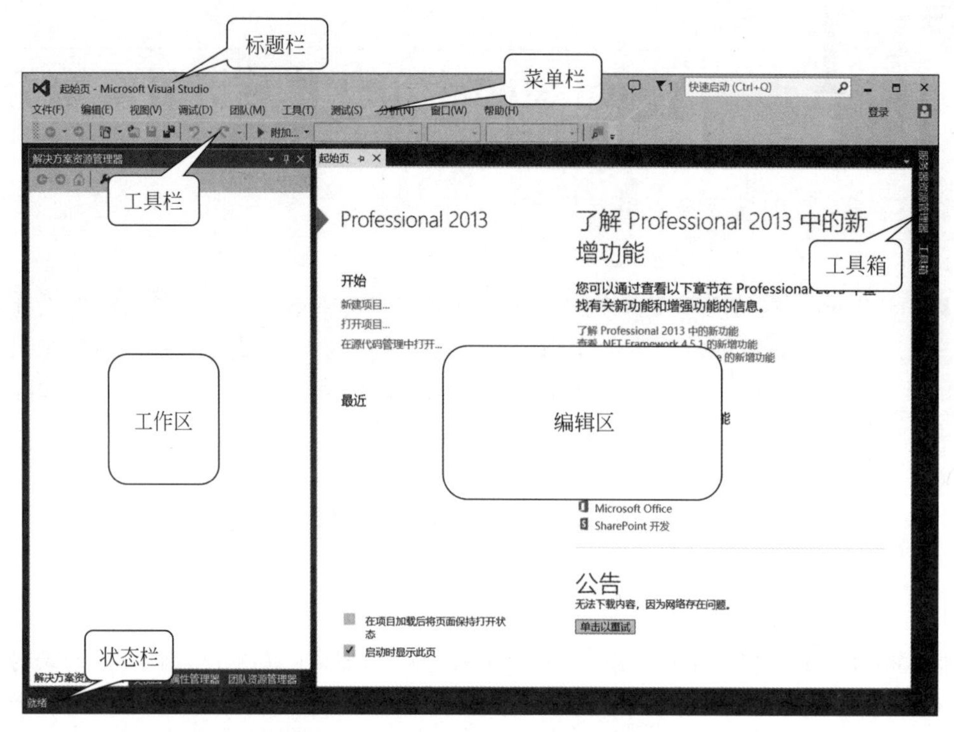

图 1.2　Visual Studio 2013 开发环境

1.1.3 Visual Studio 2013 的标题栏

标题栏主要用于显示当前应用程序打开的项目名。图 1.2 中的标题栏显示“起始页-Microsoft Visual Studio”,表示没有打开任何项目,仅仅显示起始页。如果新建一个名为 Hello 的项目,则标题栏显示为 Hello - Microsoft Visual Studio。

1.2 Visual Studio 2013 的菜单栏

菜单栏位于 Visual Studio 2013 开发环境的上方,它包含开发环境中几乎所有的命令,如图 1.3 所示。注意,菜单项在项目打开和未打开状态下会有所不同。图 1.3 展示的是项目打开状态下的菜单栏。用鼠标单击菜单项,会弹出相应的下拉菜单,下面简要介绍常用的菜单功能。

图 1.3　Visual Studio 2013 的菜单栏

1.2.1 “文件”菜单

“文件”菜单中的命令用来对文件和项目进行操作,“文件”菜单中的命令及其对应的功能如图 1.4 所示。

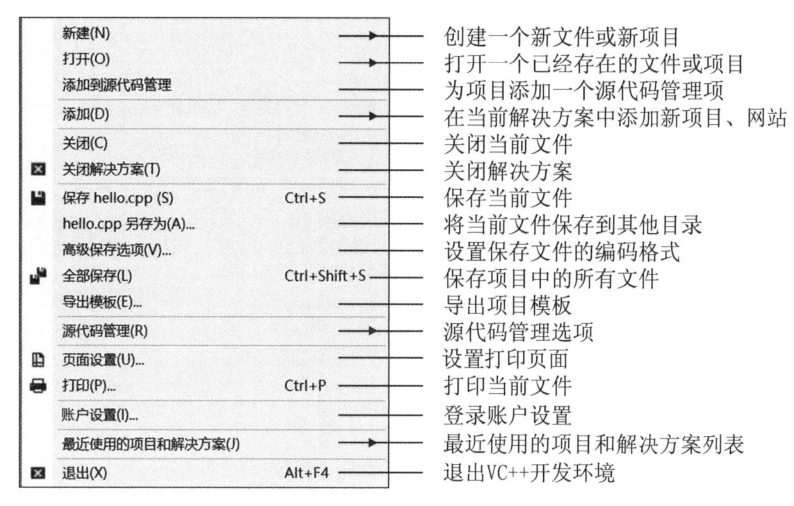

图 1.4 “文件”菜单中的命令及其对应的功能

1.2.2 “编辑”菜单

“编辑”菜单中的命令主要用来编辑文件内容,如复制、粘贴、删除等操作,以及书签、大纲管理、智能提示等功能。“编辑”菜单中的命令及其对应的功能如图 1.5 所示。

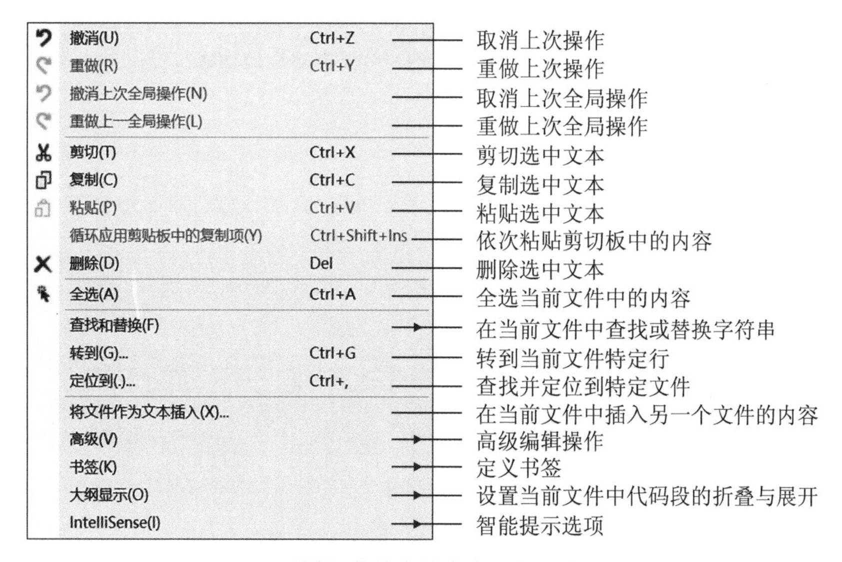

图 1.5 “编辑”菜单中的命令及其对应的功能

1.2.3 “视图”菜单

“视图”菜单中的命令主要用来开启常用的视图窗口,包括视图管理区域、编辑区域和输出区域的窗口,以及工具栏中各种工具条。“视图”菜单中的命令及其对应的功能如图1.6所示。

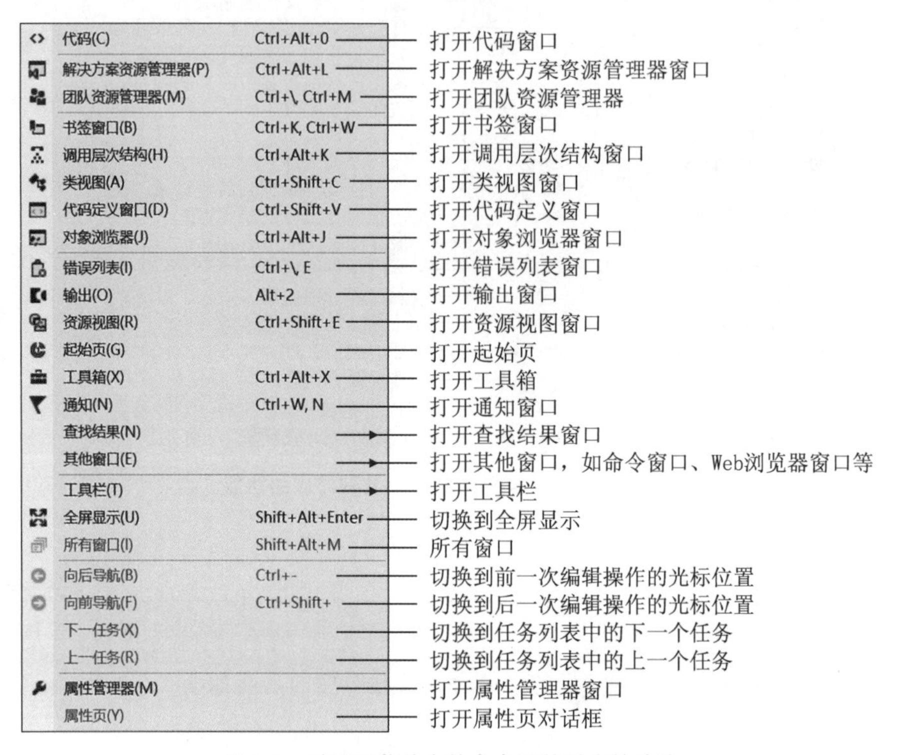

图1.6 “视图”菜单中的命令及其对应的功能

1.2.4 “项目”菜单

“项目”菜单中的命令主要用来进行项目管理,“项目”菜单中的命令及其对应的功能如图1.7所示。

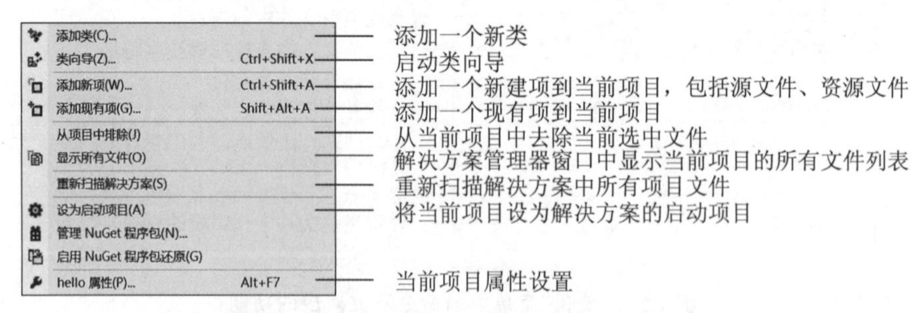

图1.7 “项目”菜单中的命令及其对应的功能

1.2.5 “生成”菜单

“生成”菜单中的命令主要用来进行程序的编译及连接，“生成”菜单中的命令及其对应的功能如图 1.8 所示。

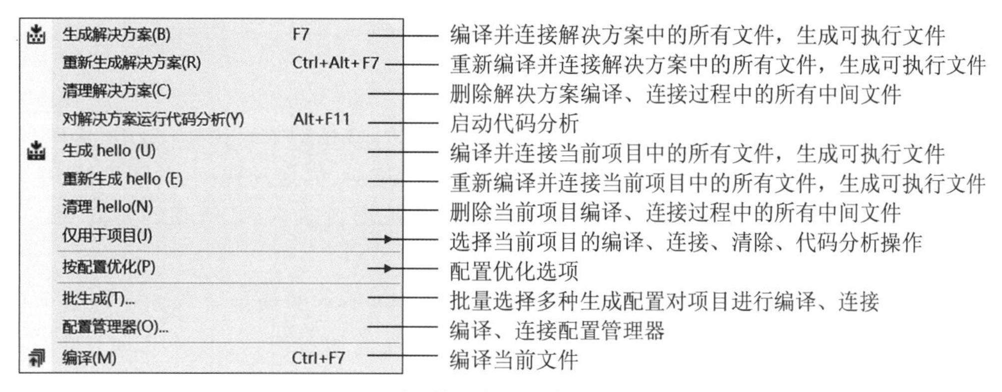

图 1.8 “生成”菜单中的命令及其对应的功能

1.2.6 “调试”菜单

“调试”菜单中的命令主要用来进行程序的调试及运行，“调试”菜单中的命令及其对应的功能如图 1.9 所示。

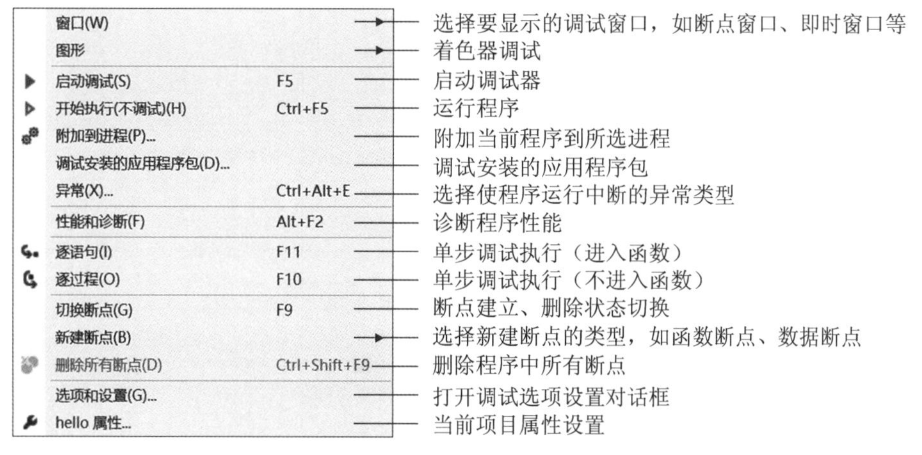

图 1.9 “调试”菜单中的命令及其对应的功能

1.3 Visual Studio 2013 的工具栏

Visual Studio 2013 中大部分的菜单命令都有对应的工具栏按钮，这些按钮按作用组织成一些小的工具栏，可以分别设置为显示或不显示方式，并且可以被拖放到工具栏的某一位置。常用的 3 个工具栏是标准工具栏、调试工具栏和文本编辑工具栏，如图 1.10 所示。

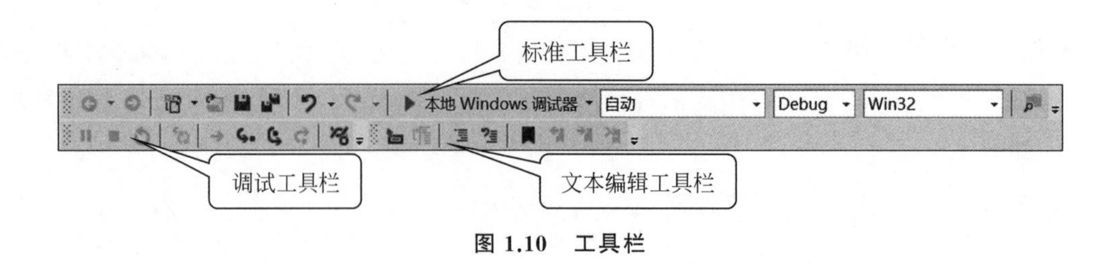

图 1.10　工具栏

标准工具栏提供常用的文件操作(打开、关闭、保存),常用的编辑操作(撤销、重做)以及常用的视图窗口显示按钮;调试工具栏提供常用的调试按钮,如启动调试、关闭调试、单步调试等;文本编辑工具栏提供常用的高级编辑按钮,如显示参数信息、显示成员列表、缩进、注释选中行、添加书签等。

当鼠标指针停留在工具栏上时,右击,弹出如图 1.11 所示的快捷菜单。在选项前打钩选中复选框,则对应的工具栏出现在屏幕上;若去掉选项前的对钩号,则对应的工具栏将从屏幕上消失。

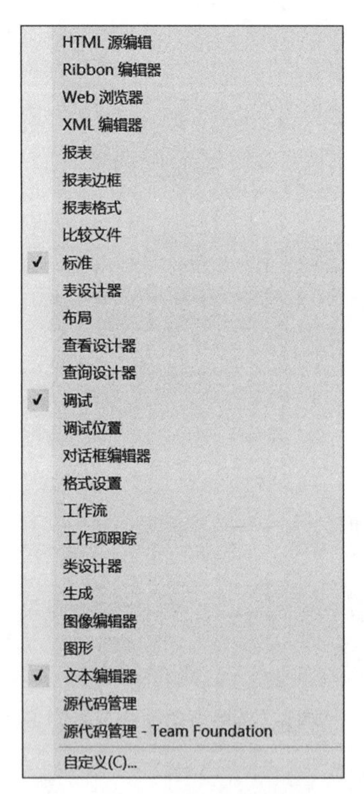

图 1.11　工具栏的快捷菜单

1.4　Visual Studio 2013 的窗口区

Visual Studio 2013 集成开发环境的窗口区如图 1.12 所示。

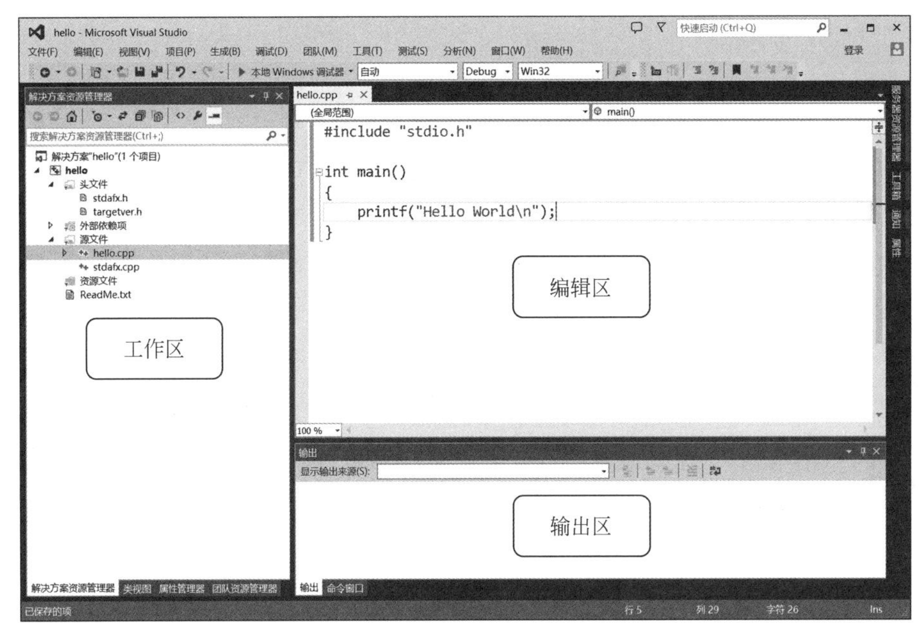

图 1.12 Visual Studio 2013 的窗口区

1. 工作区窗口

通过该窗口对项目进行管理，工作区窗口包含 3 个主要页面：解决方案管理器、类视图和属性管理器。

(1) 解决方案管理器用于显示和浏览项目的总体信息，展开页面中的 ▷，可以看到解决方案内的所有项目，以及项目对应的所有文件，包括头文件、源文件、资源文件和自述文件等。

(2) 类视图用于显示项目所包含的变量、函数、结构体等信息。该区域分为上下两栏，上栏显示全局变量与函数、结构体、类 3 类条目。单击具体条目，会在下栏显示该条目包含的成员(包括函数、变量、常量)，继续单击具体成员，则会在代码区打开该成员的程序代码。

(3) 属性管理器用于管理解决方案中项目的属性，双击项目名称会弹出项目属性页对话框，可对该项目属性进行更改。

2. 编辑区窗口

编辑区窗口主要用来显示、编辑源代码及资源文件，可同时打开多个子窗口。子窗口以标签页的形式排列，可单击标签切换。

3. 输出区窗口

输出区窗口包含一系列窗口，用于显示编译、连接信息和错误信息等。

第 2 章 创建一个 C 源程序

由于 Visual Studio 2013 是将一个程序作为一个项目来进行管理的，除了.cpp 源程序文件外，在程序编译、连接的过程中还会产生一些其他文件，与程序有关的所有文件都应存放在一个文件夹里。通常情况下，会在硬盘上创建一个工作文件夹，用来存放自己编写的 C 程序。例如，在 D 盘上建立文件夹"VC 程序"，以后创建的 C 程序都保存在该文件夹下。

2.1　创建一个控制台应用程序

所谓"控制台应用程序"，是指那些无 Windows 窗口界面，仅在命令行下运行的程序。这种应用程序不直接调用 Windows 接口，仅使用 C 语言标准库函数，输入、输出以命令行文本的形式提供，源文件一般可跨平台移植，具有较好的兼容性。

Visual Studio 2013 创建一个控制台应用程序步骤如下。

(1) 选择"文件"→"新建"→"项目"菜单命令，将显示"新建项目"对话框，在对话框的左侧栏目"已安装"→"模板"中单击 Visual C++，然后在右侧栏目的模板列表中选择"Win32 控制台应用程序"，最后在下方的"工程名称"编辑框中输入程序名称，如 hello。如果要改变新建项目位置，请单击下方"位置"右侧的"浏览"按钮，选择要保存的文件夹，如"D:\VC 程序"(注意请事先建立该目录)，如图 2.1 所示。

(2) 在"新建项目"对话框中单击"确定"按钮，将出现"欢迎使用 Win32 应用程序向导"页面，如图 2.2 所示。

(3) 在图 2.2 所示的页面中单击"下一步"按钮，将出现"应用程序设置"页面，在"应用程序类型"中选择"控制台应用程序"，并去掉"附加选项"中 "预编译头"和"安全开发生命周期(SDL)检查"前面的勾选，如图 2.3 所示。

(4) 在图 2.3 所示的页面中单击"完成"按钮，将创建一个 hello 项目，如图 2.4 所示。如源代码未在编辑区显示，则在工作区的"解决方案资源管理器"中树形文件目录中找到 hello.cpp，双击打开。如果未显示该文件，则双击树形结构的根结点 hello 或单击其左侧的 ▷，将出现"源文件"文件夹，再双击它，此时将会出现 hello.cpp。

图 2.4 中的这段代码是由模板自动生成的，并不适合初学者，因此请删除该文件全部内容，并重新编写，示例代码如图 2.5 所示。

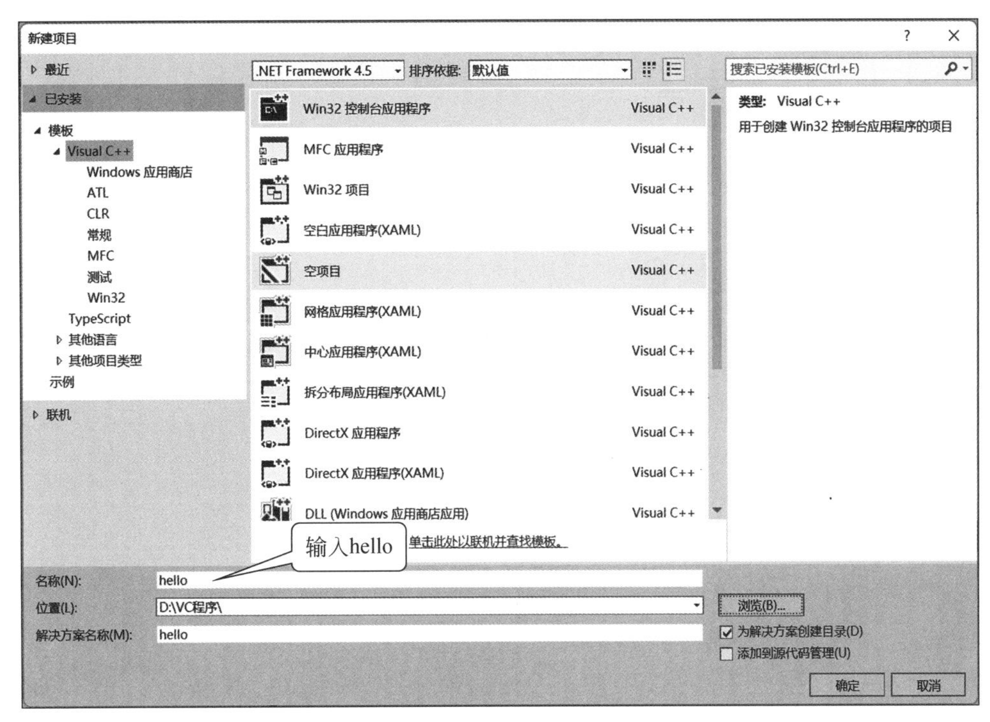

图 2.1 “新建项目”对话框

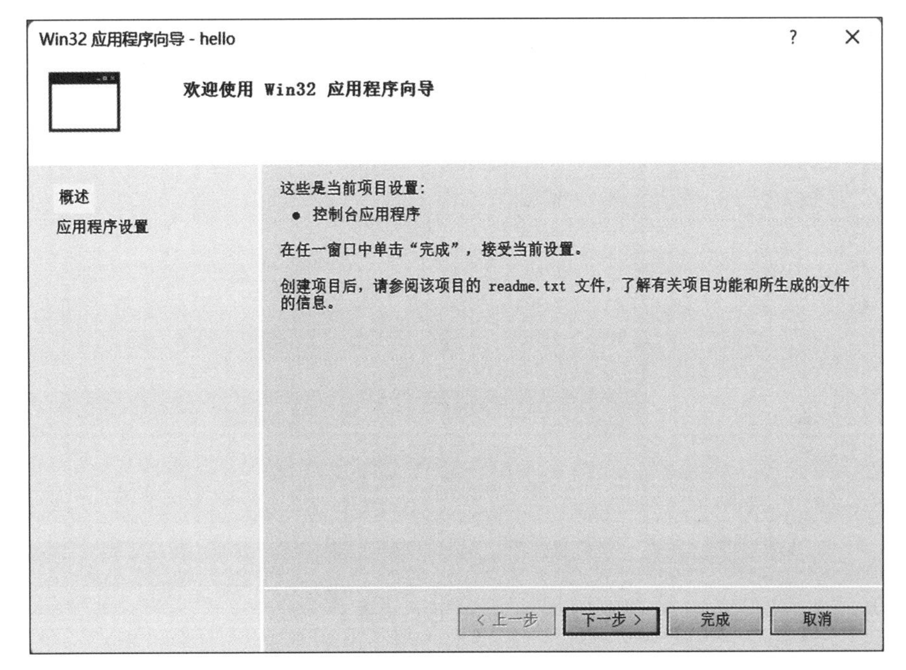

图 2.2 “欢迎使用 Win32 应用程序向导”页面

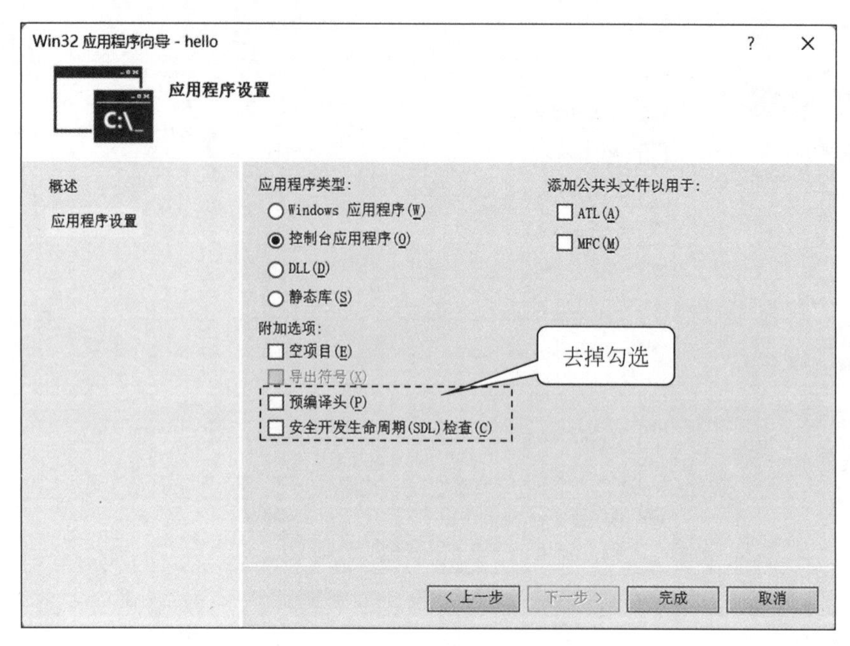

图 2.3 "应用程序设置"页面

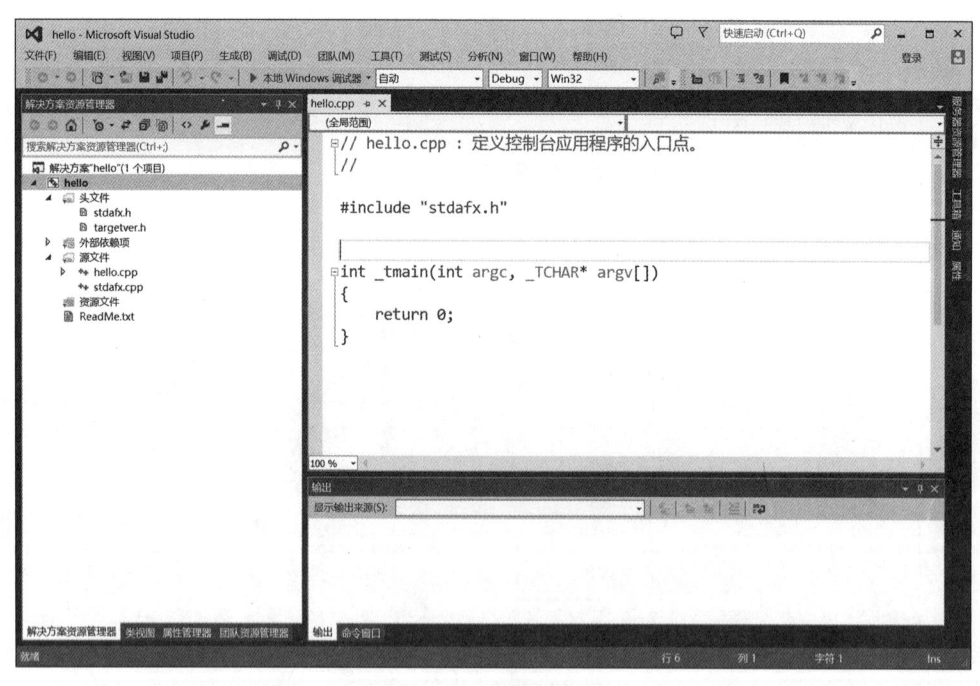

图 2.4 hello 项目界面 1

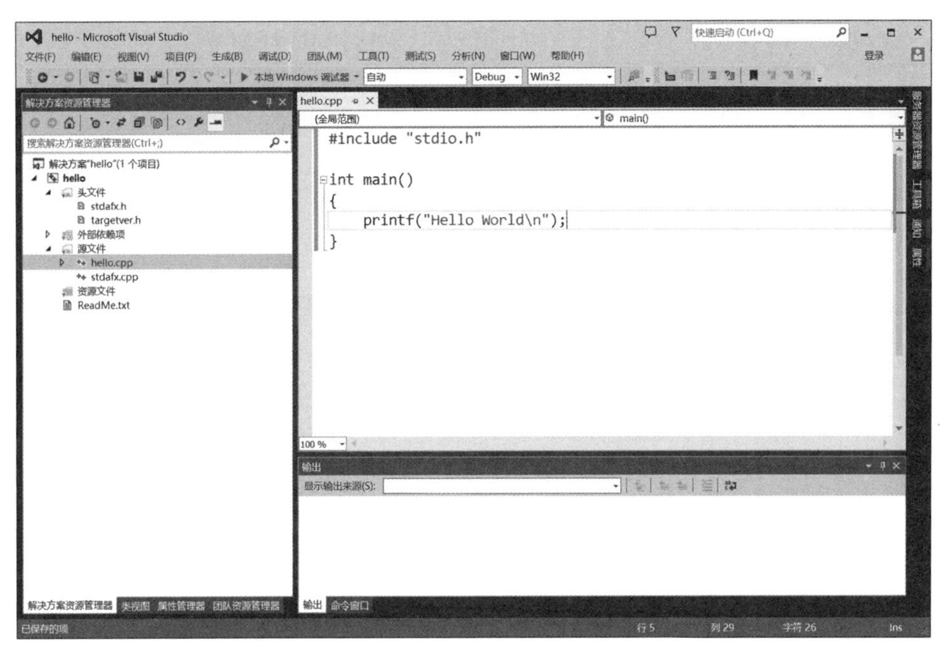

图 2.5　hello 项目界面 2

2.2　创建一个空项目

如果一个 C 程序包含多个文件，则可首先创建一个空项目，然后在该项目中创建并添加多个程序文件（包括.cpp 源文件和.h 头文件）。在编译时，系统会分别对项目中的每个文件进行编译，然后将所得到的目标文件连接成为一个整体，再与系统的有关资源连接，最后生成一个可执行文件。下面介绍创建一个项目文件的步骤。

1. 新建一个空项目

在 Visual Studio 2013 主窗口中选择“文件”→“新建”→“项目”菜单命令，在对话框的左侧栏目“已安装的模板”中单击 Visual C++，然后在右侧栏目的模板列表中选择“空项目”，最后在下方的“工程名称”编辑框中输入程序名称，如 Project1，如图 2.6 所示。在图 2.6 所示的对话框中单击“确定”按钮将创建 Project1 空项目，如图 2.7 所示。

2. 在新建的 Project1 项目文件中添加源程序文件

在“解决方案资源管理器”中单击选中“源文件”，右击，弹出快捷菜单，在其中选择“添加”→“新建项”，将弹出“添加新项”对话框，如图 2.8 所示。在左侧“已安装”列表框中选择 Visual C++，右侧文件列表中选择“C++ 文件(.cpp)”，在下方“名称”编辑框中输入源程序文件的名称。图 2.8 中输入的是 file1.cpp。

单击图 2.8 所示对话框中的“添加”按钮，在编辑区会出现一个标题为 file1.cpp 的空白窗口，可以在此窗口中编写程序代码，如图 2.9 所示。

按照上述方法可以继续添加源程序文件。如果需要添加自定义头文件，则单击“解决方案管理器”中的“头文件”，右击，弹出快捷菜单，选择“添加”→“新建项”，在“添加新项”对话框中选择“头文件(.h)”，然后输入文件名，单击“添加”按钮即可。

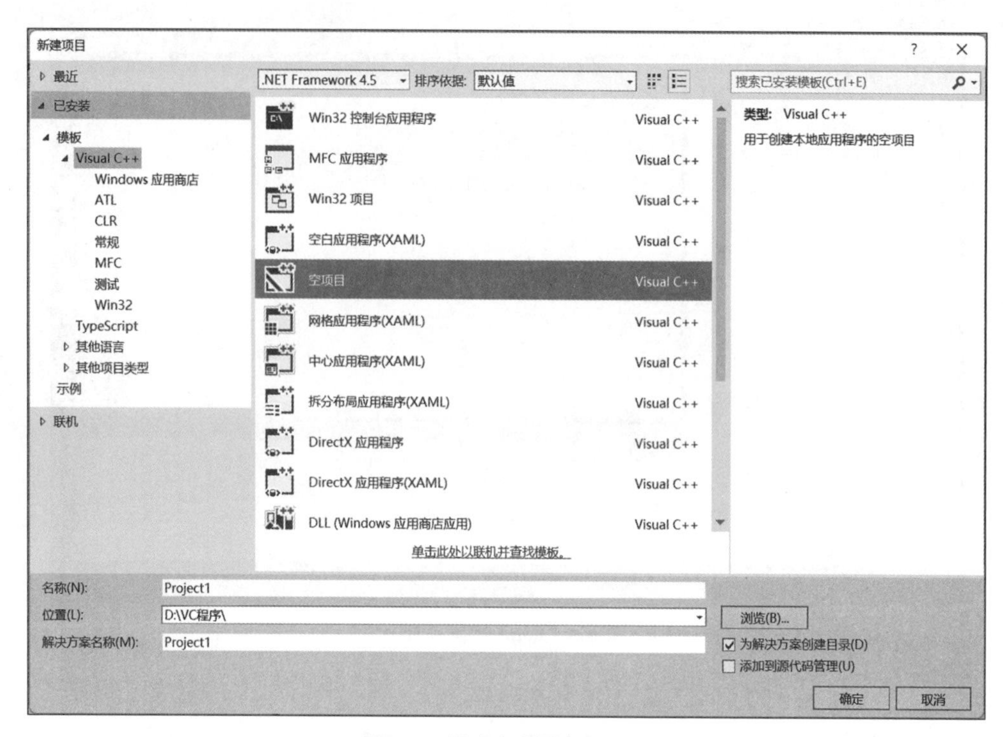

图 2.6　新建空项目 Project1

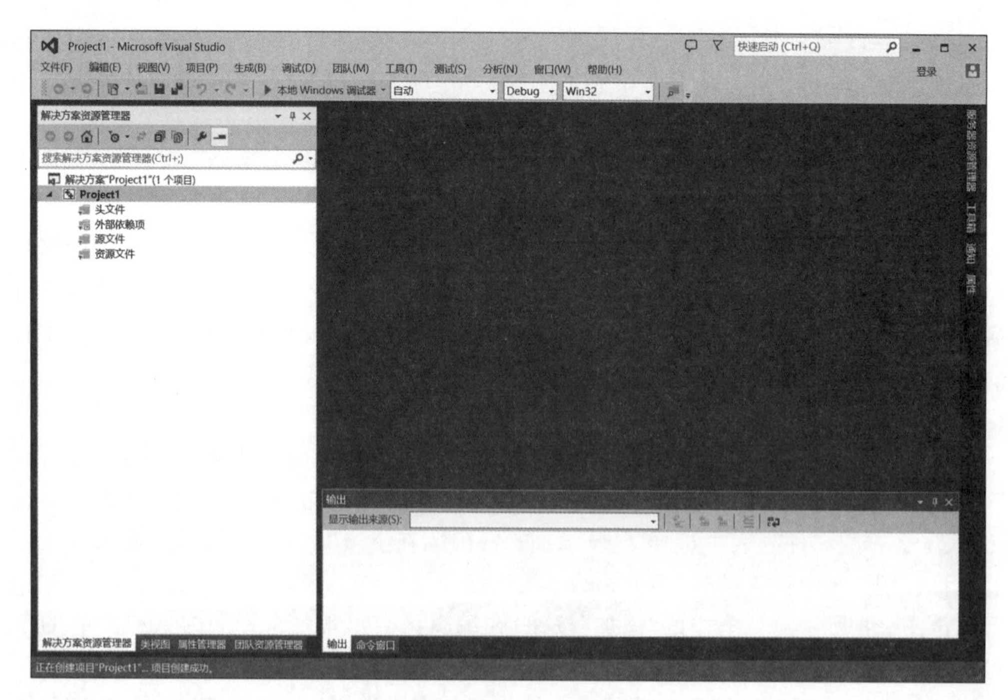

图 2.7　空项目 Project1 界面

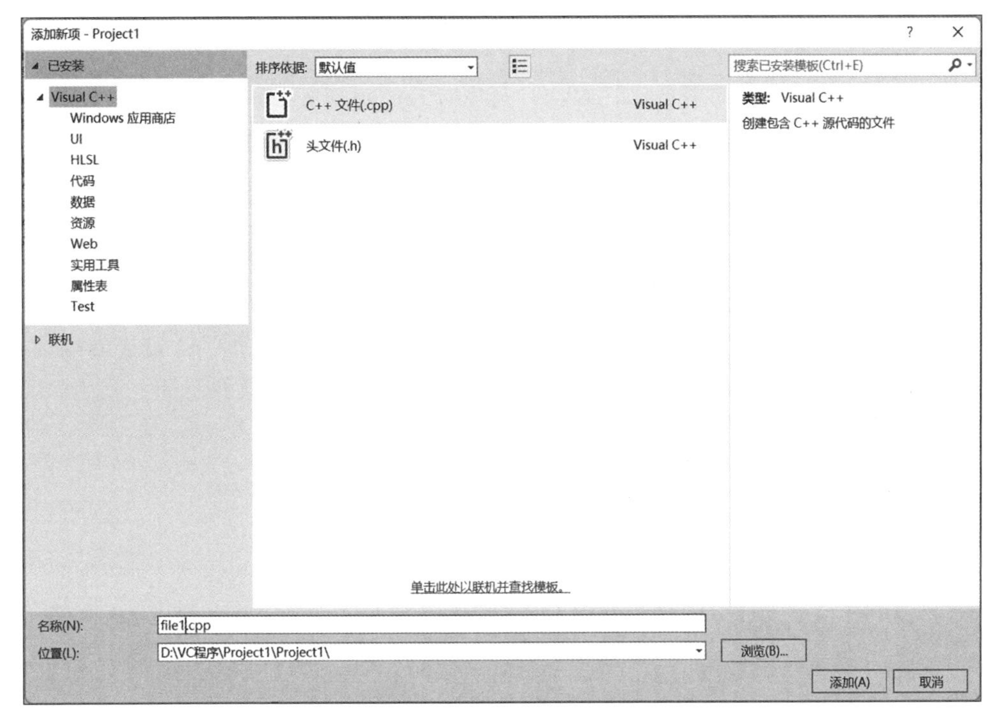

图 2.8 “添加新项”对话框

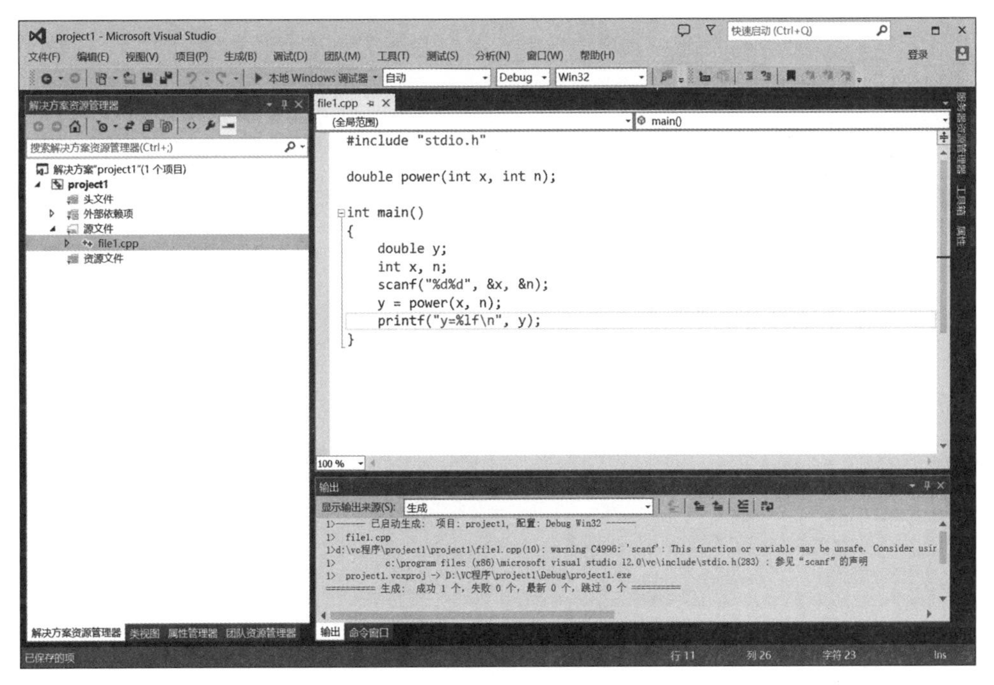

图 2.9 file1.cpp 编辑窗口内输入代码

2.3 打开一个已存在的项目

要打开一个已经存在的项目(如D:\VC程序\Project1),有两种方法:①按项目文件的存放位置找到已有文件project1.sln,即“我的电脑”→D盘→“VC程序”→Project1→project1.sln,然后双击文件名project1.sln,则会自动进入Visual Studio 2013的集成环境,并打开该项目文件;②先进入Visual Studio 2013的集成环境,然后选择菜单“文件”→“打开”→“项目/解决方案”,或直接单击工具栏中的打开按钮,则会出现打开对话框,再从中选择要打开的项目文件project1.sln。

另外,如果要打开的项目文件是近期打开过的,可选择菜单“文件”→“最近使用的项目和解决方案”,会出现最近用过的项目文件列表,从中选择要打开的文件即可。

第 3 章 C 源程序的编译、连接和运行

一个 C 源程序必须经过编译、连接，生成.exe 可执行文件后才能运行。现以图 2.5 所示的 hello 程序为例，说明程序的编译、连接、运行过程：单击菜单“生成”→“生成解决方案”，或者按下快捷键 F7，该程序将被编译，并连接生成可执行文件。输出窗口显示该过程的详细信息，如图 3.1 所示。可以看出，文件 hello.cpp 被编译，并连接生成可执行文件 hello.exe。窗口最后一行表明程序生成成功，没有错误。

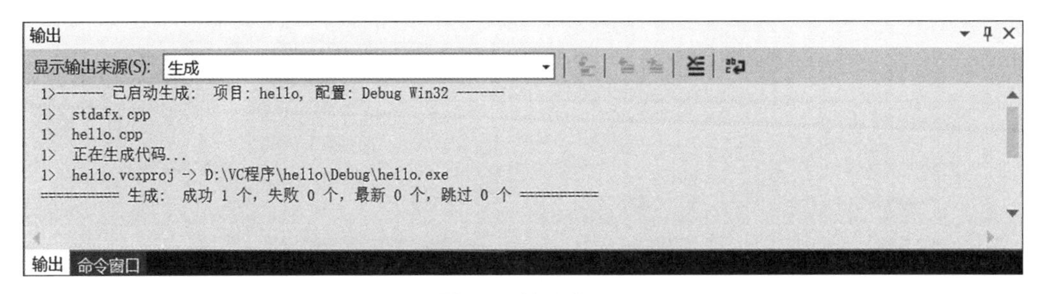

图 3.1　输出窗口

如果程序生成成功，单击菜单“调试”→“开始执行(不调试)”，或者按下快捷键 Ctrl+F5 运行程序，此时屏幕弹出控制台窗口，并显示 Hello World 等信息。注意，“请按任意键继续…”不是程序执行的结果，是 Visual Studio 2013 环境为方便用户查看结果而附加的，此时，用户按键盘任意按键即可关闭该窗口，如图 3.2 所示。

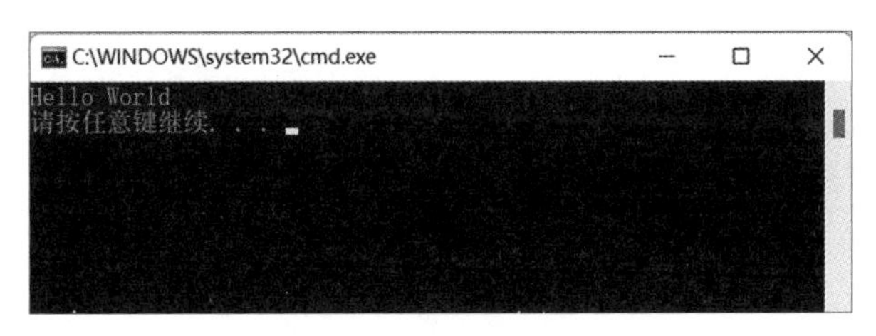

图 3.2　程序运行结果

Visual Studio 2013 为了方便用户操作，会自动检测可执行文件是否为最新文件，如果代码改变后运行程序，会提示用户是否需要重新编译，如图 3.3 所示，单击“是”，则重新编译代码并运行；单击“否”，则不进行编译，运行上次编译成功的程序。

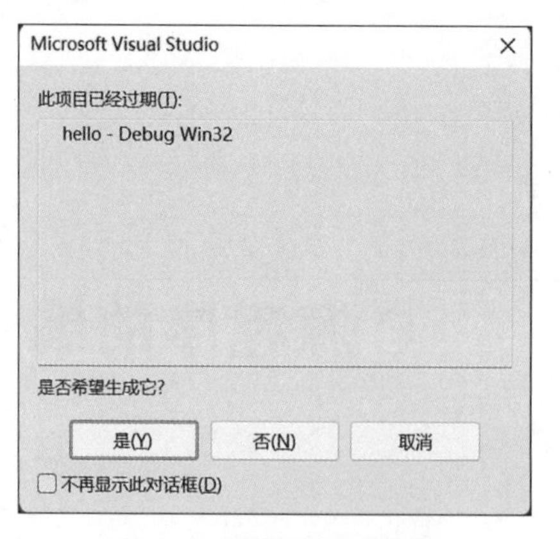

图 3.3　重新编译对话框

如果新建项目采用的是建立空项目的方式，若按上述方式编译运行程序，则会出现错误。用户可在输出窗口看到错误的具体内容是 error C4996：'scanf'：This function or variable may be unsafe，其含义为 scanf 为不安全函数。其原因是 scanf 在实际应用中会有内存溢出风险，不允许使用，但对于初学者而言，可以通过设置忽略此错误。具体方法：选择菜单"项目"→"project1 属性"，将会弹出属性对话框，在其左边树形结构中单击选择"配置属性"→C/C++，将其右侧选项"SDL 检查"设置为"否"，如图 3.4 所示。

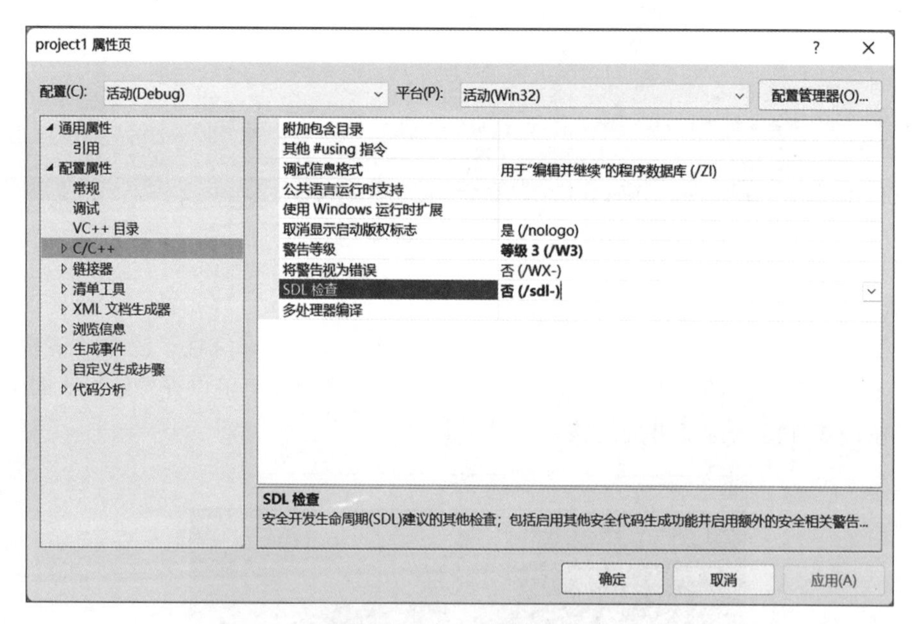

图 3.4　C/C++ 属性设置

更改配置之后重新编译，该程序可顺利编译通过。此时运行程序，则控制台窗口会一闪而过，没有显示任何结果。造成这个问题的原因是 Visual Studio 不会在空项目中自动添加运行窗口等待命令，程序运行完成后窗口自动关闭。因此，需要添加命令使窗口等待，以期看到程序运行结果。实现方法是：首先在代码第二行加入 #include"stdlib.h"，然后在主函数最后一行添加 system("pause");，如图 3.5 所示。

```
#include "stdio.h"
#include "stdlib.h"

double power(int x, int n);

int main()
{
    double y;
    int x, n;
    scanf("%d%d", &x, &n);
    y = power(x, n);
    printf("y=%lf\n", y);
    system("pause");
}
```

```
1>------ 已启动生成:  项目: project1, 配置: Debug Win32 ------
1>  file1.cpp
1>d:\vc程序\project1\project1\file1.cpp(10): warning C4996: 'scanf': This function or variable may be unsafe. Consider usir
1>          c:\program files (x86)\microsoft visual studio 12.0\vc\include\stdio.h(283) : 参见“scanf”的声明
1>  project1.vcxproj -> D:\VC程序\project1\Debug\project1.exe
========== 生成:  成功 1 个，失败 0 个，最新 0 个，跳过 0 个 ==========
```

图 3.5　添加“窗口等待”相关代码

如果程序出现语法错误，则会导致编译失败，此时输出窗口会显示错误信息。如图 3.6 所示，printf 函数少写了一个字母 f，编译后输出窗口显示出错信息。此时，双击出错信息所在行，则该行信息会高亮显示，同时编辑区会自动跳转到代码所在的行并使用箭头标记，此外 Visual Studio 还会使用红色波浪线实时标记出错位置。根据提示的错误信息对程序进行修改，然后重新编译程序。若错误仍然存在，则继续修改，直到没有错误为止。

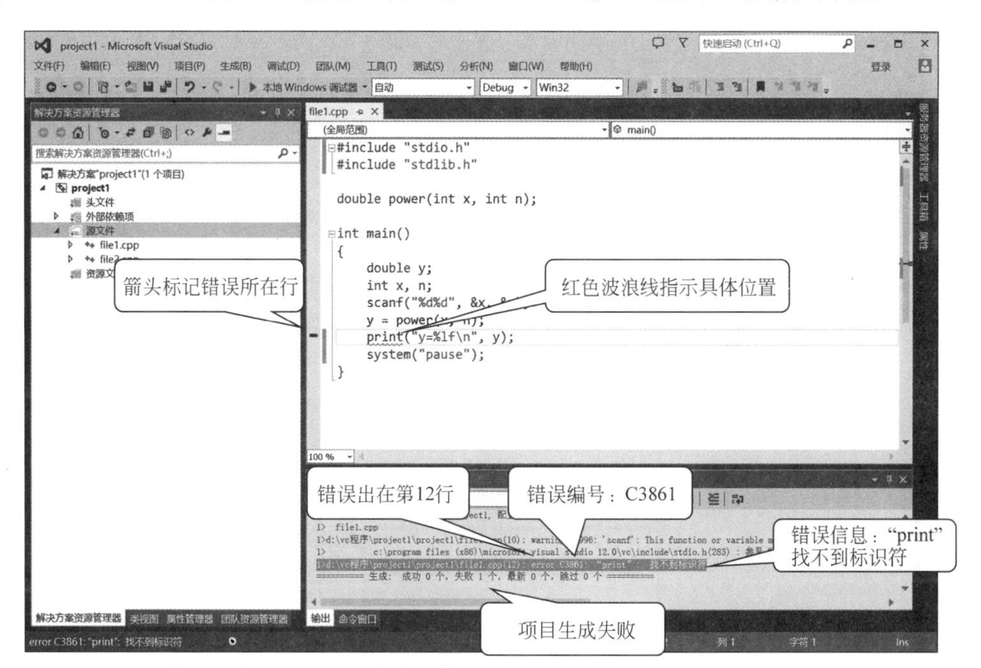

图 3.6　编译出错

第 4 章 C 程序的调试

4.1 程序调试

某些情况下，源程序编译成功，但运行结果却与期望的不同，这说明程序还存在错误，这类错误称为“逻辑错误”。如何修改逻辑错误呢？常用的方法就是对程序进行调试。所谓调试，就是通过在程序中设置运行程序中断，观察中断位置变量状态来确定程序错误的方法。

Visual Studio 2013 中启动调试有 4 种方法：①直接按 F10 键；②在“调试”菜单中选择“启动调试”命令；③直接按 F5 键；④单击“标准工具栏中”的 ▶ 本地 Windows 调试器 ▾ 按钮。4 种方法中第一种是单步调试（即程序每一步运行后都中断），后 3 种为断点调试（断点位置中断），必须设置断点才可以使用。

按 F10 键启动单步调试，在此状态下，程序从主函数第一行开始执行，执行完一行语句后停止，以后每按一次 F10 键程序执行一行语句。代码中的跟踪箭头指示下一行要执行的代码，如图 4.1 所示。

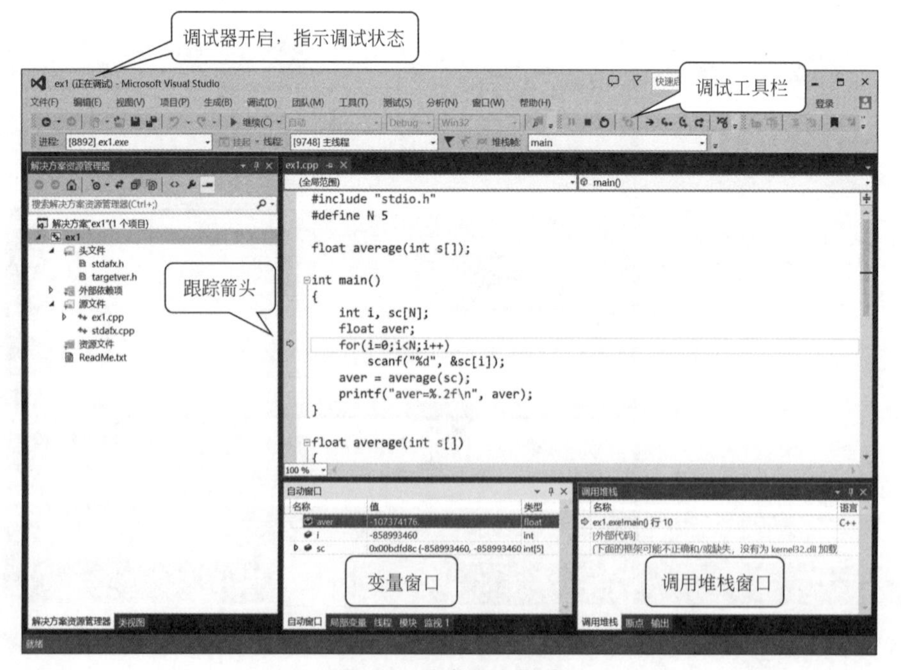

图 4.1 单步调试界面

如果启用断点调试，调试器启动后会自动开始运行程序，程序运行完成后自动关闭调试器。注意，如果程序没有设置任何断点，则程序中途不会中断，运行窗口一闪而过。

4.2 调试工具栏

调试过程中比较常用的操作命令都在调试工具栏中，如图 4.2 所示，这些命令也可以在"调试"菜单中找到。

图 4.2 调试工具栏

按钮："全部中断"命令，表示中断程序运行。

按钮："停止调试"命令，表示终止程序运行并退出调试器。

按钮："重新启动"命令，表示重新启动调试器。

按钮："显示下一条语句"命令，单击该按钮，则代码会跳转到下一条要执行的语句所在行。

按钮："逐语句"命令，表示进入函数内部单步执行。

按钮："逐过程"命令，表示单步执行下一条语句(不进入函数)。

按钮："跳出"命令，表示跳出当前函数。

按钮："在源中显示线程"命令，该按钮为按下状态时，调试多线程程序会额外显示线程标记。

4.3 "逐语句"命令与"逐过程"命令

在没有遇到函数调用语句时，"逐语句"命令(按 F11 键)与"逐过程"命令(按 F10 键)完成的功能是相同的，都是执行当前一行代码并中断。当遇到函数调用时，"逐语句"命令将函数视为多行代码，会进入到被调用的函数内部，执行函数的第一行语句并中断，跟踪箭头指向函数内的代码行，这样可单步调试函数内的语句；"逐过程"命令将函数调用语句视为一行代码，全速执行完被调用的函数并中断，跟踪箭头指向下一行代码。

图 4.3 和图 4.4 展示了"逐语句"命令与"逐过程"命令的区别：假设跟踪箭头指向 aver=average(sc);，其中 average(sc)是函数调用，如图 4.3(a)所示。这时执行"逐过程"命令(按 F10 键)，将出现如图 4.3(b)所示的状态，跟踪箭头指向下一条输出语句。

在图 4.3(a)所示的状态下，如果执行"逐语句"命令，会出现如图 4.4(a)所示的情况，跟踪箭头指向了 average 函数的开始处，这时继续按 F11 键(按 F10 键也可)，跟踪箭头会指向"sum=0;"语句，下面可以继续进行单步调试，执行到最后，跟踪箭头指向 average 函数末尾的右花括号"}"，如图 4.4(b)所示，此时再按一下 F11 键，跟踪箭头将重新指向 main 函数中的"aver=average(sc);"，即图 4.3(a)的状态，再按一下 F11 键，跟踪箭头指向下一条输出语句，即出现图 4.3(b)的状态。

说明：(1) C 语言中进行输入、输出其实都是调用输入函数、输出函数，所以在遇到 scanf 或 printf 时不要按 F11 键，应按 F10 键，即遇到系统定义的标准函数时按 F10 键。

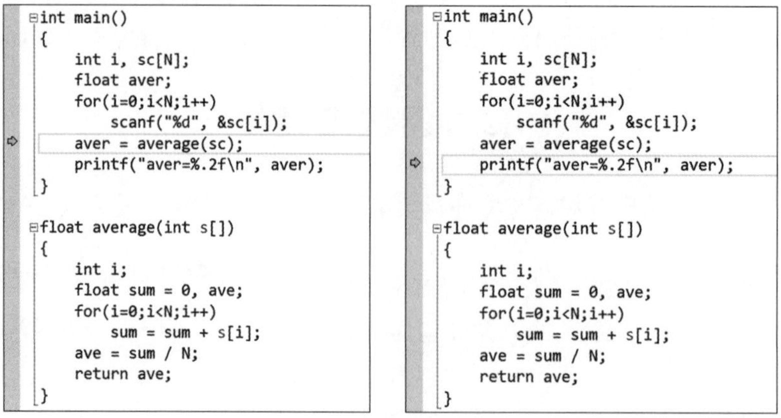

```c
int main()
{
    int i, sc[N];
    float aver;
    for(i=0;i<N;i++)
        scanf("%d", &sc[i]);
    aver = average(sc);
    printf("aver=%.2f\n", aver);
}

float average(int s[])
{
    int i;
    float sum = 0, ave;
    for(i=0;i<N;i++)
        sum = sum + s[i];
    ave = sum / N;
    return ave;
}
```

(a)

```c
int main()
{
    int i, sc[N];
    float aver;
    for(i=0;i<N;i++)
        scanf("%d", &sc[i]);
    aver = average(sc);
    printf("aver=%.2f\n", aver);
}

float average(int s[])
{
    int i;
    float sum = 0, ave;
    for(i=0;i<N;i++)
        sum = sum + s[i];
    ave = sum / N;
    return ave;
}
```

(b)

图 4.3 “逐过程”命令调试

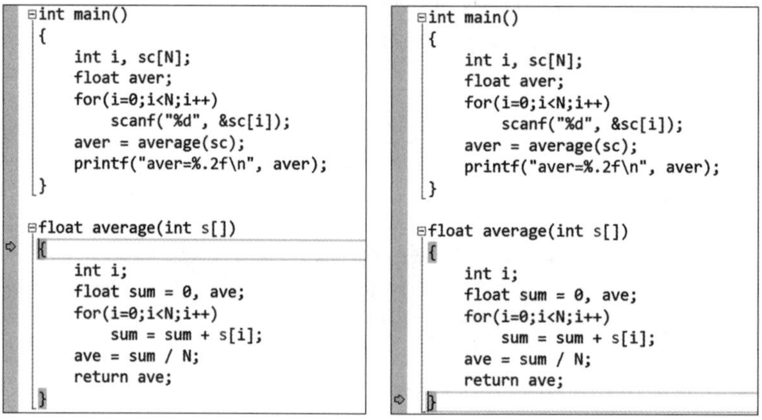

```c
int main()
{
    int i, sc[N];
    float aver;
    for(i=0;i<N;i++)
        scanf("%d", &sc[i]);
    aver = average(sc);
    printf("aver=%.2f\n", aver);
}

float average(int s[])
{
    int i;
    float sum = 0, ave;
    for(i=0;i<N;i++)
        sum = sum + s[i];
    ave = sum / N;
    return ave;
}
```

(a)

```c
int main()
{
    int i, sc[N];
    float aver;
    for(i=0;i<N;i++)
        scanf("%d", &sc[i]);
    aver = average(sc);
    printf("aver=%.2f\n", aver);
}

float average(int s[])
{
    int i;
    float sum = 0, ave;
    for(i=0;i<N;i++)
        sum = sum + s[i];
    ave = sum / N;
    return ave;
}
```

(b)

图 4.4 “逐语句”命令调试

(2) 按 F11 键进入函数内部后,如果想跳出函数,可使用“跳出”命令(或按 Shift+F11 键),这样可以全速执行完函数,回到原来的调用语句位置。

(3) 在调试程序时,如果只使用单步执行,有时会非常麻烦。例如,有一个程序有 30 行代码,确定前 20 行代码正确,我们希望从第 21 行开始单步调试,而不是从第 1 行就开始单步执行;此时可使用“运行到光标所在位置”命令(按 Ctrl+F10 键),执行程序到光标所在的代码行,这样可以加快调试的速度。注意,Visual Studio 2013 已不建议使用该命令,菜单、工具栏均取消了该命令按钮。在这种情况下,请使用功能更强大的断点调试命令。

4.4 使用断点

断点是指在程序调试过程中运行中断的点,可以设置在程序任何需要的语句位置。如果想把断点设在循环中的语句 sum=sum+a[i];,可以直接在该行最左边的空白区域单击鼠标，或者先将光标移到该区域然后右击，弹出菜单，选择“断点”→“插入断点”，则在该行的最前面出现一个红色的圆点，如图 4.5(a)所示，表明这里设置了一个“断点”，程序运行到这里会暂停。然后单击 ▶ 本地 Windows 调试器 ▾ 按钮或按 F5 键，程序将执行到断点所在的代码行，跟踪箭头也指向该行，如图 4.5(b)所示。继续按 F5 键则程序继续执行，而且仍然会在断点处暂停，每按一次 F5 键就执行一次 for 循环，当 i=9 时为最后一次循环，这时如果再按 F5 键，程序将全部执行完并退出调试状态。

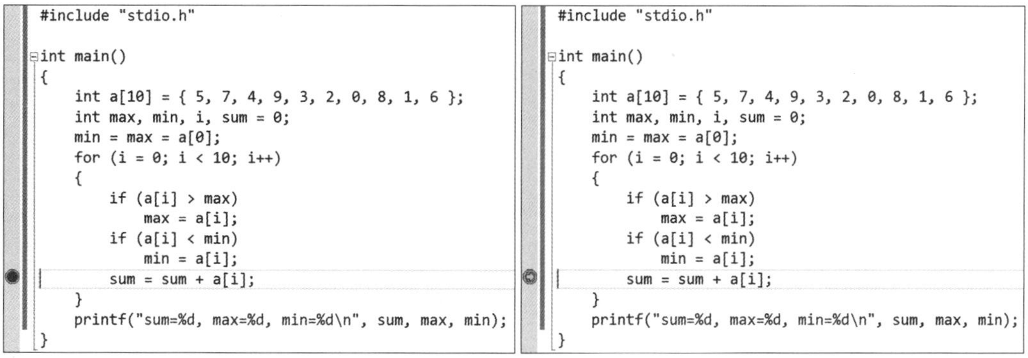

```
#include "stdio.h"

int main()
{
    int a[10] = { 5, 7, 4, 9, 3, 2, 0, 8, 1, 6 };
    int max, min, i, sum = 0;
    min = max = a[0];
    for (i = 0; i < 10; i++)
    {
        if (a[i] > max)
            max = a[i];
        if (a[i] < min)
            min = a[i];
        sum = sum + a[i];
    }
    printf("sum=%d, max=%d, min=%d\n", sum, max, min);
}
```

(a)

```
#include "stdio.h"

int main()
{
    int a[10] = { 5, 7, 4, 9, 3, 2, 0, 8, 1, 6 };
    int max, min, i, sum = 0;
    min = max = a[0];
    for (i = 0; i < 10; i++)
    {
        if (a[i] > max)
            max = a[i];
        if (a[i] < min)
            min = a[i];
        sum = sum + a[i];
    }
    printf("sum=%d, max=%d, min=%d\n", sum, max, min);
}
```

(b)

图 4.5　设置断点

如果还想继续调试循环后面的语句，就不能按 F5 键，应该按 F10 键进行单步调试。或者在后面某个位置设置第二个断点，如图 4.6 所示，然后再按 F5 键，这样才能保证处于调试状态中。

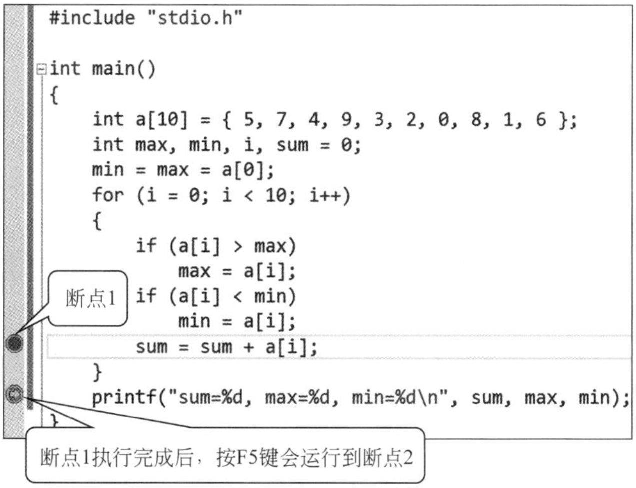

```
#include "stdio.h"

int main()
{
    int a[10] = { 5, 7, 4, 9, 3, 2, 0, 8, 1, 6 };
    int max, min, i, sum = 0;
    min = max = a[0];
    for (i = 0; i < 10; i++)
    {
        if (a[i] > max)
            max = a[i];
        if (a[i] < min)
            min = a[i];
        sum = sum + a[i];
    }
    printf("sum=%d, max=%d, min=%d\n", sum, max, min);
}
```

断点1

断点1执行完成后，按F5键会运行到断点2

图 4.6　设置多个断点

在调试过程中既可以随时设置断点，也可以随时取消断点。取消断点时，可单击断点标记(红色圆点)，后者将光标移动到断点所在行，右击，弹出菜单，选择“断点”→“删除断点”。

4.5 调试窗口

调试窗口用于显示程序运行过程中的各种信息,如变量取值、函数调用关系、内存状态和寄存器状态等。调试状态下,输出区默认只打开少量的调试窗口,其余的调试窗口可通过菜单选择打开。选择菜单“调试”→“窗口”,在随后的菜单中选择打开不同的调试窗口,图 4.7 给出“调试”窗口下拉菜单。

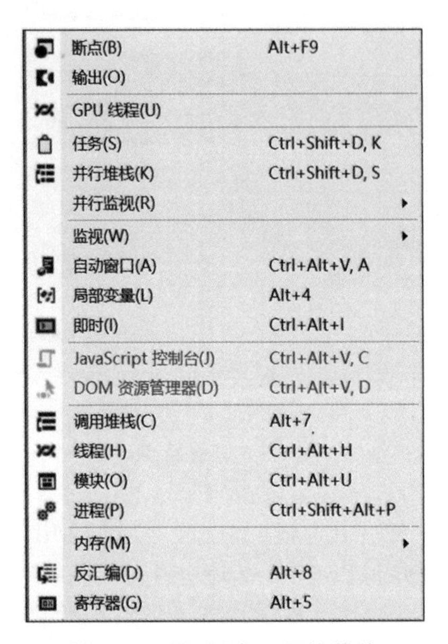

图 4.7 “调试”窗口下拉菜单

4.5.1 自动窗口

自动窗口是调试过程中常用的窗口,用于显示断点周围变量的取值。下面给出单步调试程序时,自动窗口显示的内容。图 4.8(a)是最初调试状态,跟踪箭头指向 main 函数的左花括号“{”,此时自动窗口中是空白的。再按 F10 键,跟踪箭头指向 sum=0.0;,这时自动窗口中列出了所有变量名及其值,如图 4.8(b)所示,其中的随机数说明变量未初始化。

继续按 F10 键,跟踪箭头指向 i=1;,如图 4.9(a)所示,注意图中 sum 的值显示为红色的 0.000000,表示变量值在此步发生变化。继续按 F10 键,跟踪箭头指向 scanf("%d", &n);,如图 4.9(b)所示,这时自动窗口变量 i 的值变为 1。

由于目前跟踪箭头指向了 scanf 输入函数语句,所以再按 F10 键,会发现跟踪箭头没有向下移动,此时需要转到控制台窗口输入 n 的值(假设输入 3)。按回车键后将回到调试窗口,且跟踪箭头指向 while 语句,如图 4.10(a)所示,此时自动窗口显示变量 n 的值,同时 &n 的值变为红色,表示该变量发生变化,0x 部分为变量地址,大括号里面为该变量当前数值。

继续按 F10 键,跟踪箭头将指向循环内的输入语句,如图 4.10(b)所示。再按 F10 键,跟踪箭头不动,说明此时又需要到控制台窗口输入数据(假设输入数据为 85)。

输入数据 85 后的情况见图 4.11(a),再按 F10 键后显示图 4.11(b)的情形。

```c
int main()
{
    int i, n;
    float s, sum, ave;
    sum = 0.0;
    i = 1;
    scanf("%d", &n);
    while (i <= n)
    {
        scanf("%f", &s);
        sum = sum + s;
        i++;
    }
    ave = sum / n;
    printf("ave=%.2f\n", ave);
}
```

(a)

名称	值	类型
ave	-107374176.	float
i	-858993460	int
n	-858993460	int
s	-107374176.	float
sum	-107374176.	float

(b)

图 4.8　自动窗口 1

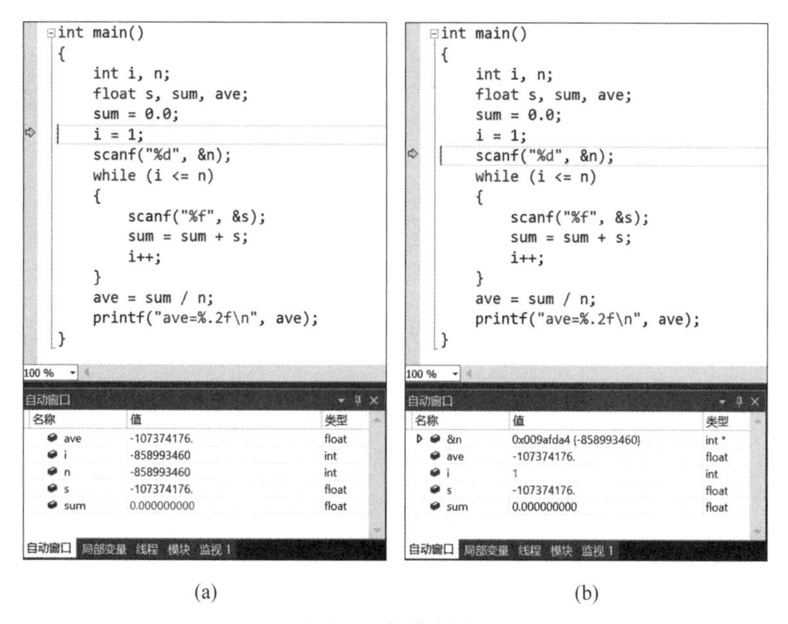

(a)　　　　　　　　　　(b)

图 4.9　自动窗口 2

继续按 F10 键，输入后续数据(如 100、55)并运行，直到循环结束。循环结束后，跟踪箭头指向 ave=sum/n;，可以看到 sum 和 ave 的值，如图 4.12(a)所示。再按两次 F10 键，跟踪箭头指向右花括号“}”，如图 4.12(b)所示，此时控制台窗口会显示程序的输出结果。

跟踪箭头指向右花括号“}”时，按 F10 键程序并不会立即结束，而是转入系统后续处理函数，此时可以单击调试工具栏中的■按钮，或者使用快捷键 Shift+F5 键结束调试。

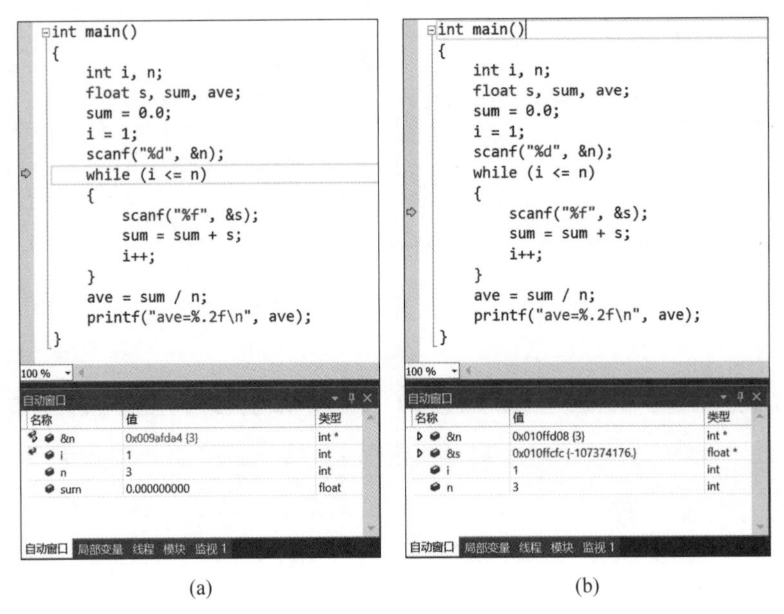

(a) (b)

图 4.10 自动窗口 3

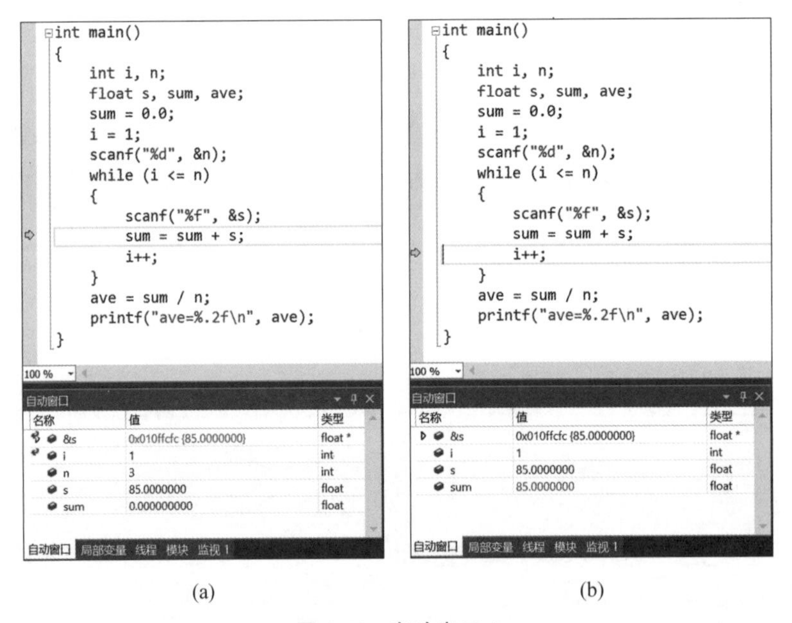

(a) (b)

图 4.11 自动窗口 4

4.5.2 局部变量窗口

使用自动窗口观察变量存在一个问题,它仅跟踪执行语句附近的变量,若需观察函数中所有的局部变量,可使用局部变量窗口,如图 4.13 所示。

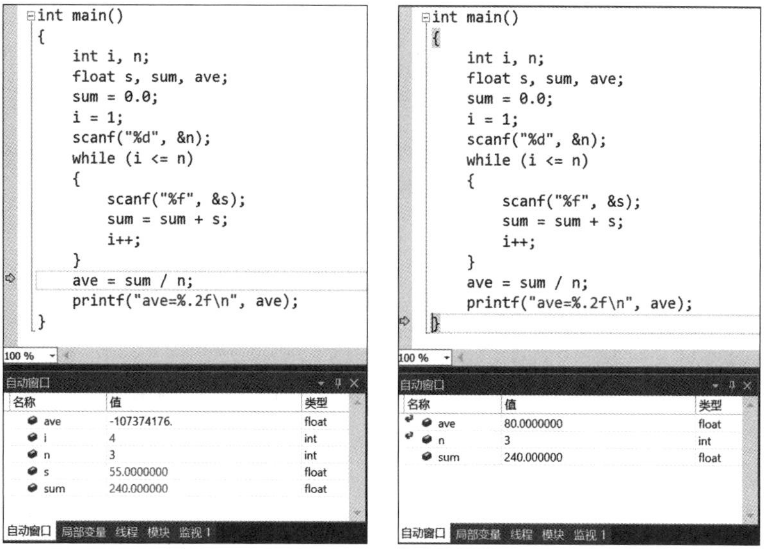

(a)　　　　(b)

图 4.12　自动窗口 5

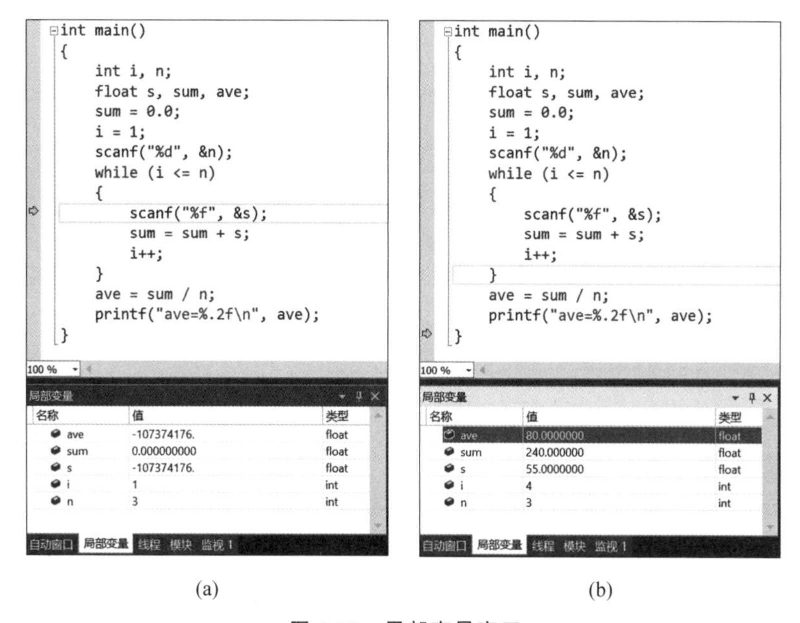

(a)　　　　(b)

图 4.13　局部变量窗口

4.5.3　监视窗口

1. 监视窗口观察变量

由于自动窗口中的变量是动态变化的，而局部变量窗口虽然可以观察到局部变量，但却无法观察全局变量，也无法自定义观察某些变量，为了实现这一目的，需要使用监视窗口。监视窗口有 4 个：监视 1、监视 2、监视 3 和监视 4，多个监视窗口有利于把要观察的变量分组。在监视窗口中添加一个变量,单击窗口中"名称"列中的空白行,输入要观察的变量名后按回车键确认即可,如图 4.14 所示。监视窗口还可以按不同格式显示变量的值,如图 4.15 中,第 1 行是按十进制显示变量 n,第 2 行是按八进制显示 n,第 3 行是按十六进制显示 n。

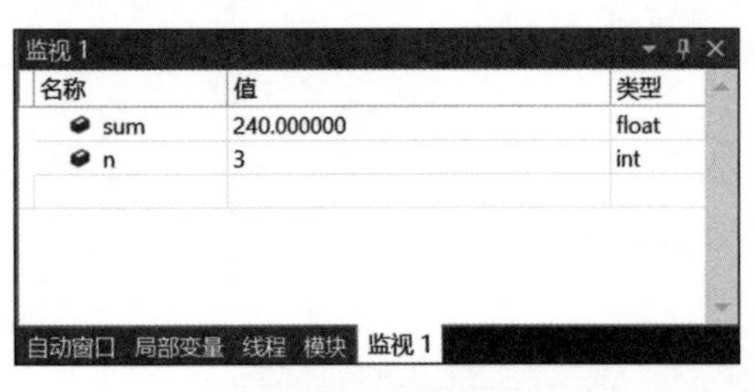

图 4.14　监视窗口

图 4.15　变量值以不同的进制显示

以不同格式显示变量的值,方法很简单,在变量名后加上格式字符即可,如表 4.1 所示,变量名与格式字符之间用逗号分隔。

表 4.1　格式字符

格式字符	含　义
d	输出带符号的十进制整数
u	输出无符号十进制整数
x	输出无符号十六进制整数(输出前导符 0x)
o	输出无符号八进制整数(输出前导符 0)
f	输出十进制实数(隐含输出 6 位小数)
e	以指数形式输出实数(隐含输出 6 位小数)
g	自动选用 f 或 e 格式中输出宽度较短的一种格式输出实数,不输出无意义的 0
c	输出单个字符
s	输出字符串

2. 快速观察变量

在程序调试状态下,将 I 形状的鼠标指针悬浮于源代码的某个变量上,就会出现变量的当前值,如图 4.16 所示。

```
    i = 1;
    scanf("%d", &n);
    while (i <= n)
    {
        scanf("%f", &s);
        sum = sum + s;
        i++;
    }
    ave = sum / n;
    printf("ave=%.2f\n", ave);
}
```

图 4.16　用鼠标快速观察变量

4.5.4 即时窗口

程序调试时,有时不但需要观察断点周围变量的值,还需要对当前表达式甚至函数调用的值进行计算,此时需要用到即时窗口。

对图 4.17(a)中的程序,假设输入为 5 4 3,当程序运行到断点时,如果希望观察变量 d 的值,可在即时窗口的编辑区输入 d,然后按回车键,此时将在下一行显示结果 5。如果想进一步了解函数具体的计算过程,如 max(a,b)和 max(b,c)的值,则可在即时窗口中输入 max(a,b)或 max(b,c)按回车键,即可在下一行看到当前函数的计算结果。

按 F10 键,程序运行到下一行,此时可得到变量 e 的计算结果,如果想知道参与运算的两个表达式 a+123 和 b*832/123 的值,则可在即时窗口中输入表达式后按回车键,下一行将会显示其计算结果,如图 4.17(b)所示。

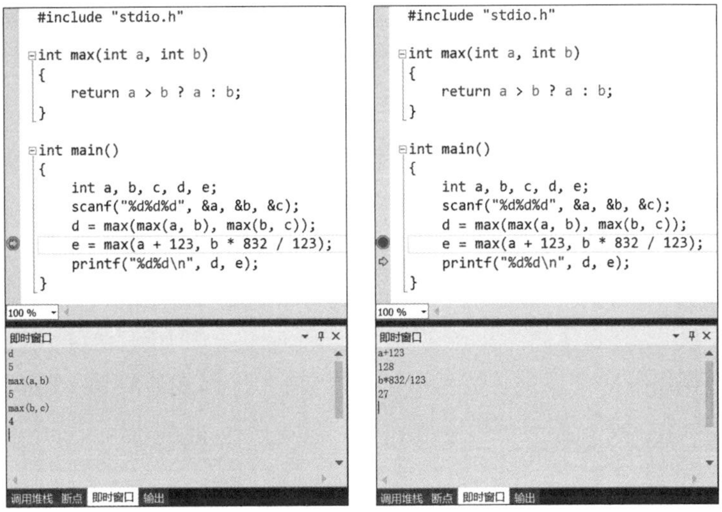

```
#include "stdio.h"

int max(int a, int b)
{
    return a > b ? a : b;
}

int main()
{
    int a, b, c, d, e;
    scanf("%d%d%d", &a, &b, &c);
    d = max(max(a, b), max(b, c));
    e = max(a + 123, b * 832 / 123);
    printf("%d%d\n", d, e);
}
```

即时窗口:
```
d
5
max(a,b)
5
max(b,c)
4
```

(a)

```
#include "stdio.h"

int max(int a, int b)
{
    return a > b ? a : b;
}

int main()
{
    int a, b, c, d, e;
    scanf("%d%d%d", &a, &b, &c);
    d = max(max(a, b), max(b, c));
    e = max(a + 123, b * 832 / 123);
    printf("%d%d\n", d, e);
}
```

即时窗口:
```
a+123
128
b*832/123
27
```

(b)

图 4.17 使用即时窗口观察函数和表达式的值

即时窗口功能虽然强大,但初学者使用还应注意两点:①即时窗口可输入任意合法表达式,包括赋值表达式和自增、自减表达式等,此时会改变变量的当前值,对后续程序产生影响;②即时窗口仅能观察自定义函数的返回值,不能观察系统内置函数,如 printf。

4.5.5 调用堆栈窗口

调用堆栈窗口用来显示当前函数的调用层次关系,一般用于调试复杂的函数调用,尤其是递归函数。

如图 4.18(a)所示,当前程序在 main 函数中运行,调用堆栈窗口的第一行显示了"ex3.exe!main() 行 10",同时还有一个黄色的箭头指向它。ex3.exe 是当前可执行程序的名称,main()表示当前运行的函数是主函数,行 10 表示当前运行到代码第 10 行。

按 F11 键继续单步执行,直至运行到 fac 函数内部,如图 4.18(b)所示,此时可以看到调用堆栈窗口中多出了一行"ex3.exe! fac(int n) 行 4",且箭头指向该行,这表示此时执行的是 fac 函数,位置是代码第 4 行。

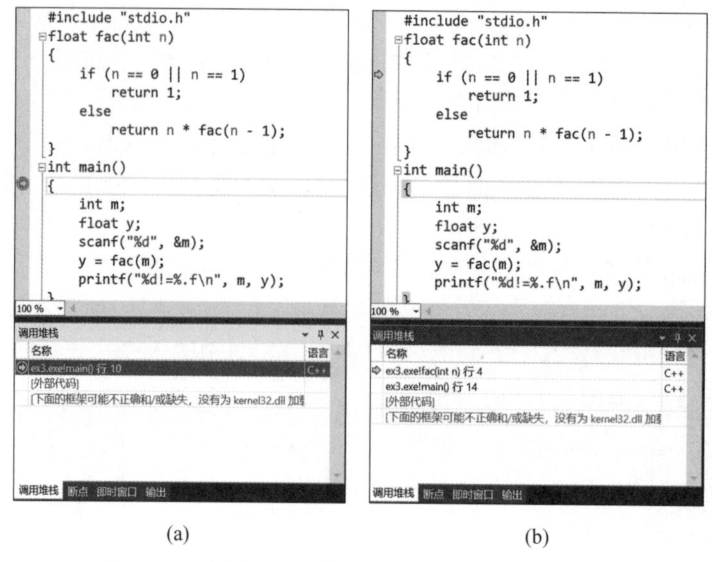

(a)　　　　(b)

图 4.18　使用调用堆栈窗口观察函数调用层次(1)

调用堆栈窗口函数的显示顺序即为函数调用顺序,主调函数在下,被调函数在上。从图中可以看出,此时有 2 个函数被调用,调用顺序为 main→fac。

假设当前 m 的值为 4,则此时可在自动变量窗口看到此时形参 n 的值为 4,如图 4.19(a)所示。如果进一步执行,直到递归中止条件成立,则此时状态如图 4.19(b)所示,调用堆栈清楚地显示了递归调用层次,fac 函数被调用了 4 次,前 3 次都在代码第 7 行调用。观察自动窗口,可以看到此时 n 的值为 1,满足中止条件。

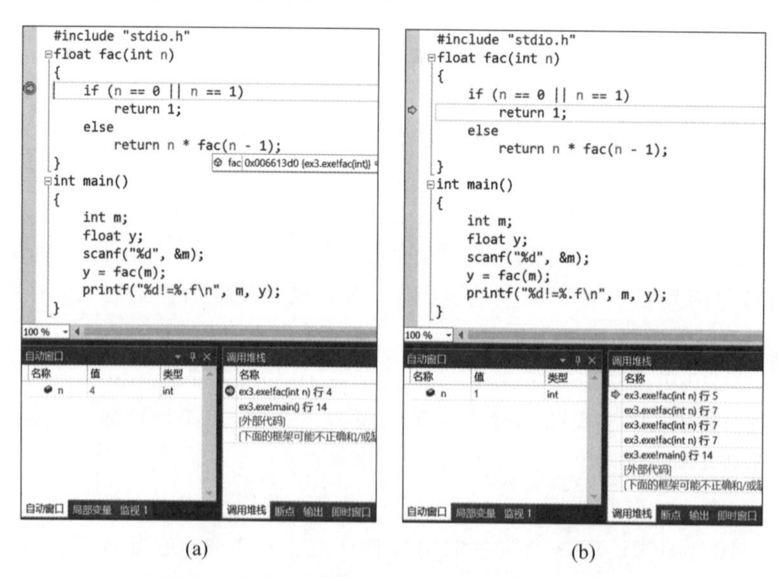

(a)　　　　(b)

图 4.19　使用调用堆栈窗口观察函数调用层次(2)

连续按两次 F10 键,此时观察调用堆栈窗口,则 fac 由 4 行变为 3 行,说明最上层 fac 函数已返回。进一步观察自动窗口，可以看到最上层 fac 函数的返回值以及变量 n 的当前值，如图 4.20(a)所示。连续按两次 F10 键，第二层函数也将返回，此时可以看到调用堆栈窗口中 fac 函数变成 2 行，自动窗口中的返回值变为第二层函数的返回值 2，变量 n 变为 3，如图 4.20(b)所示。可以继续按 F10 键单步执行函数，直到主函数完成。在此过程中，调用堆栈窗口中的内容随着函数的调用、返回不断发生变化，请仔细观察。

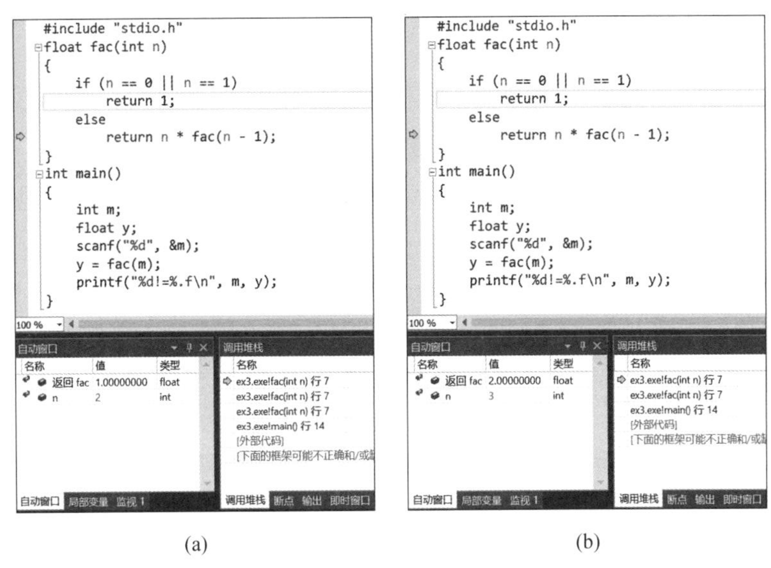

(a) (b)

图 4.20 使用调用堆栈窗口观察函数调用层次(3)

4.5.6 反汇编窗口

反汇编窗口显示与编译器所创建的指令对应的汇编语言代码。汇编语言指令由助记符和代表变量、寄存器以及常量符号组成。每一条机器语言指令由一个汇编语言助记符表示，(可选)后跟一个或多个符号。汇编指令比 C 语言代码更加具体，可以更好地了解程序的运行细节。

启用反汇编窗口必须在调试状态下进行，以图 4.21(a)中所示的程序为例，首先在语句 c=a+b;所在行设置断点，按 F5 键进入断点调试状态，然后利用调试工具栏中的"调试窗口"命令选择"反汇编"，或者使用菜单"调试"→"窗口"→"反汇编"命令打开反汇编窗口，此时反汇编窗口显示在 IDE 的编辑区，如图 4.21(b)所示。

反汇编窗口中，C 语言代码显示为黑色，对应的汇编代码为灰色，如语句 c=a+b;，该语句下面的 3 行灰色代码为其对应的汇编代码。仔细观察自动窗口，名称显示为 EAX、EBP、EDI 等，这些是 CPU 的寄存器名称，汇编指令执行时会用到这些寄存器。

此时按 F10 键，不再执行一条 C 语言语句，而是执行一条汇编指令，此时将执行语句：mov eax, dword ptr [a]，该语句将变量 a 的值送入寄存器 EAX，运行完成后，EAX 寄存器的值变为 8，如图 4.22(a)所示。继续按 F10 键，则执行语句：add eax,dword ptr[b]，该语句表示将变量 b 的值累加到寄存器 EAX 上，此时 EAX 的值为 18(十六进制 12)，如图 4.22(b)所示。

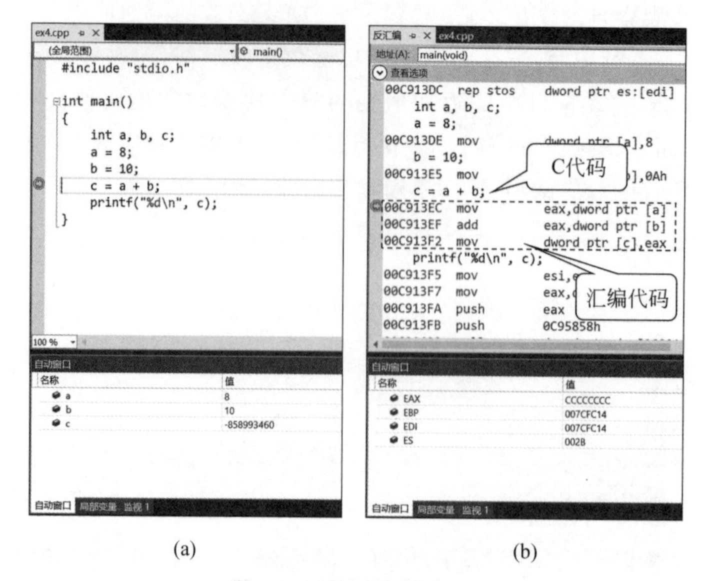

(a) (b)

图 4.21 反汇编窗口(1)

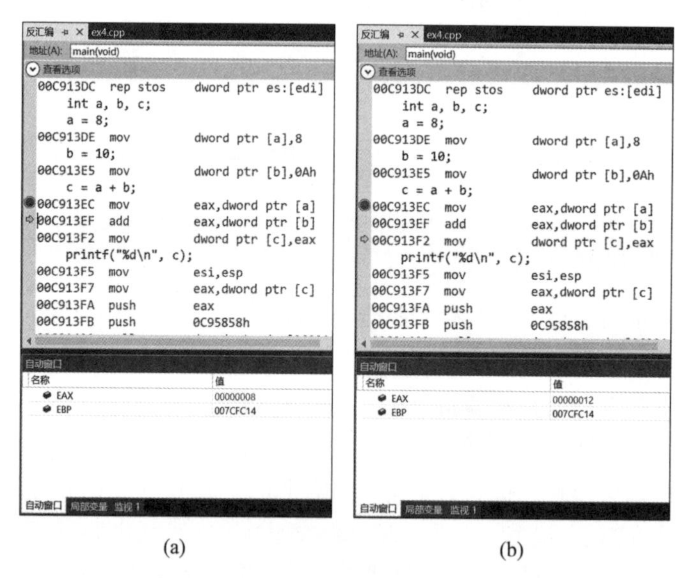

(a) (b)

图 4.22 反汇编窗口(2)

可进一步运行汇编指令,直到程序执行完成。如果要关闭反汇编窗口,单击“反汇编”标签旁边的叉号即可。此外,关闭调试状态,反汇编窗口也会自动退出。

4.5.7 断点窗口

断点窗口用来管理程序中已设置的断点,通过该窗口可方便地启用、禁用、添加、删除断点,以及设置断点的激活条件。

断点窗口列表框表头区域默认显示 4 列,如图 4.23(a)所示,分别是名称、标签、条件和命中次数。

```
int main()
{
    int i, j, t, a[6] = {9, 7, 2, 5, 4, 1};
    for(i=0;i<5;i++)
    {
        for(j=0;j<5-i;j++)
        {
            if (a[j] > a[j+1])
            {
                t = a[j];
                a[j] = a[j+1];
                a[j+1] = t;
            }
        }
    }
    for(i=0;i<6;i++)
        printf("%d ", a[i]);
}
```

名称	标签	条件	命中次数
ex5.cpp，行 16		(无条件)	总是中断(当前为 1)
ex5.cpp，行 17		(无条件)	总是中断(当前为 0)
ex5.cpp，行 5		(无条件)	总是中断(当前为 0)

(a)

```
int main()
{
    int i, j, t, a[6] = {9, 7, 2, 5, 4, 1};
    for(i=0;i<5;i++)
    {
        for(j=0;j<5-i;j++)
        {
            if (a[j] > a[j+1])
            {
                t = a[j];
                a[j] = a[j+1];
                a[j+1] = t;
            }
        }
    }
    for(i=0;i<6;i++)
        printf("%d ", a[i]);
}
```

名称	条件	命中次数	函数
ex5.cpp，行 16	(无条件)	总是中断(当前为 1)	main(void)
ex5.cpp，行 17	(无条件)	总是中断(当前为 0)	main(void)
ex5.cpp，行 5	(无条件)	总是中断(当前为 0)	main(void)

(b)

图 4.23　断点窗口

名称列显示断点所在源文件名和所在行的行号，最左边选择框中的对号表示断点处于开启状态，如果该选择框未选中，则表示该断点被禁用，禁用的断点其图标会变成空心圆圈。标签列显示断点备注；条件列显示断点的激活条件，默认为无条件；命中次数列显示断点的命中次数，默认“总是中断”（只要命中就会中断）。

断点窗口显示的信息列不是固定的，可根据实际情况增删，单击断点工具栏中的“列”图标，可在弹出的菜单中更改。观察图 4.23(b)，可以看到列表中增加了函数列，取消了标签列。

断点窗口除可观察断点信息外，还有一个重要作用是更改命中次数和中断条件。如图 4.23(a)中的冒泡排序程序，若希望看到第 4 轮排序后的结果，按照以往的做法，需要反复按 F5 键，直到第 16 行断点命中 4 次为止。这种方式极其低效，如果循环次数很多，则无法使用。解决方法有两种，一种是设置断点的命中次数，另一种是设置断点的激活条件。

如果采用设置命中次数的方式，则首先在断点窗口选中要设置的断点(16 行断点)，然后右击，在弹出的菜单中选择“命中次数”，此时将弹出“断点命中次数”对话框，如图 4.24(a)所示。单击“命中断点时”下拉框，可选择命中次数中断条件，选项包括“总是中断”“中断，条件是命中次数等于”“中断，条件是命中次数几倍于”“中断，条件是命中次数大于或等于”。因为要观察断点命中 4 次时的排序效果，因此选择第二项，然后将命中次数改为 4，如图 4.24(b)所示。

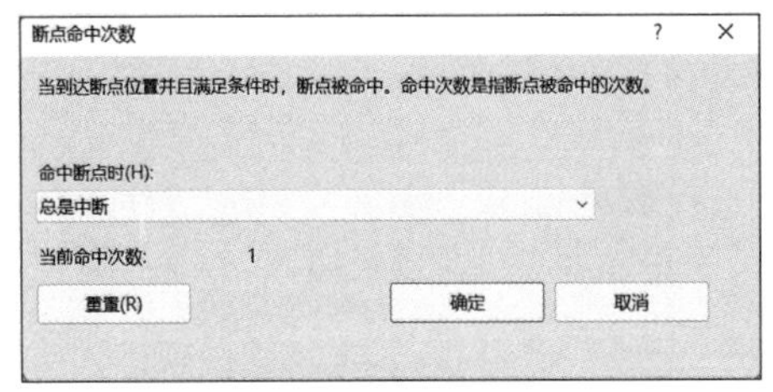

(a)

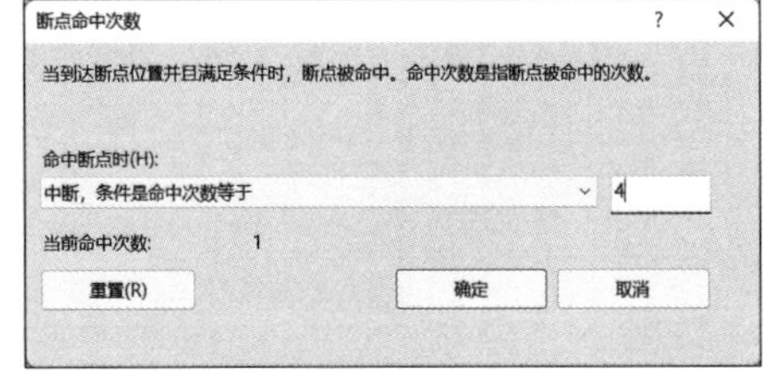

(b)

图 4.24　断点命中次数对话框

单击“确定”按钮，可以看到断点圆点中多出了一个标记+，说明该断点已经设置了条件。禁用其他断点，按F5键启用调试。当该断点中断时，观察监视窗口中数组，此时数组为第4轮排序后的状态，如图4.25所示。

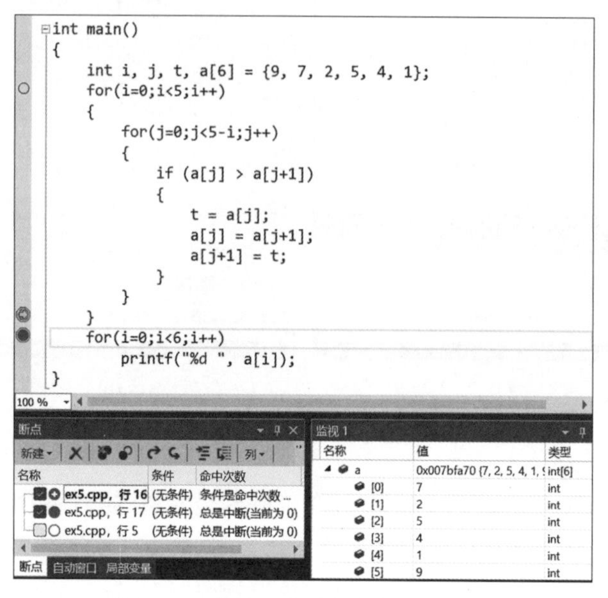

图4.25　激活已设置命中次数的断点

如果采用设置中断条件的方式，则首先在断点窗口选中要设置的断点(16行断点)，然后右击，在弹出的菜单中选择“条件”，注意不是“命中条件”，此时将会弹出“断点条件”对话框，如图4.26所示。对话框中条件的设置方式有两种，一种是“设置条件表达式”，另一种是“设置变量”。“设置条件表达式”表示当表达式的值为真时激活断点，“设置变量”表示在变量的值发生变化时激活断点。

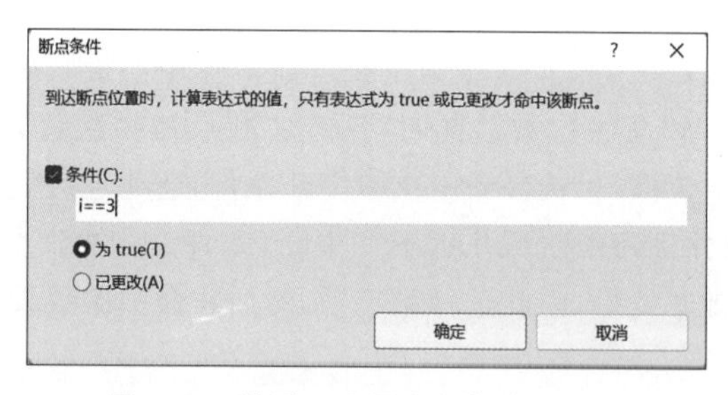

图4.26　激活已设置中断条件的断点

如果仍需观察第4轮排序后的结果，可采用“设置表达式”的方式。在“条件”下面的编辑框中输入i==3(即排序第4轮的条件)，下面的单选框选择“为true”，单击“确定”按钮，此时断点圆点标记会添加标记+。禁用其他断点，按F5键启动调试，当程序运行到该断点时，数组数值即为第4轮排序后的结果。

更改断点条件除可通过断点窗口外，还可以右击代码区域断点圆点标记，在弹出的菜单中更改。

第5章 CodeBlocks 集成开发环境介绍

CodeBlocks 是一个开放源码的全功能的跨平台 C/C++ 集成开发环境，它支持十几种常见的编译器，个性化特性非常丰富，功能强大，易学易用。

CodeBlocks 由纯粹的 C++ 语言开发完成，它使用了著名的图形界面库 wxWidgets(3.x)版，集成了 C/C++ 编辑器、编译器和调试器于一体，能方便地编辑、调试和编译程序。对于追求完美的 C++ 程序员，CodeBlocks 功能强大、速度快、完全免费，因此在推出后很快得到了广大程序员的响应。

CodeBlocks 同时提供了分别适应 Windows XP/Vista/7/8.x/10、Linux 32 and 64-bit、macOS X 操作系统的 3 种版本，用户根据自己的操作系统选择相应版本下载即可。建议初学者使用自带编译器的版本，否则手动配置编译器较为麻烦，所以下载时选择带 mingw 的安装包下载。目前最新的适应 Windows 平台的版本为 20.03。

5.1 启动 CodeBlocks

CodeBlocks 是一个 C/C++ 集成开发环境，可以用来实现 C/C++ 程序的编辑、预处理/编译/连接、运行和调试等。启动 CodeBlocks 有以下两种方法。

(1) 单击任务栏中的“开始”按钮，选择“所有程序”→CodeBlocks 命令(Windows 10 系统中，刚安装的软件在菜单项下方有“最近添加”字样)，打开子菜单，如图 5.1 所示。单击 CodeBlocks 菜单项，即可启动 CodeBlocks 集成开发工具。

(2) 直接双击安装程序生成在桌面上的 CodeBlocks 图标，如图 5.2 所示，也可以启动 CodeBlocks。

图 5.1 CodeBlocks 子菜单

图 5.2 CodeBlocks 图标

采用以上两种方法均能启动CodeBlocks,打开的主窗口如图5.3所示。

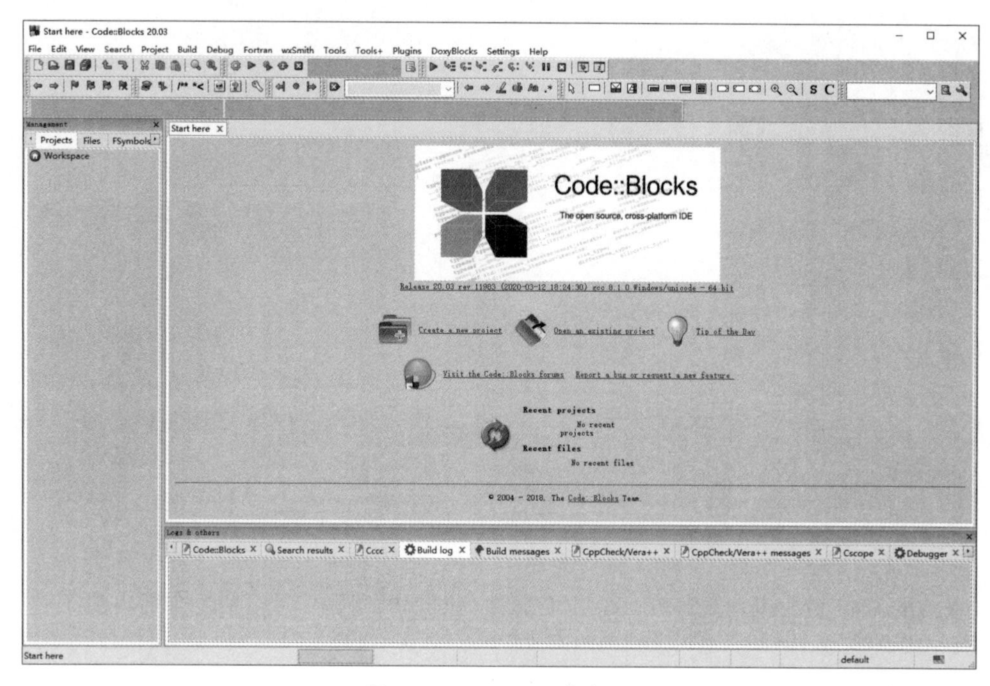

图 5.3　CodeBlocks 主窗口

在主窗口的顶部是CodeBlocks的菜单栏。其中包含15个菜单项,常用的有File(文件)、Edit(编辑)、View(查看)、Search(搜寻)、Project(项目)、Build(构建)、Debug(调试)、Settings(设置)和Help(帮助)等。

主窗口左侧是项目工作管理区,用来显示所设定工作区的信息和所有子程序。右侧是程序编辑窗口,用来输入和编辑源程序。下方是信息显示窗口,主要查看编译信息等。

5.2 新建源程序

新建C语言源程序文件的方法如下。

(1) 在主窗口中,依次选择File→New→File命令,如图5.4所示。

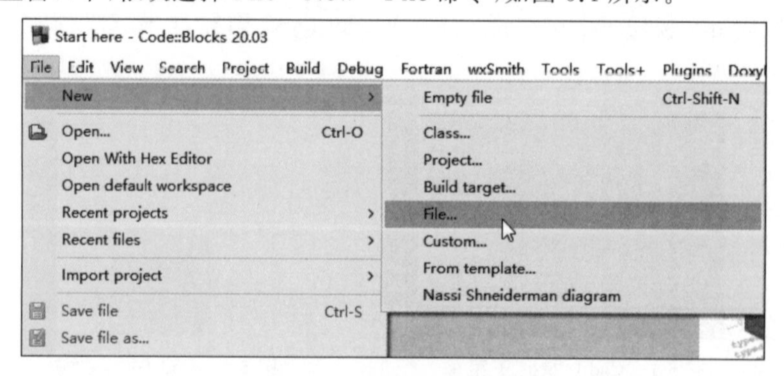

图 5.4　新建源程序文件

(2) 打开 New from template 对话框，如图 5.5 所示。

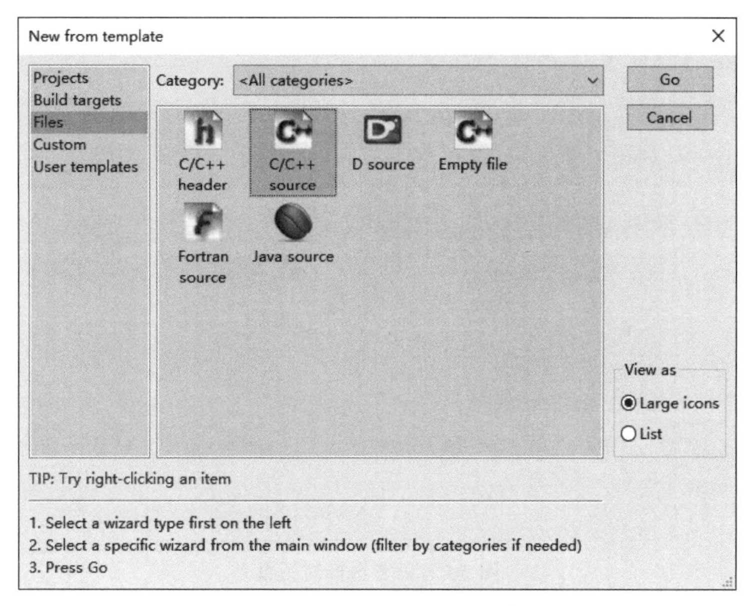

图 5.5　New from template 对话框

(3) 选择 C/C++ source，并单击 Go 按钮，打开欢迎向导对话框，如图 5.6 所示。在该对话框中，若选中 Skip this page next time 复选框，下次将不再显示该页面。

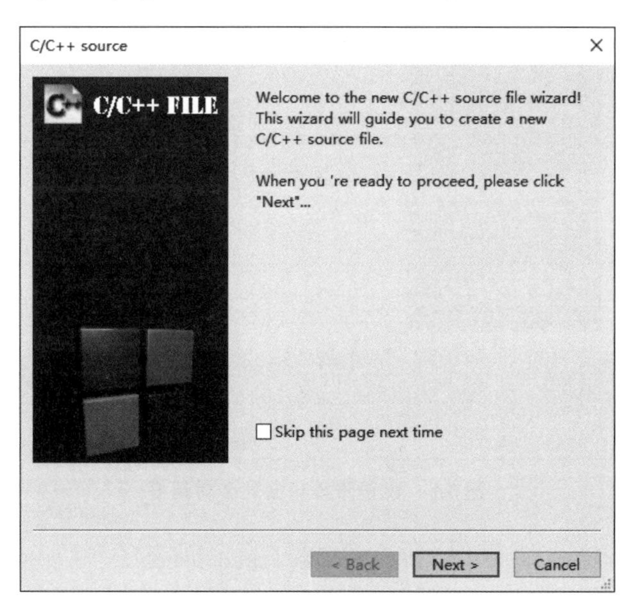

图 5.6　欢迎向导对话框

(4) 单击 Next 按钮，打开语言选择对话框，如图 5.7 所示。

(5) 默认选择是 C++ 语言，即编写 C++ 程序。如果编写 C 语言程序，则选择 C，这里选择 C 后，单击 Next 按钮，打开如图 5.8 所示的设置路径和文件名对话框。

(6) 此处需要设置文件的完整路径（文件的保存位置）及文件名，可直接输入，或单击后

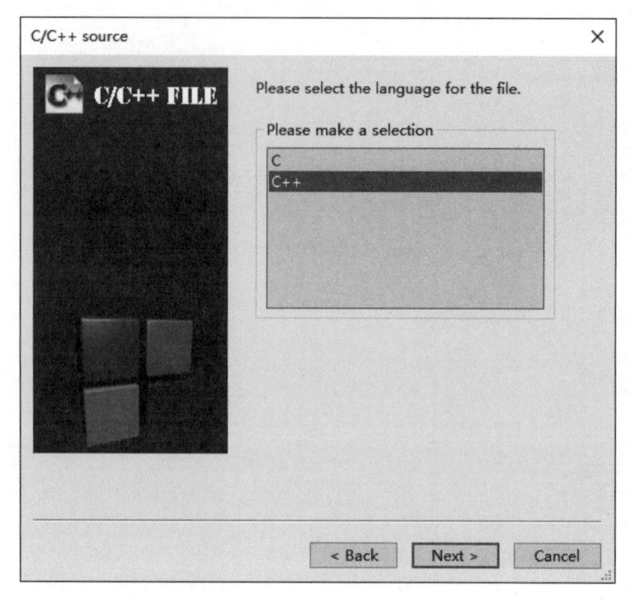

图 5.7　语言选择对话框

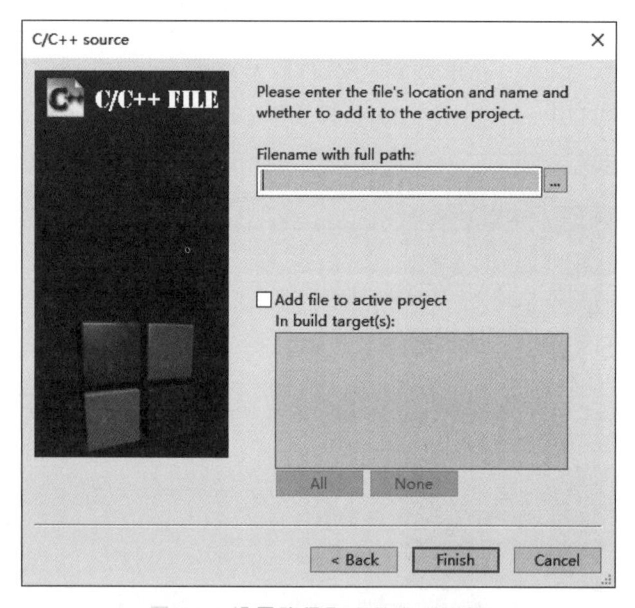

图 5.8　设置路径和文件名对话框

面的“浏览”按钮...，打开 Select filename 对话框，如图 5.9 所示，此处把保存位置设为 D:\CTest，“文件名”编辑框中可输入 ujn1004。注意，保存文件的路径尽量不要包含中文，或者说保存文件的各级文件夹名字尽量不要以中文命名，因为在有的系统中偶尔会出现编译问题。

说明：文件命名时扩展名必须是.c 或.cpp，.c 表示是 C 语言源程序文件，.cpp 表示是 C++ 语言源程序文件。

(7) 单击“保存”按钮后，返回设置路径和文件名对话框，可以看到系统自动在 Filename

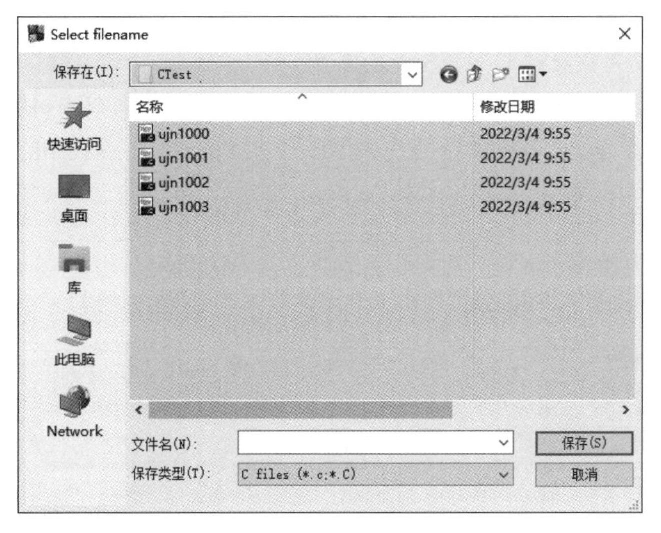

图 5.9　Select filename 对话框

with full path 编辑框中填入了 D:\CTest\ujn1004.c。如果熟悉路径，也可以直接手动输入。设置完成后，单击 Finish 按钮，进入编辑模式，光标在主窗口编辑区第 1 行跳动，同时左侧显示行号，然后就可以输入和编辑源程序了。

上述建立新文件的方法稍微复杂，下面介绍一种较为快速的方法。

① 在 CodeBlocks 主窗口中，依次选择 File→New→Empty file 命令，或按快捷键 Ctrl+Shift+N，新建一个默认名称为 Untitled * 的文件，其中 * 为数字 1、2、3、…。

② 保存文件，给文件命名，如 ujn1005.c，然后就可以输入和编辑源程序了。

5.3　保存源程序

保存源程序方法如下。

(1) 对于已命名过的源文件，保存方法是在 CodeBlocks 主窗口中，依次选择 File→Save file 命令，如图 5.10 所示，或直接按快捷键 Ctrl+S。

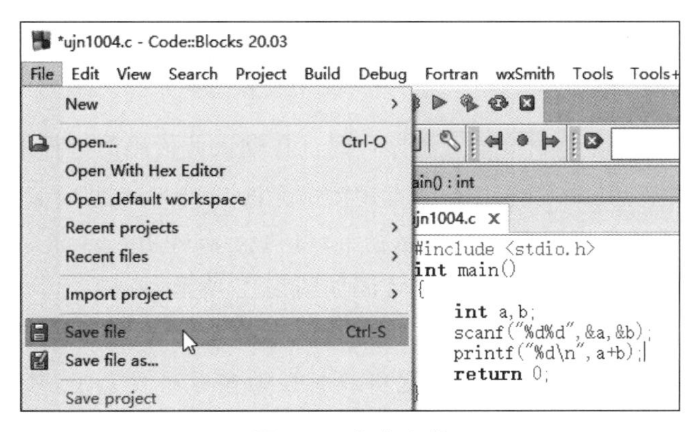

图 5.10　保存文件

说明：未命名过的文件第一次保存只能选择 Save file as 命令，有名字的文件就可以选择 Save file 命令，或用快捷键 Ctrl+S 快速保存。

(2) 对于未命名过的源文件，保存方法是在 CodeBlocks 主窗口中，依次选择 File→Save file as 或 Save file 命令，或者直接按快捷键 Ctrl+S，均会弹出 Save file 对话框，如图 5.11 所示。

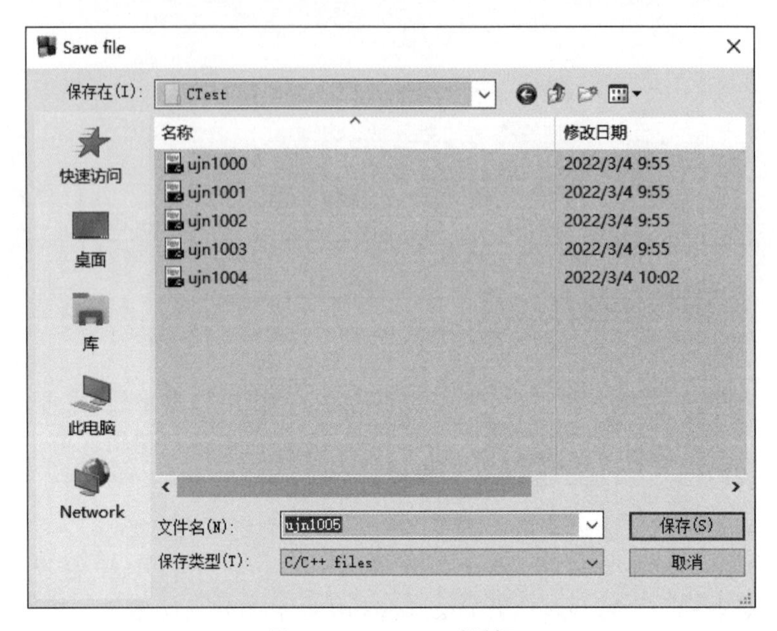

图 5.11 Save file 对话框

在左侧列表中指定文件的保存位置，路径会显示在上方的列表中(此处指定为 D:\CTest)，在"文件名"列表中输入文件名称(此处为 ujn1005)，在"保存类型"列表中选择保存类型。需要注意的是，在"保存类型"处一定要选择 C/C++ files，意为保存的是一个 C/C++ 语言源文件，默认扩展名为.c。然后单击"保存"按钮，在 CTest 目录下保存为名为 ujn1005.c 的源文件。

5.4 编辑源程序

完成以上操作，即可在编辑区输入程序代码。在输入源代码的过程中，记得要随时对程序进行保存(使用菜单 File→Save file，或直接按快捷键 Ctrl+S)，此时会将程序保存到已命名的文件中。如果想将程序保存到其他路径下，可执行 Save file as 命令，指定文件的名称和保存路径。编辑完后的 ujn1005.c 程序代码如图 5.12 所示。

说明：对于未保存的源文件，在编辑区上方的文件名前有星号"*"，表示程序有过更改，还没有保存，保存后该标志消失。若觉得编辑区的字号小或大了，可按住 Ctrl 键，再滚动鼠标滚轮，调整字号大小。

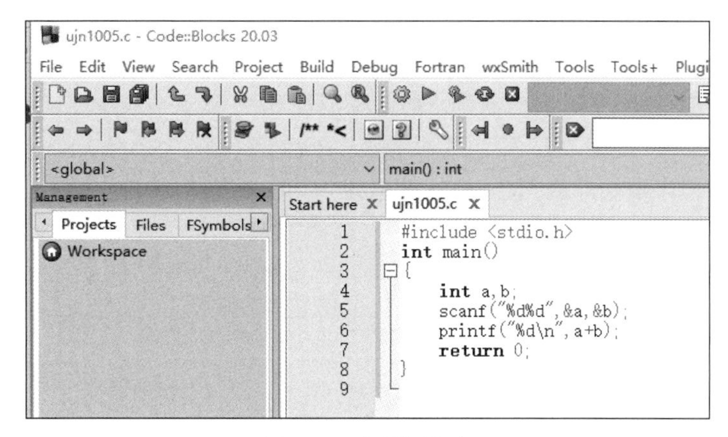

图 5.12 编辑源程序

5.5 编译与连接程序

程序编辑完成后,就可以编译和运行程序。单击菜单选择 Build→Build 命令,或直接按快捷键 Ctrl+F9,可以一次性完成程序的预处理、编译和连接过程。如果程序中存在词法、语法等错误,则编译过程失败,编译器将会在屏幕右下角的 Build messages 标签页中显示错误信息,如图 5.13 所示,并且将源程序相应的错误行号处标记成红色方块。

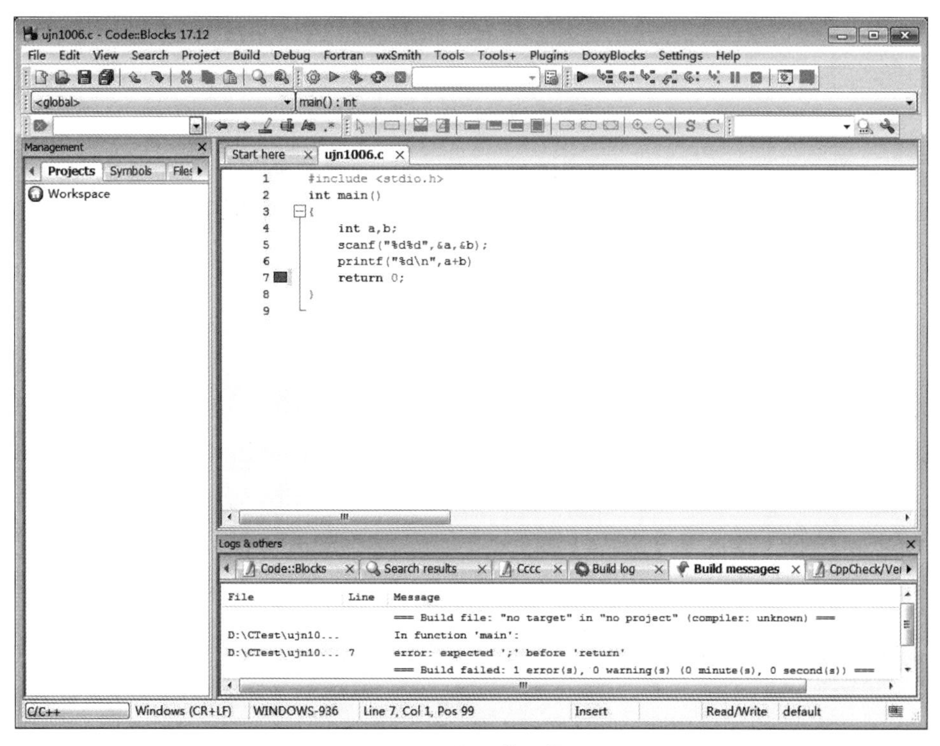

图 5.13 编译错误提示

Build messages 标签页中显示的错误信息是寻找错误原因的重要信息来源,要学会看这些错误信息,在每一次碰到错误且最终解决错误时,要记录错误信息以及相应的解决方法。以后看到类似的错误提示信息时,能熟练反应出是哪里有问题,从而提高程序调试效率。

如果修改了程序中全部的词法、语法等错误后,再次编译,将在“编译日志”标签页中显示编译成功,显示:0 error(s), 0 warning(s),如图 5.14 所示。此时,在源文件所在目录下将会生成一个同名的.exe 可执行文件(如 ujn1005.exe)。

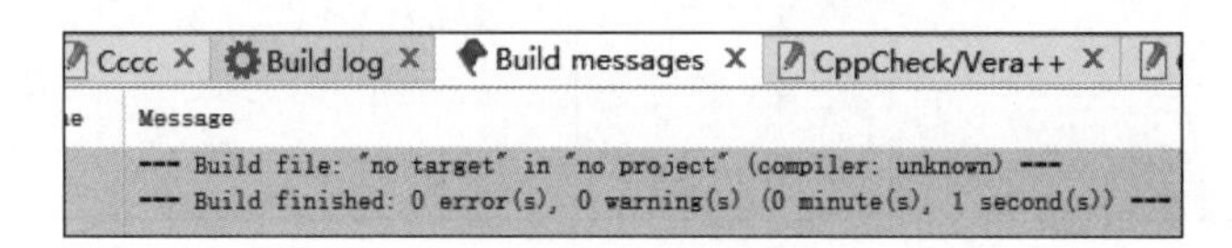

图 5.14　编译成功

说明:如果执行 Build 命令后,出现如图 5.15 所示的 Environment error 提示,或者执行运行后,出现如图 5.16 所示的提示信息,这是由于编译环境路径设置不对,需按照下面的方法重新设置。

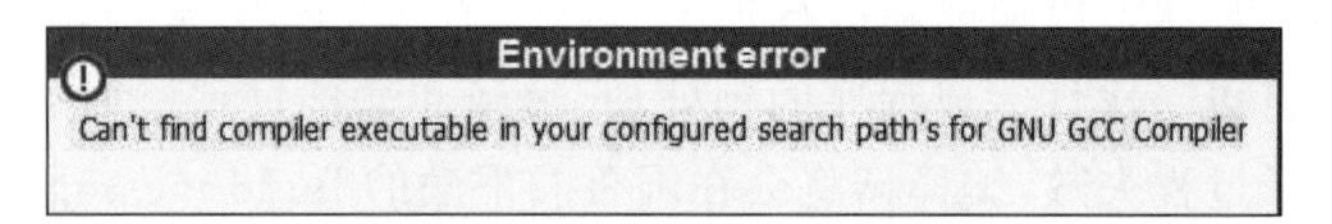

图 5.15　Environment error 提示

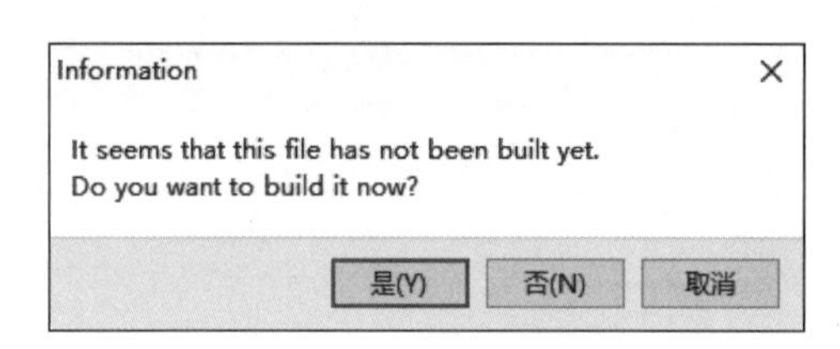

图 5.16　提示信息

① 依次选择菜单栏 Settings→Compiler,打开 Compiler settings 对话框,如图 5.17 所示。

② 在左侧的选项卡中,默认打开的是 Global compiler settings 选项卡,然后在右侧选择 Toolchain executables 标签页,如图 5.18 所示。其中,Compiler's installation directory 处默认被设置为 C:\MinGW 或其他路径,因为系统在这个文件夹下找不到编译所需文件,或者这个文件夹根本就不存在。

③ 单击右侧的 Auto-detect 按钮,系统自动检测,弹出如图 5.19 所示的对话框。

④ 系统检测到在安装路径 C:\Program Files\CodeBlocks\MinGW 下有所需的文件,单击“确定”按钮后,系统把该路径填入图 5.18 中的 Compiler's installation directory 文本框中。

⑤ 在 Compiler settings 对话框中,单击 OK 按钮,完成路径设置。设置完成后,再重新编译或运行程序即可。

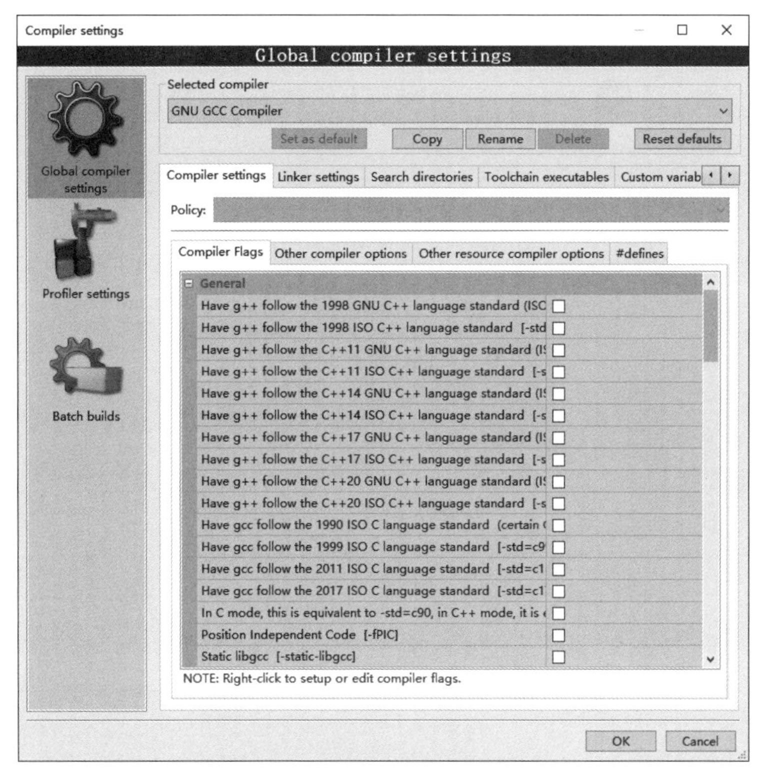

图 5.17 Compiler settings 对话框

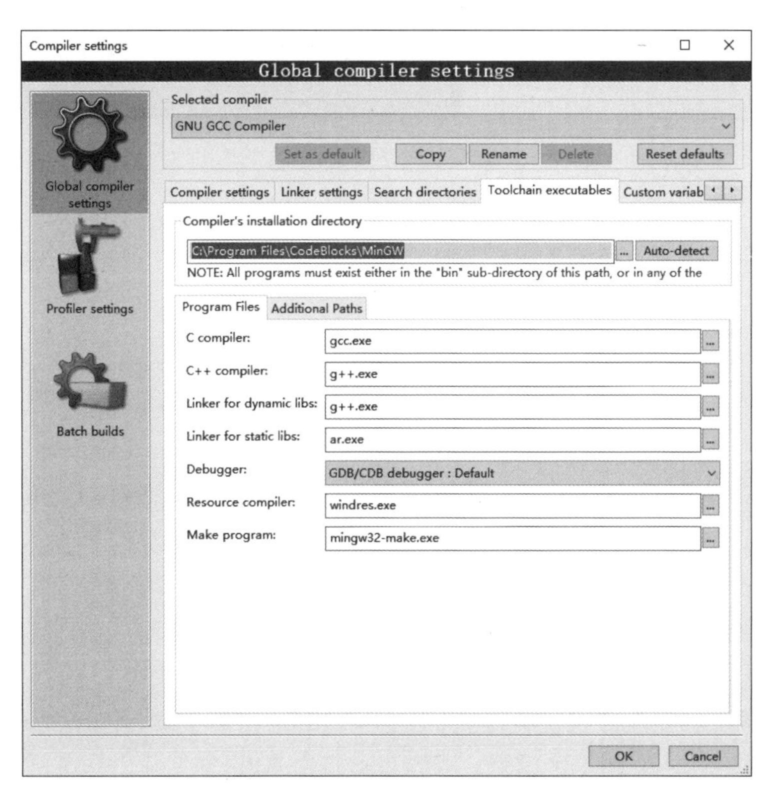

图 5.18 选择 Toolchain executables

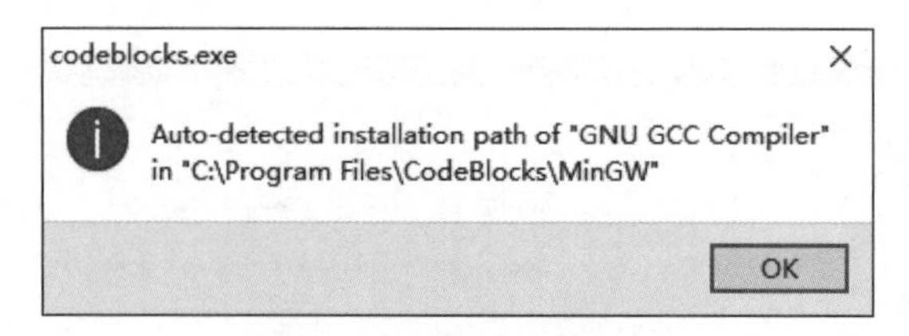

图 5.19　系统自动检测对话框

5.6　运行程序

对程序进行编译和连接后,有两种方法可以运行程序。

(1) 双击生成的.exe 文件。

(2) 在 CodeBlocks 环境下,单击菜单选择 Build→Run 命令,或者按快捷键 Ctrl+F10 运行程序。

如运行程序 ujn1006.c,按要求输入数据后,在窗口中显示运行结果、main 函数的返回值及程序运行时间,如图 5.20 所示。

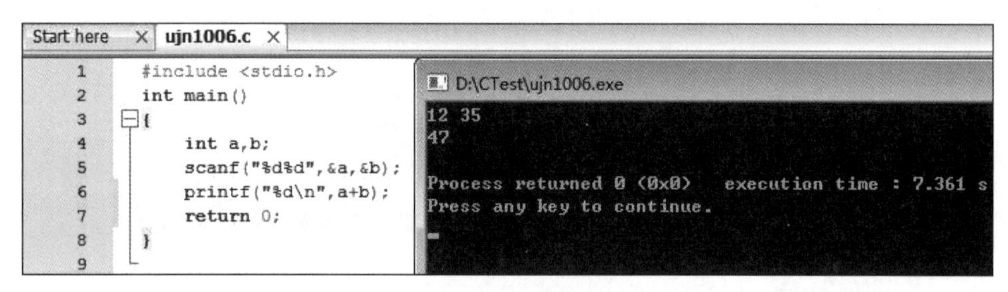

图 5.20　运行程序

说明:在工具栏上,有编译和运行的快捷按钮,各图标的含义如图 5.21 所示。可直接单击快捷按钮编译和运行程序。执行 Build→Build and run 命令,或按快捷键 F9,或单击快捷按钮,一步完成编译和运行。

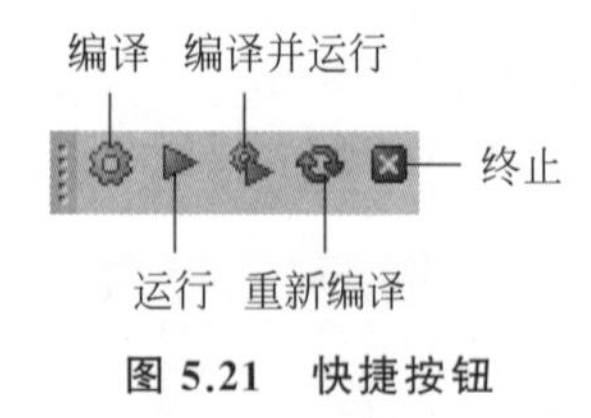

图 5.21　快捷按钮

5.7　调试程序

通过编译和连接的程序仅说明程序中没有词法和语法等错误,而无法发现程序深层次的问题(如算法不对导致结果不正确)。当程序运行出错时,需要找出错误原因。仔细读程序来寻找错误固然是一种方法,但是有时光靠读程序已经解决不了问题,此时需要借助 IDE

的调试工具。这是一种有效的排错手段,应该掌握。

5.7.1 设置断点

调试的基本思想是让程序运行到可能有错误的代码前,然后停下来,在人的控制下逐条语句运行,通过在运行过程中查看相关变量的值,来判断错误产生原因。如果想让程序运行到某一行前能暂停下来,就需要将该行设置成断点。

设置断点的方法是:在代码所在行行号的空白处单击,或将光标移到该行后,选择菜单项 Debug→Toggle breakpoint(快捷键为 F5),加断点后,行号后将显示红色圆点,如图 5.22 所示。将 printf 语句设置成断点,则程序运行完 scanf 语句后将会暂停。

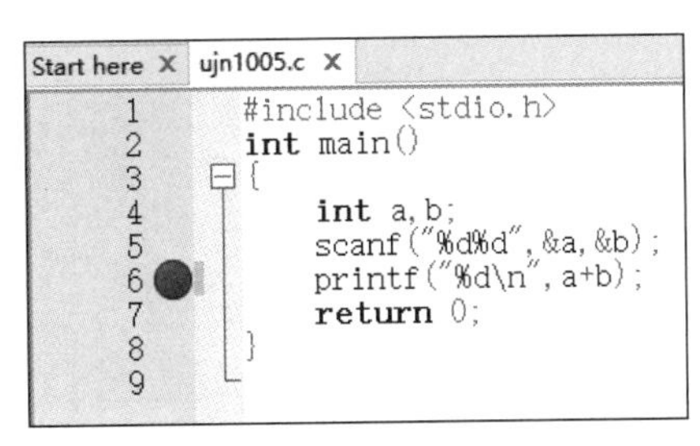

图 5.22 设置断点

需要说明的是,可以根据需要在程序中设置多个断点。如果想取消某行的断点,则在行号后再次单击,光标定位到该行后执行菜单项 Debug→Remove all breakpoints。

5.7.2 调试程序

设置断点后,即可开始调试程序。执行菜单项 Debug 中的各项命令,执行 Start/Continue 命令,或按快捷键 F8,程序进入 Debug 状态,各菜单项的功能如下。

- Start/Continue:开始调试,或执行到下一断点。
- Next line:单步调试。
- Step into:跳入函数。
- Step out:跳出函数。
- Stop debugger:结束调试。

说明:CodeBlocks 只能调试工程中的文件,不在工程中的文件不能调试。若要调试文件,则需要先建立一个工程(选择 File→New→Project 命令),然后把文件加到工程中后再调试,否则 Debug 菜单中的选项显示为灰色。另外,工程所在的路径名称必须为英文,不要包含中文,否则调试会出现问题。

5.7.3 设置 Watch 窗口

在调试程序时,有时需要查看程序运行过程中某些变量的值,以检测程序对变量的计算结果是否正确,可以在调试时通过选择菜单项 Debug→Debugging windows→Watches 打开查看窗口,然后增加变量,如图 5.23 所示。

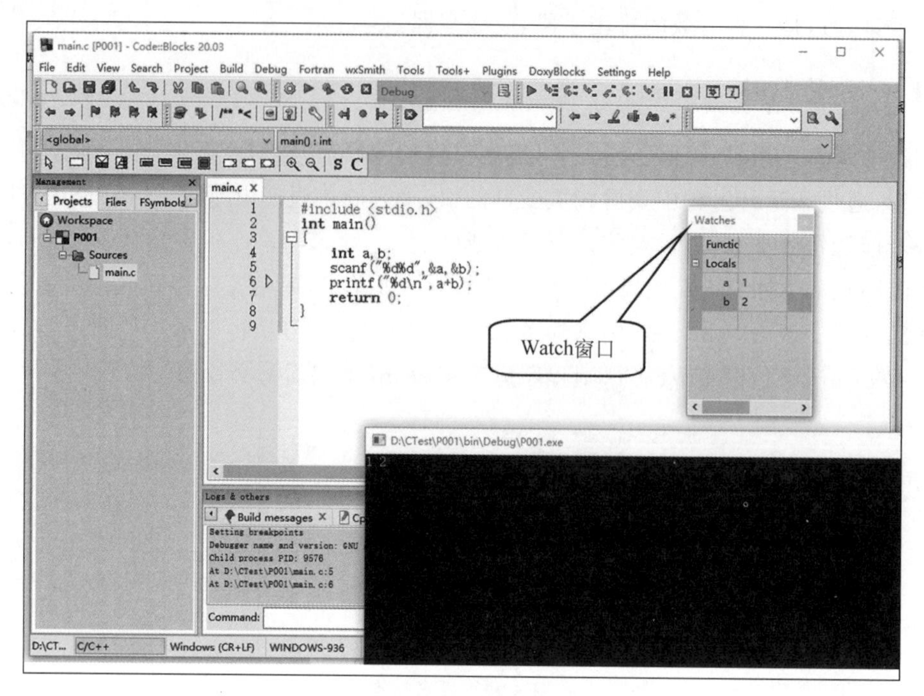

图 5.23 用 Watch 窗口查看变量

第二部分
习题与参考答案

第 1 章 程序设计概述

1.1 习　　题

一、选择题

1. 计算机程序用哪种语言编写机器可以直接运行(　　)。

A. 高级语言　　B. 汇编语言　　C. 机器语言　　D. 低级语言

2. 用自然语言描述算法的优点是(　　)。

A. 通俗易懂　　B. 容易产生歧义　　C. 文字冗长　　D. 文字含义严格

3. 对于用流程图描述算法,以下说法错误的是(　　)。

A. 直观形象　　B. 易于修改

C. 易于理解　　D. 对流程线的使用没有严格限制

4. 对结构化程序设计方法的特点描述错误的是(　　)。

A. 自顶向下　　B. 具有继承性　　C. 模块化设计　　D. 逐步求精

5. 计算机内一切数据的存取、传输和处理都是以(　　)形式进行的。

A. 十进制　　B. 二进制　　C. 八进制　　D. 十六进制

6. C 语言属于(　　)。

A. 机器语言　　B. 汇编语言　　C. 低级语言　　D. 高级语言

7. C 语言程序能在不同的操作系统下运行,说明它具有良好的(　　)。

A. 移植性　　B. 健壮性　　C. 操作性　　D. 兼容性

8. 以下命令不是编译预处理命令的是(　　)。

A. #define　　B. #include　　C. #if　　D. typedef

二、填空题

1. 计算机的硬件组成包括________、主板、________、硬盘、机箱、电源、输入设备(如________、鼠标)、输出设备(如________、打印机),另外还有显卡、声卡和网卡等。

2. CPU 主要是由________、________和寄存器组构成的。

3. 程序设计语言的基本成分有________、________、控制成分和传输成分。

4. 汇编语言是面向________的程序设计语言,是一种________语言。

5. 高级语言编写的程序________直接运行,需要将其转换为________才能运行,通常的转换方式有解释和________两种。

6. 算法的5个特征是________、确切性、________、输入和输出。

7. 算法的表示有自然语言表示法、传统流程图、________和________等。

8. 用流程图表示算法的优点是________,能比较清楚地显示出各部分的逻辑关系。

9. 程序的3种基本结构包括顺序结构、________和________。

10. 伪代码是用介于自然语言和计算机语言之间的文字和________来描述算法。

11. N-S图废除了________,因此它比传统的流程图紧凑易画。

12. 程序设计方法主要有________、面向对象的程序设计方法和面向服务的程序设计方法。

1.2 参考答案

一、选择题

1. C	2. A	3. B	4. B	5. B	6. D	7. A	8. D

二、填空题

1. CPU,内存,键盘,显示器 2. 控制器,运算器 3. 数据成分,运算成分 4. 机器,低级 5. 不能,机器语言, 编译 6. 有穷性,可行性	7. N-S图,伪代码 8. 直观形象 9. 选择结构,循环结构 10. 符号 11. 流程线 12. 结构体化程序设计方法

第 2 章 C 语言基础

2.1 习　　题

一、选择题(注：所有题目中的空格用□表示，按回车键用↙表示)

1. 一个 C 语言程序的执行总是起始于(　　)。

A. 程序的第一个函数　　B. 包含文件中的第一个函数

C. main 函数　　D. 程序中的第一条语句

2. C 语言源程序经过编译后生成的文件名的后缀名为(　　)。

A. .doc　　B. .obj　　C. .exe　　D. .cpp

3. C 语言源程序经过链接后生成的文件名的后缀名为(　　)。

A. .doc　　B. .obj　　C. .exe　　D. .cpp

4. C 语言编译程序的首要工作是(　　)。

A. 检查语法错误　　B. 检查逻辑错误

C. 检查程序的完整性　　D. 生成 exe 文件

5. 下列标识符组不合法的选项是(　　)。

A. W,p_1　　B. _abc,sum　　C. a－1,int　　D. x1,DO

6. 下列标识符组正确的是(　　)。

A. a3,7d　　B. _x1,temp　　C. for,max　　D. f(x),b2

7. 下列变量名定义错误的是(　　)。

A. a4　　B. sum　　C. _ch　　D. f(x)

8. 下面 4 个选项中，均是合法的标识符是(　　)。

A. abc,A_4d,_student,xyz_abc　　B. auto,12－a,a_b,ab5.x

C. A_4d,_student,xyz_abc,if　　D. abc,a_b,union,scan

9. 以下叙述中错误的是(　　)。

A. 在 C 程序中，逗号运算符的优先级最低

B. 在 C 程序中，APH 和 aph 是两个不同的变量

C. 若 a 和 b 类型相同，在计算赋值表达式 a＝b 后，b 中的值将存入 a 中，而 b 的值不变

D. 从键盘输入数据时，整型变量只能输入整型数值，实型变量只能输入实型数值

10. 下列不是C语言关键字的选项是(　　)。
    A. if　　B. printf　　C. case　　D. while
11. 下列4组选项中,均不是C语言关键字的选项是(　　)。
    A. Void　IF　mian
    B. getc　char　printf
    C. include　case　scanf
    D. while　go　pow
12. C语言中基本的数据类型不包括(　　)。
    A. 整型　　B. 实型　　C. 字符型　　D. 数组
13. C语言中基本的数据类型包括(　　)。
    A. 整型、实型、逻辑型、枚举型
    B. 整型、实型、字符型、枚举型
    C. 整型、字符型、逻辑型、枚举型
    D. 整型、实型、逻辑型、字符型
14. 自增、自减运算符能用于(　　)。
    A. 整型常量　　B. 表达式　　C. 整型变量　　D. 浮点型常量
15. 下面选项中两个整型常量都是合法的选项是(　　)。
    A. 25,0xff　　B. 03a,2e5　　C. 0x36,12,456　　D. 068　－0xcd
16. 下面选项中两个浮点数都是合法的选项是(　　)。
    A. 0.5,e3　　B. 16,1e－6　　C. .25,2e1.5　　D. 0.0,15
17. 下列实型常量表示不合法的是(　　)。
    A. －0.132　　B. 1.0　　C. 0.3242E　　D. 2.0E－3
18. 如果要把常量327存入变量a中,a不能定义成(　　)类型。
    A. int　　B. char　　C. long　　D. float
19. 下列字符常量正确的是(　　)。
    A. "c"　　B. '\\'　　C. 'abc'　　D. 'K'
20. C语言的赋值表达式中,赋值号的左侧必须是(　　)。
    A. 常量　　B. 变量　　C. 表达式　　D. 函数
21. 在C语言中,要求运算数必须是整型的运算符是(　　)。
    A. /　　B. >　　C. &&　　D. %
22. 下列表达式中,结果为0的是(　　)。
    A. 5%6　　B. 5*－1　　C. 5/10　　D. 5+－2/3
23. 已知int a=6;,则执行a+=2;语句后,a的值为(　　)。
    A. 6　　B. 8　　C. 12　　D. 36
24. 设有说明语句char c='\72';,则变量c(　　)。
    A. 包含1个字符
    B. 包含2个字符
    C. 包含3个字符
    D. 说明不合法
25. 以下叙述中正确的是(　　)。
    A. 在C程序中,每行只能写一条语句
    B. 若a是实型变量,C程序中允许赋值a=10,因此a中存放的是整数10
    C. 在C程序中,%是只能用于整数运算的运算符
    D. 在C程序中,无论是整数还是实数,都能被准确无误地表示
26. 以下叙述中错误的是(　　)。

A. 空字符串(两个双引号连写)只占一个存储单元

B. 字符型常量可以放在字符型变量中

C. 字符串常量可以放在字符串变量中

D. 字符型常量在一定范围内可以与整数混合运算

27. 若有定义 int a=12,则表达式 a+=a-=a*=a 的值是(　　)。

A. 0　　B. -264　　C. -144　　D. 132

28. 若变量 a 是 int 型,执行语句 a='A'+1.6;,则以下描述正确的是(　　)。

A. a 的值是字符'C'

B. a 的值是'A'的 ASCII 值加 1.6,结果是 66.6

C. 不允许字符型和浮点型相加

D. a 的值是'A'的 ASCII 值加 1.6,再取整,结果是 66

29. 若有定义:int y=7, x=12;,则以下表达式的值为 3 的是(　　)。

A. x%=(y%=5)　　B. x%=(y-y%5)

C. x%= y-y%5　　D. (x%= y)-(y%=5)

30. 若有定义:int c1=2,c2=2;,则表达式 1.0/c2*c1 的值是(　　)。

A. 0　　B. 0.5　　C. 1.0　　D. 0.25

31. 若定义:double x=1,y;,执行 y=x+3/2;语句,则 y 的值是(　　)。

A. 1　　B. 2　　C. 2.0　　D. 2.5

32. 若有定义:int a=12, n=5;,则表达式 a%=(n%2)运算后,a 的值(　　)。

A. 0　　B. 1　　C. 12　　D. 6

33. 若有定义:char a; int b; float c; double d;,则表达式 a*b+d-c 值的类型为(　　)。

A. float　　B. double　　C. char　　D. int

34. 设有变量定义:int a=5;,则以下程序段的输出结果是(　　)。

```
a=(2*3, a*4, a+5);
printf("%d\n", a);
```

A. 6　　B. 24　　C. 11　　D. 10

35. 以下程序段的输出结果是(　　)。

```
int a=3;
printf("%d\n", (a+=a-=a*a));
```

A. -6　　B. -12　　C. 0　　D. 6

36. 设有定义:int a=7; float x=2.5,y=4.7;,则表达式 x+a%3*(int)(x+y)%2/4 的值是(　　)。

A. 0.0　　B. 2.5　　C. 2.75　　D. 3.5

37. 已知 int x=y=3;　y=x++-1;,则 printf("%d %d",x,y);的输出结果是(　　)。

A. 5　4　　B. 4　2　　C. 3　2　　D. 4　4

38. 若所有变量都是 int 型,执行 x=(a=2,b=5,b++,a+b);后,x 的值是(　　)。

A. 2　　B. 5　　C. 7　　D. 8

39. 若x、i、j、k都是int型变量,则计算表达式x=i=4,j=16,k=32后,x的值为(　　)。

A. 4　　B. 16　　C. 32　　D. 52

40. 已知int x,y,z;x=y=z=0;,则执行x&&y++&&++z;后,表达式y+z的值为(　　)。

A. 1　　B. 2　　C. 3　　D. 0

41. 设x和y均为int型变量,则以下语句的功能是(　　)。

```
x=x+y;  y=x-y;  x=x-y;
```

A. 把x和y按从小到大排序　　B. 把x和y按从大到小排序

C. 无确定结果　　D. 交换x和y中的值

42. 关于C语言的主函数描述错误的是(　　)。

A. 一个C程序中最多有一个main函数

B. C程序必有一个且只能有一个main函数

C. C程序可以不从main函数结束执行

D. C程序的执行一定从main函数开始执行

43. 关于C语言的主函数描述正确的是(　　)。

A. C程序可以有多个main函数　　B. C程序有且只有一个main函数

C. C程序可以没有main函数　　D. C程序不一定从main函数开始执行

44. 在C语言中,使用输入、输出函数要求包含的头文件是(　　)。

A. stdio.h　　B. string.h　　C. math.h　　D. stdlib.h

45. 下面程序段的输出结果是(　　)。

```
short i=32769;
printf("%d", i);
```

A. 32767　　B. 32769　　C. −32767　　D. 输出随机数

46. 若有说明:int a;,则正确的输出语句为(　　)。

A. printf("%d",&a);　　B. printf("%d",a);

C. scanf("%f",&a);　　D. scanf("%d",&a);

47. 以下程序段的输出结果是(　　)。

```
int k=017, g=111;
printf("%d,", k);
printf("%x\n", g);
```

A. 15,6f　　B. f,6f　　C. f,111　　D. 15,111

48. 设有以下程序段,若输入数据形式为5,8↙,则输出结果是(　　)。

```
int x, y;
scanf("x=%dy=%d", &x, &y);
printf("%d\n", x+y);
```

A. 5　　B. 8　　C. 13　　D. 随机数

49. 若有定义：double a;，则正确的输入语句是(　　)。

A. scanf("%lf",a);　　B. scanf("%d",&a);

C. scanf("%lf",&a);　　D. scanf("%d",a);

50. 以下程序段的输出结果是(　　)。

```
float a=3.1415;
printf("%6.0f", a);
```

A. 3.1415　　B. □□□3.0　　C. □□□□□3　　D. □□□□3

51. 语句 printf("a\bre\'hi\'y\\\bou\n"); 的输出结果是(　　)。

A. a\bre\'hi\'y\\\bou　　B. a\bre\'hi\'y\bou

C. re'hi'you　　D. abre'hi'y\bou

52. 以下程序段的输出结果是(　　)。

```
int a=3366;
printf("a=%-08d, a=%08d, a=%3d \n", a, a, a);
```

A. a=33660000,a=00003366,a=3366

B. a=3366□□□□,a=00003366,a=3366

C. a=-00003366,a=00003366,a=336

D. a=3366□□□□,a=□□□□3366,a=336

53. 以下程序段的输出结果是(　　)。

```
float a=3.1415926;
printf("a=%f, a=%4.1f, a=%2.3f, a=%.0f \n", a, a, a, a);
```

A. a=3.1415926,a=3.14,出错,a=3

B. a=3.141592,a=3.1□,出错,a=3.0

C. a=3.141593,a=□3.1,a=3.142,a=3

D. a=3.141593,a=3.14,a=3.141　a=3.0

54. 执行 scanf("%d%d",&x,&y);输入数据时，不能作为两个整数的分隔符是(　　)。

A. 空格　　B. Tab 键　　C. 回车　　D. 逗号

55. 执行 scanf("a=%d,b=%f",&a,&b); 欲将 18 和 2.5 分别赋给 a 和 b，正确的输入是(　　)。

A. a=18,b=2.5　　B. a=18□b=2.5

C. 18,2.5　　D. 18□2.5

56. 若有以下定义和语句，则输出结果是(　　)。

```
int a=010, b=0x10, c=10;
printf("%d, %d, %d\n", a, b, c);
```

A. 10,10,10　　B. 8,16,10　　C. 8,10,10　　D. 8,8,10

57. 若有 int a,b;，设输入为 111222333↙，结果 a 的值是 111，b 的值是 33，则正确的输入语句是(　　)。

A. scanf("%3d%2d",&a,&b);

B. scanf("%3d%*3d%d",&a,&b);

C. scanf("%3d%*3d%2d",&a,&b);

D. scanf("%3d%2d%*3d",&a,&b);

58. 设x、y、z是整型变量,输入数据格式为25,13,10↙,以下程序段的输出结果是(　　)。

```
scanf("%d%d%d", &x, &y, &z);
printf("x+y+z=%d\n", x+y+z);
```

A. x+y+z=25　　B. x+y+z=38　　C. x+y+z=48　　D. 无法确定

59. 设有以下语句,若变量a1、a2、c1、c2的值分别是10、20、'A'、'B',则正确的输入格式是(　　)。

```
int a1, a2;     char c1, c2;
scanf("%d%c%d%c", &a1, &c1, &a2, &c2);
```

A. 10□A□20□B　　B. 10A□20□B

C. 10A20B　　D. 10□A20B

60. 已有定义:char ch1,ch2,ch3;,执行scanf("%1c%2c%3c",&ch1,&ch2,&ch3);,设键盘输入为A□BC□DEF↙,则ch1、ch2、ch3的值分别是(　　)。

A. 'A'、'B'、'D'　　B. 'A'、'B'、'C'　　C. 'A'、'□'、'B'　　D. 'A'、'□'、'C'

61. 已有定义:int x;float y;,执行scanf("%3d%f",&x,&y);,设键盘输入为12345□678↙,则x、y的值分别是(　　)。

A. 123、45.0　　B. 123、678.0　　C. 12345、678.0　　D. 123、45.678

62. 若有以下程序段,其输出结果正确的是(　　)。

```
int a=1234;
float b=123.456;
double c=12345.54321;
printf("%2d,%2.1f,%2.1lf", a, b, c);
```

A. 无输出　　B. 12,123.5,12345.5

C. 1234,123.5,12345.5　　D. 1234,123.4,1234.5

63. 以下关于编译预处理的叙述错误的是(　　)。

A. 预处理命令必须以#开始

B. 预处理命令只能位于源程序中所有语句前

C. 一条预处理命令必须单独占一行

D. 预处理命令不是C语言本身的组成部分

64. 以下关于宏的叙述正确的是(　　)。

A. 宏名必须用大写字母表示　　B. 宏替换时要进行语法检查

C. 宏替换不占用运行时间　　D. 宏定义中不允许引用已有的宏名

65. 以下描述错误的是(　　)。

A. 文件包含是编译预处理命令　　B. 文件包含不占用程序的运行时间

C. 文件包含命令以＃开头　　　　D. 文件包含命令可以写在 main 函数中

66. 以下关于文件包含的描述错误的是(　　)。

A. 文件包含命令必须以＃开头

B. 一个 include 命令只能指定一个被包含的文件

C. 文件包含可以嵌套

D. 文件名用“”括起来和用< >括起来是等价的

67. 在下列有关宏替换的叙述中,正确的是(　　)。

A. 宏替换占用运行时间　　　　B. 宏替换只是字符替换

C. 带参数的宏替换和函数等价　　　　D. 宏名有类型

68. 以下描述正确的是(　　)。

A. 在程序的一行中可以出现多个有效的预处理命令行

B. 使用带参数的宏时,实参的类型应与宏定义时的一致

C. 宏替换不占用运行时间,只占用编译时间

D. 在宏定义中,宏名可由任意的字符组成

69. 用宏定义来计算表达式 4 * x＋3,下列宏定义正确的是(　　)。

A. ＃define　F　(x)　4 * x＋3　　　　B. ＃define　F(x)　4 *(x)＋3

C. ＃define　F　(4 * x＋3)　　　　D. ＃define　Fx　4 * x＋3

70. 以下程序的运行结果是(　　)。

```
# define  D(r)  r * r
int main()
{   int m=2, n=4, s;
    s=D(m+n);
    printf("%d\n", s);
}
```

A. 36　　　　B. 12　　　　C. 14　　　　D. 16

71. 以下程序的运行结果是(　　)。

```
#define  A  5
#define  B  A+1
int main()
{  int a;
   a=B;
   printf("%d\n", --a);
}
```

A. 6　　　　B. 5　　　　C. 4　　　　D. 出错

72. 若有以下宏定义,则执行语句 z＝N＋Y(5);后,z 的值是(　　)。

```
#define  N    2
#define  Y(n)  ((n+1) * n)
```

A. 40　　　　B. 30　　　　C. 32　　　　D. z 无定值

73. 以下程序的运行结果是(　　)。

```
#define  MIN(x,y)  (x)<(y)?(x):(y)
int main()
{  int i=10, j=15, k;
   k=10*MIN(i, j);
   printf("%d\n", k);
}
```

A. 10　　B. 15　　C. 100　　D. 150

74. 以下程序的运行结果是(　　)。

```
#define  ADD(x)  x+x
int main()
{  int m=1, n=2, k=3;
   int sum=ADD(m+n)*k;
   printf("sum=%d\n", sum);
}
```

A. 18　　B. 12　　C. 10　　D. 9

二、程序阅读题

1. 写出下面程序的运行结果。

```
#include <stdio.h>
int main()
{   char c1, c2, c3;
    c1='A';   c2='B';   c3='C';
    printf(" %c, %c, %c\n ", c1, c2, c3);
    printf(" %c, %c, %c\n", c1+1, c2+1, c3+1);
    printf(" %d, %d, %d\n", c1, c2, c3);
    return 0;
}
```

2. 写出下面程序的运行结果。

```
#include <stdio.h>
int main()
{   int x, y, z ;
    x=-3+4*5-6 ;    printf("%d\n", x) ;
    x=-3* 4%-6/5;   printf("%d\n", x) ;
    y=x ++-1;       printf("%d\t%d\t", x, y) ;
    return 0;
}
```

3. 写出下面程序的运行结果。

```
#include<stdio.h>
int main()
{   int a, b, c, d;
    a=10, b=20;
    c=a++, d=b-1;
    printf("%d, %d\n%d, %d\n ", a, b, c, d);
    return 0;
}
```

4. 写出下面程序的运行结果。

```
#include <stdio.h>
int main()
{   int a, b, c, d;
    a=(c=100, d=200, c+d);
    b=(c=d=0, c+50);
    printf(" %d, %d, %d, %d\n ", a, b, c, d);
    return 0;
}
```

5. 写出下面程序的运行结果。

```
#include<stdio.h>
int main()
{   int i, j, m, n ;
    i=5;      j=10;
    m=++i;    n=j--;
    printf("%d,%d,%d,%d", i, j, m, n);
    return 0;
}
```

6. 写出下面程序的运行结果。

```
#include<stdio.h>
int main()
{   int i, k;
    i=5;    k=(i++)+(i++);
    printf("i=%d, k=%d\n", i, k);
    i=5;    k=(++i)+(++i);
    printf("i=%d, k=%d\n", i, k);
    i=5;    k=(++i)+(i++);
    printf("i=%d, k=%d\n", i, k);
    return 0;
}
```

7. 若键盘输入数据格式为 12a345b789↙,写出下面程序的运行结果。

```
#include<stdio.h>
int main()
{   char c1, c2;     int a1, a2;
    c1=getchar();   scanf("%2d", &a1);
    c2=getchar();   scanf("%3d", &a2);
    printf("a1=%d, a2=%d\nc1=%c, c2=%c\n", a1, a2, c1, c2);
    return 0;
}
```

8. 写出下面程序的运行结果。

```
#include<stdio.h>
#define  N  5
```

```
#define  M1  N*3
#define  M2  N*2
int main()
{   int a;
    a=M1+M2;
    printf("a=%d\n", a);
    return 0;
}
```

三、编程题

1. 输入一个3位整数,分解出它的个位、十位、百位,然后将个位、十位、百位的数相加,输出它们的和。测试数据如下。

输入:	输出:
365	14

2. 你买了一箱苹果,一共有n个,但是箱子里混进了一条虫子。虫子每x小时能吃掉1个苹果,假设虫子在吃完一个苹果之前不会吃另一个苹果,那么经过y小时你还有多少个完整的苹果?依次输入3个整数n、x和y,且输入数据保证$y \leqslant n \times x$,计算经过y小时后,剩下的完好的苹果个数。(注意:虫子啃了一口就不算完好的苹果了)。测试数据如下。

输入:	输出:
10 4 9	7

3. 设三角形的3边长为a、b、c,从键盘输入a、b、c的数据(均为浮点数),假设输入的3边长肯定能构成三角形,按以下公式计算三角形的面积并输出结果,结果保留小数点后2位数字。

$$area = \sqrt{s(s-a)(s-b)(s-c)}$$

其中,$s=(a+b+c)/2$。

测试数据1	测试数据2
输入:	输入:
3 4 5	1.8 2.0 2.5
输出:	输出:
6.00	1.78

4. 从键盘输入球的半径r的值(浮点数),按公式编程计算球的表面积和球的体积,并按这个顺序输出计算结果,两个计算结果中间用一个空格分开,输出时保留小数点后2位数字,π的取值为3.14。球的表面积公式是:$S=4\pi r^2$,球的体积公式是:$V=(4/3)\pi r^3$。

测试数据1	测试数据2
输入:	输入:
1.0	2.5
输出:	输出:
12.56 4.19	78.50 65.42

5. C语言课程期末考试结束后需要计算成绩达到90分以上的优秀率,输入两个整数,第一个整数为参加考试的学生人数,第二个整数为成绩在90分以上的学生人数。计算出优秀率并以百分数形式输出,精确到小数点后3位(注意要输出%)。测试数据如下。

输入:	输出:
1050 60	5.714%

6. 从键盘输入一个秒数(即从某日0点0分开始到现在所经历的时间),编程计算输入秒数所代表的时间已经过了几天,现在的时间是多少,按00:00:00的格式输出时间,两个计算结果中间用一个逗号分开。测试数据如下。

输入:	输出:
1234567	14, 06:56:07

7. 设银行1年期的定期存款利率为1.25%,输入存款的金额(整数),计算一年后你能获得的本金加利息的金额是多少,输出结果保留小数点后2位数字。测试数据如下。

输入:	输出:
10000	10125.00

8. 设银行1年期的定期存款利率为1.25%,输入存款的金额(整数)和存款的年数n(整数),按复利的方式计算n年后你能获得的本金加利息的金额是多少,输出结果保留小数点后2位数字。测试数据如下。

输入:	输出:
10000 3	10379.71

9. 对于二维平面上的两个点A(x_1,y_1)和B(x_2,y_2),坐标值均为整数,计算这两个点之间的距离|AB|,计算结果保留2位小数。第1行先输入A点坐标,第2行输入B点坐标,距离公式如下。

$$|AB|=\sqrt{(x_1-x_2)^2+(y_1-y_2)^2}$$

测试数据1	测试数据2
输入: 0 0 1 0 输出: 1.00	输入: 1 1 3 2 输出: 2.24

10. 用宏定义求两个整数相除的余数,在main函数中输入数据,输出计算结果。测试数据如下。

输入:	输出:
5 2	1

2.2 参考答案

一、选择题

1. C	2. B	3. C	4. A	5. C	6. B	7. D	8. A	9. D	10. B
11. A	12. D	13. B	14. C	15. A	16. B	17. C	18. B	19. D	20. B
21. D	22. C	23. B	24. A	25. C	26. C	27. A	28. D	29. D	30. C
31. C	32. A	33. B	34. D	35. B	36. B	37. B	38. D	39. A	40. D
41. D	42. C	43. B	44. A	45. C	46. B	47. A	48. D	49. C	50. C
51. C	52. B	53. C	54. D	55. A	56. B	57. C	58. D	59. C	60. D
61. A	62. C	63. B	64. C	65. D	66. D	67. B	68. C	69. B	70. C
71. B	72. C	73. B	74. C						

【难题解析】

第 27 题：表达式 a+=a-=a*=a；的计算过程，先计算 a=a*a，即 a=12*12=144，再计算 a=a-a；即 a=144-144=0，最后计算 a=a+a；即 a=0+0=0，所以结果是 0。

第 32 题：a%=(n%2)即计算 a=a%(n%2)，即 a=12%(5%2)=12%1=0。

第 34 题：a=(2*3,a*4,a+5)；先计算赋值号右侧逗号表达式，2*3 的值为 6，a*4 的值为 20，a+5 的值为 10，注意计算 a*4 时并没有改变 a 的值，逗号表达式的值是最后一个表达式的值，所以最后将 10 赋给了变量 a。

第 36 题：表达式 x+a%3*(int)(x+y)%2/4 的计算过程，先介绍 a%3=7%3=1，再计算 1*(int)(x+y)=1*(int)(2.5+4.7)=7，7%2/4=1/4=0，即 x+a%3*(int)(x+y)%2/4=x+0=x=2.5。

第 37 题：y=x++-1；先作 y=x-1=3-1=2，然后 x 自加，值为 4，所以输出结果是 4　2。

第 40 题：x、y、z 值均为 0，执行 x&&y++&&++z 时，因 x=0，对于 && 表达式来说结果肯定是 0，根本不需要计算后面的式子，所以 y、z 也不会进行自加运算，表达式 y+z=0+0=0。

第 45 题：short 型整数的范围是-32768～32767，根据整数的循环溢出规则，short 型已经无法表示+32768，它会回到负数的最小值，即-32768，而 32769 即在-32768 上加 1，所以 i 的值是-32767。

第 48 题：注意 scanf("x=%dy=%d",&x,&y)；的格式字符串，想正确输入数据，应该输入 x=5y=8↙，若输入 5,8↙，变量 x、y 根本得不到数据，所以 x+y 的结果是随机数。

第 51 题：printf("a\bre\'hi\'y\\\bou\n")；先输出 a，\b 是退格，然后输出 re（注意 a 已被 r 覆盖），\'即输出单引号，然后输出 hi'y，\\即输出一个反斜杠\，\b 退格，再输出 ou（\被 o 覆盖），所以最后的结果是 re'hi'you。

第 52 题：a=3366；printf("a=%-08d，a=%08d，a=%3d \n"，a，a，a)；%-08d 控制输出 a 时左对齐，占 8 列，后面不能补 0，所以 0 不起作用，%08d 控制输出 a 时右对齐，占 8 列，前面补 0，%3d 输出 a，因 a 实际占 4 列，所以突破列宽 3 的限制，按实际位数输出。

第 58 题：scanf("%d%d%d"，&x，&y，&z)；因格式控制中%d 之间没有逗号，输入格式为 25，13，10↙，多了逗号，所以只有 x 得到值 25，而 y 和 z 都不能得到输入的数据，即它们还是随机值，所以 x+y+z 的结果无法确定。

第 70 题：#define　D(r)　r*r　s=D(m+n)；宏展开后是 s=m+n*m+n=2+4*2+4=14，注意，因宏定义时 r*r，r 是没加括号，所以宏展开时 m+n 也不能加括号。

第 74 题：sum=ADD(m+n)*k；宏展开后是 sum=m+n+m+n*k=1+2+1+2*3=10。

二、程序阅读题

1. 运行结果：

```
A,B,C
B,C,D
65,66,67
```

2. 运行结果：

```
11
0
1     -1
```

3. 运行结果：

```
11,20
10,19
```

4. 运行结果：

```
300,50,0,0
```

5. 运行结果：

```
6,9,6,10
```

6. 运行结果：

```
i=7,k=10
i=7,k=14
i=7,k=12
```

7. 运行结果：

```
a1=2,a2=345
c1=1,c2=a
```

8. 运行结果：

```
a=25
```

三、编程题

2. 提示：根据测试数据可知，10 个苹果，虫子 4 小时吃完 1 个苹果，9 小时后吃完了 2 个苹果，第 3 个苹果没吃完，所以剩余的完好苹果是 7 个。如果直接计算 10－9/4，结果是错的，想想怎样才能得到正确的结果，是不是需要用类型转换的方法计算。

3. 提示：开方函数用 sqrt，数学公式中省略的乘号需写上，area=sqrt(s*(s－a)*(s－b)*(s－c))；，程序中调用 sqrt 函数，所以在程序必须包含数学函数头文件，即#include＜math.h＞。

5. 提示：直接输出 60/1050 的结果是错的，注意比率的值应该如何计算，另外需要在 printf 的双引号里面写两个%，才能输出%。

6. 提示：输入秒数，通过整除可以计算出已经过去的天数，通过取余数，可以得到今天的总秒数，再由此计算时间、几小时、几分、几秒。

8. 提示：复利的计算公式是：本利之和＝本金＊(1＋利率)^n，其中n表示存款的年数。计算x^n，可以调用pow函数。例如，计算1.25^{10}，可用pow(1.25,10)。同样，程序必须包含数学函数头文件，即#include<math.h>。

第 3 章 程序的控制结构

3.1 习　　题

一、选择题

1. C 语言中用(　　)表示逻辑真。

　A. true　　B. 整数 0　　C. 非零值　　D. T

2. 表示关系 x≥y≥z 的 C 语言表达式是(　　)。

　A. (x>=y)&&(y>=z)　　B. (x>=y)&d(y>=z)

　C. x>=y>=z　　D. (x>=y)||(y>=z)

3. 表示 y 在[3,23]内为真的表达式为(　　)。

　A. (y>=3)&&(y<=23)　　B. (y>=3)||(y<=23)

　C. (y>3)&&(y<23)　　D. (y>3)||(y<23)

4. 已知 char ch='G';,则表达式 ch=(ch>='A' && ch<='Z')?(ch+32) : ch;的值是(　　)。

　A. A　　B. a　　C. Z　　D. g

5. 设 int a=4,b=5,c=6;,则下面的表达式中,值为 0 的表达式是(　　)。

　A. a && b　　B. a<=b

　C. a||b+c&&b-c　　D. !((a<b)&&!c||1)

6. 设有如下程序,则程序的输出结果是(　　)。

```
int x=0, y=0, z=0;
++x&&++y&&++z;
printf("%d, %d, %d", x, y, z);
```

　A. 1,0,0　　B. 1,1,1　　C. 1,1,0　　D. 1,0,1

7. 设有 int a=1,b=2,c=3,d=4,m=2,n=2;,执行(m=a>b)&&(n=c>d)后,n 的值是(　　)。

　A. 1　　B. 2　　C. 3　　D. 4

8. 下列程序段的输出结果是(　　)。

```
int a=2, b=3, c=4, d=5, m=2, n=2;
a=(m=a>b)&&(n=c>d)+5;
printf("%d,%d", a, n);
```

A. 0,5　　B. 1,0　　C. 0,2　　D. 5,0

9. 设有定义 int x=3,y=4,z=5;,则表达式!(x+y)+z-1 && y+z/2 的值是(　　)。

A. 0　　B. 1　　C. 4　　D. 4.5

10. 为了避免在嵌套的条件语句 if-else 中产生二义性,C语言规定 else 子句总是与(　　)。

A. 编排位置相同的 if 配对　　B. 前面最近的未匹配的 if 配对

C. 后面最近的未匹配的 if 配对　　D. 同一行上的 if 配对

11. 以下不正确的 if 语句是(　　)。

A. if(x>y)　printf("%d\n",x);　　B. if(x==y)&&(x!=0)　x+=y;

C. if(x!=y)　scanf("%d",&x);　　D. if(x>y)　{ x++ ;　y++;}

12. 以下程序段的输出结果是(　　)。

```
char c='a';
if('a'<c<='z')  printf("LOW");
else  printf("UP");
```

A. LOW　　B. UP　　C. LOWUP　　D. 语法错误

13. 已知 int x=10,y=20,z=30;,则执行以下语句后 x、y、z 的值是(　　)。

```
if(x>y)
z=x;
x=y;
y=z;
```

A. x=10,y=20,z=30　　B. x=20,y=30,z=30

C. x=20,y=30,z=10　　D. x=20,y=30,z=20

14. 执行以下程序段后,x 的值是(　　)。

```
int a=1, b=3, c=5, d=4;
if(a<b)
  if(c<d) x=1;
  else  if(a<c)
          if(b<d) x=2;
          else  x=3;
        else  x=6;
```

A. 1　　B. 2　　C. 3　　D. 6

15. 以下程序段的输出结果是(　　)。

```
int a=5, b=4, c=3, d=2;
if(a>b>c)  printf("%d\n",a);
else  if((c-1>=d)==1)  printf("%d\n", d+1);
      else  printf("%d\n", d+2);
```

A. 2　　B. 3　　C. 4　　D. 5

16. 以下程序段的输出结果是(　　)。

```
float x=2.0, y;
if(x<0.0)  y=0.0;
```

```
else  if(x<10.0)  y=1.0/x;
      else  y=1.0;
printf("%4.2f\n", y);
```

A. 0.00　　B. 0.25　　C. 0.50　　D. 1.00

17. 设有以下程序段，其输出结果是(　　)。

```
int a=2, b=3, c=1;
if(a>b)
if(a>c)  printf("%d\n", a);
else  printf("%d\n", b);
printf("Over!\n");
```

A. 2　　B. 3　　C. Over!　　D. 4

18. 设有变量定义：int x=10,y=20,a=5;,以下程序的输出结果是(　　)。

```
if(x<y)
  if(y!=10)  a=1;
  else  a=10;
else  a=0;
printf("%d\n", a);
```

A. 0　　B. 1　　C. 5　　D. 10

19. 以下程序段的输出结果是(　　)。

```
int x=5;
if(x--<5)  printf("%d", x);
else  printf("%d", x++);
```

A. 3　　B. 4　　C. 5　　D. 6

20. 执行下面程序段后，x 的值是(　　)。

```
int x=15;
if(x++>15)  printf("%d\n", ++x);
else  printf("%d\n", x--);
```

A. 17　　B. 16　　C. 15　　D. 14

21. 以下程序段的输出结果是(　　)。

```
int i=1, j=1, k=2;
if((j++|| k++) && i++)
   printf("%d, %d, %d", i, j, k);
```

A. 1,1,2　　B. 2,2,1　　C. 2,2,2　　D. 2,2,3

22. 以下程序段的输出结果是(　　)。

```
int i=1, j=2, k=3;
if((i++==1 && (++j==3 || k++==3))
    printf("%d, %d, %d", i, j, k);
```

A. 1,2,3　　B. 2,3,4　　C. 2,2,3　　D. 2,3,3

23. 下列描述正确的是(　　)。

A. 在 switch 中必须使用 break 语句

B. break 语句只能用于 switch 中

C. 在 switch 中可根据需要使用或不使用 break 语句

D. break 语句是 switch 的一部分

24. 若有以下定义：float x;int a,b;,则正确的 switch 语句是(　　)。

A.
```
switch(x)
{ case 1.0: printf("*\n");
  case 2.0: printf("**\n");
}
```

B.
```
switch(x)
{ case 1,2: printf("*\n");
  case 3:   printf("**\n");
}
```

C.
```
switch (a+b)
{ case 1: printf("\n");
  case 1+2: printf("**\n");
}
```

D.
```
switch (a)
{ case b<1: printf("*\n");
  case b>2: printf("**\n");
}
```

25. 以下程序段的输出结果是(　　)。

```
int x=1, a=0, b=0;
switch(x)
{  case 0: b++;
   case 1: a++;
   case 2: a++;  b++;
}
printf("a=%d, b=%d\n", a, b);
```

A. a=2,b=1　　B. a=1,b=1　　C. a=1,b=0　　D. a=2,b=2

26. 若有语句 int k=8;,则执行下列程序段后,变量 k 的正确结果是(　　)。

```
int k=8;
switch(k)
{  case 9: k+=1;
   case 10: k+=1;
   case 11: k+=1; break;
   default: k+=1;
}
printf("%d\n", k);
```

A. 12　　B. 11　　C. 10　　D. 9

27. 以下程序段的输出结果是(　　)。

```
int a=10, b=5, m=0;
switch(a%3)
{  case 0: m++; break;
   case 1: m++;
```

```
        switch(b%2)
        {  default: m++;
           case 0: m++;  break;
        }
}
printf("m=%d\n", m);
```

A. m=1　　B. m=2　　C. m=3　　D. m=4

28. 下列对 while 和 do-while 循环的描述正确的是(　　)。

A. do-while 的循环体不能是复合语句

B. do-while 的循环体至少要执行一次

C. while 的循环体至少要执行一次

D. while 循环不能使用 break 来结束循环

29. 下列程序段的输出结果是(　　)。

```
int i=6;
while(i--)
    printf("%2d", --i);
```

A. □5□3□1　　B. □4□2□0　　C. □5□4□3　　D. 死循环

30. 下面程序段的输出结果是(　　)。

```
int y=10;
while(y--) ;
printf("y=%d\n", y);
```

A. y=0　　B. 死循环,无输出结果

C. y=1　　D. y=-1

31. 对以下程序段叙述正确的是(　　)。

```
int k=0;
while(k==0)
  k=k-1;
```

A. 循环执行 10 次　　B. 循环体一次也不被执行

C. 无限循环　　D. 循环体被执行一次

32. 以下程序段的 while 循环执行的次数是(　　)。

```
int k=0;
while(k=1)
  k++;
```

A. 无限次　　B. 有语法错,不能执行

C. 1 次也不执行　　D. 执行 1 次

33. 下面程序段的运行结果是(　　)。

```
int n=0;
while(n++<=2) ;
printf("%d", n);
```

A. 2　　B. 3　　C. 4　　D. 出错

34. 以下程序段的输出结果是(　　)。

```
int k=1, s=0;
while(s<10)
  { s=s+k*k;   k++; }
printf("%d", k);
```

A. 3　　B. 4　　C. 5　　D. 6

35. 对以下程序段描述正确的是(　　)。

```
int x=0, s=0;
while(!x!=0)
  s+=++x;
printf("%d\n", s);
```

A. 输出结果为0　　B. 输出结果为1

C. while后的表达式是非法的　　D. while循环无法结束

36. 以下能正确计算5!的程序段是(　　)。

A.
```
int i=1,s=1;
while(i<=5)
{ s=s*i;
  i++;
}
```

B.
```
int i,s=1;
while(i<=5)
{ s=s*i;
  i++;
}
```

C.
```
int i=1,s;
while(i<=5)
{ s=s*i;
  i++;
}
```

D.
```
int i=1,s=0;
while(i<=5)
{ s=s*i;
  i++;
}
```

37. 以下程序段的输出结果是(　　)。

```
int a=1, b=2, c=2, t=0;
while(a<b<c)
  {  t=a;  a=b;  b=t;  c--;  }
printf("%d, %d, %d\n", a, b, c);
```

A. 1,2,1　　B. 2,1,1　　C. 1,2,0　　D. 2,1,0

38. 设有语句int i=0;,则以下while循环的执行次数是(　　)。

```
while(i<10)
{  if(i<1)  continue;
   if(i==5)  break;
   i++;
}
```

A. 1 次　　B. 5 次　　C. 6 次　　D. 无限次

39. 以下描述错误的是(　　)。

A. 可以使用 if 和 goto 语句构成循环

B. 在 while 循环正确运用 break 语句可以结束循环

C. 若写 while(5),循环将执行 5 次

D. 当 while 后的表达式值为 0 时结束循环

40. 设有语句 int x=－1;,则以下循环执行的次数是(　　)。

```
do
  { x=x * x; }
while(!x);
```

A. 0 次　　B. 1 次　　C. 2 次　　D. 无限次

41. 以下程序段的输出结果是(　　)。

```
int a=1, b=10;
do
{  b=b-a;
   a++;
} while(b--<0);
printf("a=%d, b=%d\n", a, b);
```

A. a=3,b=11　　B. a=2,b=8　　C. a=1,b=－1　　D. a=4,b=9

42. 设有以下程序,若要使程序的输出值为 2,则应该从键盘给 n 输入的值是(　　)。

```
int main()
{  int s=0, a=1, n;
   scanf("%d", &n);
   do
   {  s=s+1;
      a=a-2;
   } while(a!=n);
   printf("%d\n", s);
   return 0;
}
```

A. －1　　B. －3　　C. －5　　D. 0

43. 以下程序段的输出结果是(　　)。

```
int y=6;
do
  {  y--;
  }while(--y);
printf("%d\n", y--);
```

A. －1　　B. 1　　C. 3　　D. 0

44. 设有语句 int i;,则以下 for 循环的执行次数是(　　)。

```
for(i=2; i!=0;)
    printf("%d", i--);
```

A. 0次　　B. 1次　　C. 2次　　D. 无限次

45. 下列关于for循环的描述错误的是(　　)。

A. for循环是“当型”循环

B. for的循环体包含多条语句时必须使用花括号括起来

C. for循环是“直到型”循环

D. for循环是先判断条件,再执行循环

46. 下列关于for循环描述错误的是(　　)。

A. for循环经常用于循环次数已经确定的情况

B. for循环的循环体可以是一个复合语句

C. for循环中不能用break语句跳出循环体

D. for循环的循环体可以是一个空语句

47. 设有语句int x,y;,以下for循环的执行次数是(　　)。

```
for(x=0, y=0; (y=123)&&(x<4); x++);
```

A. 1次　　B. 3次　　C. 4次　　D. 无限次

48. 在下列选项中,没有构成死循环的程序段是(　　)。

A.
```
int i=10
while(1)
{  i=i%10+1;
   if(i>10) break;
}
```

B.
```
int k=10;
 do
 {
   ++k;
 } while (k>=10);
```

C.
```
int k;
for(k=1; k>0; k++)
    ;
```

D.
```
int s=10;
while(s)
--s;
```

49. 若有语句int i,j;,则for(i=j=0; i<10&&j<8; i++,j+=3)控制的循环体执行的次数是(　　)。

A. 9　　B. 8　　C. 3　　D. 2

50. 执行语句for(n=1; n+1<=5; n++)后,n的值是(　　)。

A. 3　　B. 4　　C. 5　　D. 6

51. 执行以下程序后,k的值是(　　)。

```
int i, j=10, k=0;
for(i=0; i<=j; i++)
{  k=i+j;    j--;  }
```

A. 8　　B. 9　　C. 10　　D. 11

52. 以下程序段的输出结果是(　　)。

```
int x=10, y=10, i;
for(i=0; x>8; y=i)
    printf("%d, %d\n ", x--, y);
```

A. 9,10
9,0

B. 9,10
8,0

C. 10,10
9,0

D. 10,10
9,1

53. 以下能正确计算 x^5 的程序段是(　　)。

A. for(i=1; i<=5; i++)　s=s*x;

B. for(i=1; i<5; i++)　s=s*x;

C. for(i=1,s=1; i<=5; i++)　s=s*x;

D. for(i=1,s=1; i<5; i++)　s=s*x;

54. 对下面程序段,描述正确的是(　　)。

```
for(t=1; t<=100; t++)
{  scanf("%d",&x);
   if(x<0)  contiune;
   printf("%d\n",x);
}
```

A. 当 x<0 时,整个循环结束

B. printf 函数永远也不执行

C. 当 x≥0 时,什么也不输出

D. 最多允许输出 100 个非负整数

55. 以下程序段的输出结果是(　　)。

```
int a, b;
for(a=1, b=1; a<=100; a++)
{  if(b>=10)  break;
   if(b%3==1)  { b=b+3;  continue;  }
}
printf("%d", a);
```

A. 3　　B. 4　　C. 5　　D. 6

56. 以下程序段的输出结果是(　　)。

```
int k, n;
for(k=1; k<=5; k++)
{    n=k*k;
     if(n<10)  continue;
     else  printf("%d   ", n);
}
```

A. 1　4　9

B. 1　4　9　16　25

C. 16　25

D. 因循环终止,没有任何输出结果

57. 以下程序段的输出结果是(　　)。

```
int a=0;
for( int i=1; i<5; i++)
      switch(i)
```

```
    {  case 0:
       case 3: a+=2;
       case 1:
       case 2: a+=3;
       default: a+=5;
    }
printf("%d", a);
```

A. 10　　B. 13　　C. 20　　D. 31

58. 以下程序段的输出结果是(　　)。

```
int i=0, a=0;
while(i<20)
{  for( ; ; )
       if(i%10==0)  break;
       else  i--;
   i+=11;
   a+=i;
}
printf("%d", a);
```

A. 11　　B. 21　　C. 32　　D. 33

二、程序阅读题

1. 写出下面程序的运行结果。

```
#include <stdio.h>
int main()
{   int a=4, b=3, c=5, t=0;
    if(a>b) {  t=a;  a=b;  b=t;  }
    if(a>c)
    t=a;
    a=c;
    c=t;
    printf("%d, %d, %d\n", a, b, c);
    return 0;
}
```

2. 写出下面程序的运行结果。

```
#include<stdio.h>
int main()
{   int a=2, b=1, c=2;
    if(a<b)
      if(b<0)  c=0;
      else  c+=1;
    printf("%d\n", c);
    return 0;
}
```

3. 写出下面程序的运行结果。

```
#include<stdio.h>
int main()
{   int x=1, y=0, a=0, b=0;
    switch(x)
    { case 1:  switch(y)
               {  case 0: a++; break;
                  case 1: b++; break;
               }
      case 2:  a++; b++; break;
    }
    printf("a=%d, b=%d\n", a, b);
    return 0;
}
```

4. 写出下面程序的运行结果。

```
#include<stdio.h>
int main()
{   int n, x=5872;
    while(x!=0)
    {   n=x%10;   x=x/10;
        printf("%3d", n);
    }
    return 0;
}
```

5. 假设输入 9　5↙，写出下面程序的运行结果。

```
#include<stdio.h>
int main()
{   int a, b;
    scanf("%d%d", &a, &b);
    while(a!=b)
    {   while(a>b)  a=a-b;
        while(b>a)  b=b-a;
    }
    printf("a=%d,b=%d\n", a, b);
    return 0;
}
```

6. 写出下面程序的运行结果。

```
#include<stdio.h>
int main()
{   int i=5, j=0;
    do
    {  j=j+i;
       i--;
```

```
    }while(i>2);
    printf("j=%d\n", j);
    return 0;
}
```

7. 假设输入4675↙,写出下面程序的运行结果。

```
#include<stdio.h>
int main()
{   char c;
    while((c=getchar())!='\n')
    {   switch(c-'2')
        {   case 0:
            case 1: putchar(c+4);
            case 2: putchar(c+4);  break;
            case 3: putchar(c+3);
            default: putchar(c+2); break;
        }
        printf("\n");
    }
    return 0;
}
```

8. 写出下面程序的运行结果。

```
#include<stdio.h>
int main()
{   int i, x=0;
    for(i=1; i<5; i++)
    {  if(i%2==0)  continue;
        x++;
        printf("第%d次,x=%d\n", i, x);
    }
    return 0;
}
```

9. 写出下面程序的运行结果。

```
#include<stdio.h>
int main()
{   int i, x=1;
    for(i=1; i<5; i++)
     {  if(i%3==0)  break;
        x++;
        printf("第%d次,x=%d\n", i, x);
      }
    return 0;
}
```

10. 写出下面程序的运行结果。

```
#include<stdio.h>
int main()
{   int j;
    for(j=4; j>=2; j--)
      switch(j)
        {  case 0: printf("%4s","ABC");
           case 1: printf("%4s","DEF");
           case 2: printf("%4s","GHI");  break;
           case 3: printf("%4s","JKL");
           default: printf("%4s","MNO");
        }
      printf("\n");
      return 0;
}
```

11. 写出下面程序的运行结果。

```
#include <stdio.h>
int main()
{   int s=0, k;
    for(k=0; k<=7; k++)
      switch(k)
      {  case 1:
         case 4:
         case 7:  s++;   break;
         case 2:
         case 3:
         case 6:  break;
         case 0:
         case 5:  s+=2;  break;
      }
      printf("s=%d\n", s);
      return 0;
}
```

12. 写出下面程序的运行结果。

```
#include<stdio.h>
int main()
{   int k=0,m=0, i, j;
    for(i=0; i<2; i++)
    {   for(j=0; j<3; j++)   k++;
        k=k-j;
    }
    m=i+j;
    printf("k=%d, m=%d", k, m);
    return 0;
}
```

13. 写出下面程序的运行结果。

```
#include <stdio.h>
int main()
{   int i, j, k ;
    for(i=1; i<=4 ; i++)
    {  for(j=1; j<=4-i ; j++)  putchar('□');
       for(k=1; k<=2*i-1 ; k++)  putchar('*');
       putchar('\n');
    }
    for(i=3; i>=1 ; i--)
    {  for(j=1; j<=4-i ; j++)
           putchar('□');
       for(k=1; k<=2*i-1 ; k++)  putchar('*');
       putchar('\n');
    }
    return 0;
}
```

14. 写出下面程序的运行结果。

```
#include <stdio.h>
int main()
{  int x=5, y=10, i;
   for(i=0; x<8; y=i)
       printf("%d,%d \n", x++, y);
   return 0;
}
```

15. 写出下面程序的运行结果。

```
#include<stdio.h>
int main()
{   int i, a, b, c;
    a=1, b=1;
    printf("%d   %d\n", a, b);
    for(i=1; i<=4; i++)
    {   c=a+b;  a=b;  b=c;
        printf("%d   ", c);
        if(i%2==0)  printf("\n");
    }
    return 0;
}
```

16. 写出下面程序的运行结果。

```
#include <stdio.h>
int main()
{   int i, j, n, t, s=0;
    for(i=1; i<=3; i++)
```

```
    {   t=1;
        for(j=1; j<=i; j++)
        {   t=t*2;   printf("%4d", t);   }
        printf("\n");
        s=s+t;
    }
    printf("s=%d\n",s);
    return 0;
}
```

三、程序填空题

1. 编程从 3 个数 x、y、z 中找出最大值和最小值并输出。

```
#include <stdio.h>
int main()
{   int x, y, z, min, max;
    scanf("%d%d%d", &x, &y, &z);
    min=max=x;
    if(min>y)
    _____①_____
    else
    _____②_____
    _____③_____
    _____④_____
    _____⑤_____
    printf("min=%d, max=%d", min, max);
    return 0;
}
```

2. 编程判断一个输入整数的正负性和奇偶性。

```
#include<stdio.h>
int main()
{   int n;
    printf("请输入一个整数: ");
    _____①_____
    if(_____②_____)    printf("%d是一个正数.\n", n);
    else
        if(_____③_____)  printf("%d是一个负数.\n",n);
        else  printf("%d是零.\n",n);
    if(_____④_____)  printf("%d是一个偶数.\n",n);
    else  printf("%d是一个奇数.\n",n);
    return 0;
}
```

3. 任意输入 3 条边 a、b、c 后，若能构成三角形且为等腰、等边和直角，则分别输出 DY、DB 和 ZJ；若不能构成三角形，则输出 NO。

```
#include<stdio.h>
int main()
```

```
{   float a, b, c, a2, b2, c2;
    scanf("%f%f%f", &a, &b, &c);
    printf("%5.1f,%5.1f,%5.1f", a, b, c);
    if(a+b>c&&b+c>a&&a+c>b)
    {  if(______①______)   printf("DY\n");
       if(______②______)   printf("DB\n");
       a2=a*a;   b2=b*b;   c2=c*c;
       if(______③______)  printf("ZJ\n");
       printf("\n");
    }
    else  printf("NO\n");
    return 0;
}
```

4. 编程实现功能：当输入+、-、*、/时，分别计算并输出 x+y、x-y、x*y、x/y 的值。

```
#include <stdio.h>
#include <stdlib.h>
int main()
{   int x, y, z;   char ch;
    scanf("%d%d%c", &x, &y, &ch);
    switch(___①___)
    {  ______②______
       ______③______
       ______④______
       ______⑤______
          default: printf("error!");  exit(0);
    }
    printf("%d%c%d=%d\n", x, ch, y, z);
    return 0;
}
```

5. 屏幕上显示如下信息，输入数字则会输出对应时间的问候语。

```
*****Time*****
1  morning
2  afternoon
3  evening
输入你选择的数字
```

```
#include<stdio.h>
int main()
{   char c;
    printf("*****Time*****\n");
    printf("1  morning\n");
    printf("2  afternoon\n");
    printf("3  evening\n");
    printf("输入你选择的数字: ");
    c=______①______
    switch(___②___)
```

```
    {   case ___③___ : printf("Good morning!\n"); break;
        case ___④___ : printf("Good afternoon!\n"); break;
        case ___⑤___ : printf("Good evening!\n"); break;
         _____⑥_____ : printf("选择错误!\n");
    }
    return 0;
}
```

6. 华氏温度和摄氏温度的转换公式是：C=5/9*(F－32)，其中 C 表示摄氏温度，F 表示华氏温度，要求从华氏 0～300 度每隔 20 度计算并输出对应的摄氏温度。

```
#include <stdio.h>
int main()
{   int F=0, max=300;
    float C;
    while(_______①_______)
    {     _______②_______
          _______③_______
          _______④_______
    }
    return 0;
}
```

7. 编程统计从键盘输入的字符中数字字符的个数，输入换行符时结束。

```
#include<stdio.h>
int main()
{   int n=0, c;
    c=getchar();
    while(_____①_____)
    {   if(_____②_____)  n++;
        c=_____③_____
    }
    printf("n=%d\n",n);
    return 0;
}
```

8. 从键盘上输入若干学生的成绩，输出最高成绩和最低成绩，输入负数时结束。

```
#include<stdio.h>
int main()
{   double x, max, min;
    scanf("%lf", &x);
    max=x;
    min=x;
    while(_______①_______)
    {   if(x>max)  max=x;
        if(_____②_____) _______③_______
        scanf("%f", &x);
```

```
    }
    printf("max=%lf, min=%lf\n", max, min);
    return 0;
}
```

9. 编程计算1－3＋5－7＋9…前20项的和。

```
#include <stdio.h>
#include <math.h>
int main()
{   int n=1, t=1, x=0;
    do
    {  x=_______①_______;
       n=n+2;
       t=_______②_______;
    }while(_____③_____);
    printf(" x=%d\n", x);
    return 0;
}
```

10. 编程计算 x＝1－1/3＋1/5－1/7＋1/9…，当相加项的绝对值小于0.000001(即10^{-6})时停止计算。

```
#include <stdio.h>
#include <math.h>
int main()
{   int n, t;    double x, m ;
    n=1;    t=1;    x=0;
    do
    {  m=1.0 * t/(2 * n-1);
       _______①_______;
       n++;
       t=_______②_______;
    }while(_____③_____);
    printf(" x=%10.2lf\n ", x);
    return 0;
}
```

11. 编程输出100以内能被3整除且个位数字是6的所有整数。

```
#include<stdio.h>
int main()
{   int i, j;
    for(i=0; _____①_____; i++)
    {  j=i * 10+6;
       if(_____②_____)  printf("%d,", j);
    }
    return 0;
}
```

12. 编程计算表达式 1 * 2 * 3+3 * 4 * 5+5 * 6 * 7+…+11 * 12 * 13 的值。

```
#include <stdio.h>
int main(
{   int sum, term, i;    //sum保存最终结果,term计算3个数的乘积,i控制循环次数
    sum=0;
    for(i=1;______①______; i+=2)
    {  term=______②______;
       sum=______③______;
    }
    printf("sum=%d \n",sum);
    return 0;
}
```

13. 输出 100～1000 内同时满足除以 5 余 2、除以 7 余 3、除以 11 余 7 的所有整数,并计算满足条件的这些整数的和及其个数。

```
#include<stdio.h
int main()
{   int i, sum =0, num =0;
    for(i =100;______①______;  i++)
    {   if(______②______)
        {    printf("%d, ", i);
             sum=______③______;
             num=______④______;
        }
    }
    printf("\nsum=%d, num=%d\n", sum, num);
    return 0;
}
```

14. 编程判断一个数 m 是否为素数。

```
#include <stdio.h>
#include <math.h>
int main()
{   int m, i, k ;
    scanf("%d", &m);
    k=sqrt(m);
    for(______①______)
        if(______②______)  break;
    if(______③______)  printf("m是素数。\n");
    else  printf("m不是素数。\n");
    return 0;
}
```

四、编程题

1. 编程判断 0.2+0.4 是否等于 0.6,如果等于 0.6 则输出 yes,如果不等于 0.6 则输出 no。测试数据如下。

输入: 无	输出: yes

2. 对于二维平面上的两个点A(x1,y1)和B(x2,y2),坐标值均为整数,判断哪个点距离原点(0,0)更近,输出这个点对应的字母,第1行输入A点坐标,第2行输入B点坐标(注意不存在距离一样的情况)。测试数据如下。

输入: 1 1 2 3	输出: A

3. 输入一个整数,判断它能否被3、5、7整除,并按以下规则输出信息。

(1) 如果能同时被3、5、7整除,输出3 5 7,两数间用1个空格分隔。

(2) 如果只能被其中两个数整除,则输出两个数,小数在前,大数在后。

例如,3 5或3 7或5 7,中间用1个空格分隔。

(3) 只能被其中一个数整除,则输出这个数。

(4) 不能被任何数整除,输出no。

测试数据1	测试数据2	测试数据3
输入: 105 输出: 3 5 7	输入: 21 输出: 3 7	输入: 16 输出: no

4. 输入一个小写英文字母,判断它是不是元音字母,如果是则输出yes,如果不是则输出no,用if语句实现。测试数据如下。

输入: a	输出: yes

5. 输入一个小写英文字母,判断它是不是元音字母,如果是则输出yes,如果不是则输出no,用switch语句实现。测试数据如下。

输入: b	输出: no

6. 用switch语句编程实现一个简单的计算器,可以完成+、-、*、/4种运算。假设输入数据均为整数,除法也是按整除来处理,运算结果不会超过int表示的范围。输入数据有3个,第1、2个为整数,第3个为操作符(+、-、*、/),输出运算结果,也是一个整数,但要注意两点:①如果出现除数为0的情况,则输出Divided by zero!;②如果出现无效的操作符(即不为+、-、*、/之一),则输出Error!。测试数据如下。

输入: 7 2 /	输出: 3

7. 编程求出1~100内所有奇数的和。测试数据如下。

输入:	输出:
无	2500

8. 编程求能同时被3和5整除的3位正整数的和。测试数据如下。

输入:	输出:
无	32850

9. 编程输出1～100内能被3整除但不能被5整除的所有正整数。输出时每10个整数占1行，每个整数占4列(输出时格式字符用%4d)。测试数据如下。

输入:	输出:
无	3 6 9 12 18 21 24 27 33 36 39 42 48 51 54 57 63 66 69 72 78 81 84 87 93 96 99

10. 编程输出100～300内的所有素数，输出时每10个素数占1行，每个素数占6列。测试数据如下。

输入:	输出:
无	101 103 107 109 113 127 131 137 139 149 151 157 163 167 173 179 181 191 193 197 199 211 223 227 229 233 239 241 251 257 263 269 271 277 281 283 293

11. 输入两个整数n和a，编程计算s=a+aa+aaa+…+aa…aaa(n和a都小于10)。例如，n=5，a=2(n、a由键盘输入)，计算s=2+22+222+2222+22222。测试数据如下。

输入:	输出:
5 2	24690

12. 从键盘输入一串字符，以回车符结束，分别统计出其中字母、数字和其他字符的个数，分3行输出结果。测试数据如下。

输入:	输出:
abc1234, XY*#98?	5 6 4

13. 编程计算1×2×3+3×4×5+5×6×7+…+99×100×101的值。测试数据如下。

输入:	输出:
无	13002450

14. 有一分数序列：2/1，3/2，5/3，8/5，13/8，21/13，…，求出这个数列的前20项之和。注意结果是浮点数，输出时保留2位小数。测试数据如下。

输入:	输出:
无	32.66

15. 输入一个正整数 x,要求:①求出 x 是几位数;②计算 x 的每一位数字相加之和。测试数据如下。

输入: 3581	输出: 4 位数 17

16. 打印出所有"水仙花数"。所谓"水仙花数"是指一个 3 位数,其各位数字立方和等于该本身,输出时每个水仙花数占 1 行。例如,153 是一个水仙花数,因为 $153=1^3+5^3+3^3$。测试数据如下。

输入: 无	输出: 153 370 371 407

17. 公式 $\frac{\pi}{2} \approx \frac{2}{1} \times \frac{2}{3} \times \frac{4}{3} \times \frac{4}{5} \times \frac{6}{5} \times \frac{6}{7} \cdots$,编程用前 100 项的乘积计算 π 的值,输出保留 6 位小数。注意,前 100 项的乘积和 π 的值误差比较大,如果计算前 1000 项的乘积,其结果会更接近 π 的值。测试数据如下。

输入: 无	输出: 3.126082

18. 编程计算表达式 2!+4!+6!+…+n!的值,其中 n 的值是由键盘输入的一个偶数,且 n≤16,注意阶乘的值和求和的值都比较大,建议用 double 类型,输出时用 "%.0lf" 不输出小数部分即可。测试数据如下。

输入: 14	输出: 87660962666

19. 从键盘输入任意一个 int 型的正整数,编程判断该数是否为回文数,是回文数输出 yes,不是则输出 no。所谓回文数,就是从左到右读这个数和从右到左读这个数是一样的。例如,12321. 6116 是回文数。测试数据如下。

输入: 1001	输出: yes

20. 编程打印以下图案,用双层循环实现。

```
*********            *****
 *******              ***
  *****                *
   ***                ***
    *                *****
```

21. 输入一个整数 n,1<n<10,输出一个 n 层的回文数字三角形。测试数据如下。

输入：	输出：
4	1 121 12321 1234321

22. 构造 N×N 的拉丁方阵(2≤N≤9)，使方阵中的每一行和每一列中数字 1~N 只出现一次。输入整数 N，输出拉丁方阵，方阵中的数字中间用 1 个空格分隔。测试数据如下。

输入：	输出：
4	1 2 3 4 2 3 4 1 3 4 1 2 4 1 2 3

23. 输入一个正整数 n，1≤n≤10000，统计 1~n 的所有整数中出现的数字 1 的个数。例如，当 n=2 时，在 1~2 这两个数中，就只出现了 1 个数字 1；当 n=12 时，在 1~12 中，出现了 5 个数字 1(分别是 1、10、11、12 中的 1)。测试数据如下。

输入：	输出：
100	21

24. 输入一个整数(int 型)，将该数各位上数字逆序得到一个新的整数。注意，逆序后得到的新整数的最高位数字不能为 0，但如果原数就是 0，逆序后要输出 0。

测试数据 1	测试数据 2	测试数据 3
输入： 125 输出： 521	输入： -380 输出： -83	输入： 0 输出： 0

3.2 参考答案

一、选择题

1. C	2. A	3. A	4. D	5. D	6. B	7. B	8. C	9. B	10. B
11. B	12. A	13. B	14. B	15. B	16. C	17. C	18. B	19. B	20. B
21. C	22. D	23. C	24. C	25. A	26. D	27. C	28. B	29. B	30. D
31. D	32. A	33. C	34. B	35. B	36. A	37. C	38. D	39. C	40. B
41. B	42. B	43. D	44. C	45. C	46. C	47. C	48. D	49. C	50. C
51. C	52. C	53. C	54. D	55. B	56. C	57. D	58. C		

难题解析：

第 7 题：根据逻辑运算规则 0&& a=0，表达式 a 根本不用计算，本题中 n=c>d 未进行计算。

第8题：根据运算符的优先级，＋高于&&，所以赋值表达式相当于 a＝(m＝a＞b) &&((n＝c＞d)＋5)；先计算 m＝a＞b，m＝0，根据逻辑运算的规则 0&& a＝0，&&后的表达式(n＝c＞d)＋5。不用计算，所以 n 保持原值 2 不变，a 的值为 0。

第9题：原表达式等价于(!(x＋y)＋z－1) && (y＋z/2)，先算!(x＋y)＋z－1＝!(3＋4)＋5－1＝0＋5－1＝4，即值为真，再算 y＋z/2＝4＋5/2＝6，值为真，真 && 真，结果为 1。

第12题：'a'＜c＜＝'z'因 c＝'a'；先算'a'＜'a'，值为 0，再算 0＜＝'z'，'z'的 ASCII 值为 122，所以 0＜＝122 值为 1，因此输出 LOW。

第13题：注意 if 的语句只有 z＝x;，而 x＝y;和 y＝z;这两个赋值语句是在 if 执行后再执行，因 x＞y 值为 0，所以不执行 z＝x;，只执行 x＝y;和 y＝z;，因此 x＝20，y＝30，z＝30。

第14题：先判断 a＜b 值为 1，再判断 c＜d，值为 0，执行 else 后的语句，继续判断 a＜c 值为 1，再判断 b＜d，值为 1，执行 x＝2;，所以答案为 B。

第15题：先算 a＞b＞c，a＞b 值为 1，1＞c 值为 0，执行 else 后的部分，再计算(c－1＞＝d)＝＝1，c－1＞＝d 值为 1，1＝＝1，所以执行 printf("%d\n",d＋1);后输出 3。

第18题：先算 x＜y，值为 1，再算 y!＝10，值为 1，执行 a＝1;。

第19题：x－－＜5 先算 x＜5，再执行 x－－，x＜5 值为 0，然后 x 自减 1，得 x＝4，执行 else 后语句 printf("%d",x＋＋);，因是后缀形式，所以输出 x 的原值 4 后，x 再自加 1 变为 5，输出结果是 4。

第21题：根据逻辑运算的规则 1|| a＝1，表达式 k＋＋未进行计算。

第22题：根据逻辑运算的规则，执行了表达式 i＋＋＝＝1 和＋＋j＝＝3，而 k＋＋＝＝3 未执行。

第25题：注意此题 switch 语句中未用 break 语句，x＝1，执行 case 1 后的语句 a＋＋;得 a＝1，然后继续执行语句 a＋＋;b＋＋;，得 a＝2，b＝1。

第27题：执行 default 后的语句后，因无 break 语句，所以继续执行 case 0 后语句。

第29题：注意 i－－ 是后缀形式，第 1 次判断条件，i＝6，然后 i 自减变为 5，执行 printf("%2d",－－i);语句，此处 －－i 是前缀，i 先自减变为 4，输出 4；第 2 次判断条件，i＝4，然后 i 自减变为 3，执行 printf("%2d",－－i);语句，i 先自减变为 2，输出 2；第 3 次判断条件，i＝2，然后 i 自减变为 1，执行 printf("%2d",－－i);i 先自减变为 0，输出 0；第 4 次判断条件，i＝0，结束循环。

第30题：注意循环体是空语句，y＝0 时 while 循环结束，然后 y 自减 1，所以输出 y＝－1。

第31题：k＝＝0 满足条件执行循环，k＝k－1，得 k＝－1，因－1!＝0，所以循环结束。

第32题：注意 while 后的语句 k＝1 不是关系表达式，是赋值语句，所以每次 k 的值都是 1，即 while(1)。

第33题：循环体是空语句，第 1 次计算 n＋＋＜＝2，值为 1(因 0＜＝2)，n 自加 1，得 n＝1；第 2 次计算 n＋＋＜＝2，值为 1(因 1＜＝2)，n 自加 1，得 n＝2；第 3 次计算 n＋＋＜＝2，值为 1(因 2＜＝2)，n 自加 1，得 n＝3；第 4 次计算 n＋＋＜＝2，值为 0(因 3＞2)，结束循环，n 自加 1，得 n＝4。

第35题：注意，!的优先级高于!＝，!x!＝0 等价于(!x)!＝0，计算结果为 1，执行循环体 s＋＝＋＋x;即计算 s＝s＋(＋＋x);语句，得 s＝1。

第37题：循环执行 1 次后 a＝2，b＝1，c＝1，执行 2 次后，a＝1，b＝2，c＝0，第 3 次结束

循环。

第 38 题：i 初值为 0,0<10 执行循环体,因 0<1,执行 continue;,这样循环里的 i++;语句就不会执行,所以 i 的值一直是 0,导致循环不能结束。

第 40 题：先执行 x=x*x=(-1)*(-1)=1,再判断条件!x,值为 0,结束 do-while 循环。

第 41 题：执行 b=b-a=10-1=9,a++;语句后,a=2,判断 b--<0,9<0 值为 0,b 自减 1 得 8。

第 42 题：因 s=0,要使输出值为 2,说明 s=s+1;需执行 2 次,即循环执行 2 次,语句 a=a-2;执行 2 次后,a=-3,输入 n=-3 即可。

第 43 题：分析这道题,因 while(--y);中是自减的前缀形式,所以不用具体去执行每次循环,当 while(0)时循环结束,即 y=0,然后执行 printf("%d\n",y--);,此处是自减的后缀形式,所以输出 y 的原值 0。

第 47 题：注意表达式 2,即(y=123)&&(x<4),前面的(y=123)是赋值,不是判断,123 非 0 值即为真,循环次数是由(x<4)决定的。

第 49 题：循环条件是 i<10&&j<8,因循环控制变量 i 是每次加 1,而 j 是每次加 3,循环次数是由 j<8 控制的,j 的值的变化：0,3,6,9。所以,循环体执行了 3 次。

第 54 题：当 x<0 时,执行 continue;循环不会结束,选项 A 错;当 x>0 时将执行输出,选项 B 错;当 x>=0 时,会输出 x,选项 C 错;如果每次输入 x>=0,则会输出 x,选项 D 正确。

第 55 题：

(1) a=1,b=1,执行第 1 次循环,b>=10 值为 0,b%3==1 值为 1,执行 b=b+3=4;continue;。

(2) a=2,b=4,执行第 2 次循环,b>=10 值为 0,b%3==1 值为 1,执行 b=b+3=7;continue;。

(3) a=3,b=7,执行第 3 次循环,b>=10 值为 0,b%3==1 值为 1,执行 b=b+3=10;continue;。

(4) a=4,b=10,执行第 1 次循环,b>=10 值为 1,执行 break;语句,结束循环。

第 57 题：

(1) i=1,执行 a+=3;a+=5;计算得 a=8。

(2) i=2,执行 a+=3;a+=5;计算得 a=16。

(3) i=3,执行 a+=2;a+=3;a+=5;计算得 a=26。

(4) i=4,执行 a+=5;计算得 a=31。

第 58 题：

(1) i=0,第 1 次执行 while 循环,因 i%10==0,执行 break,即结束 for 循环,再执行 i+=11;和 a+=i;,结果为 i=11,a=11。

(2) i=11,第 2 次执行 while 循环,第 1 次 for 循环,因 i%10==1,执行 i--,i=10;第 2 次 for 循环,因 i%10==0,执行 break;结束 for 循环,再执行 i+=11;和 a+=i;,结果为 i=21,a=32。

(3) i=21>20,结束 while 循环。

二、程序阅读题

1. 运行结果：
   5，4，4
2. 运行结果：
   2
3. 运行结果：
   a=2，b=1
4. 运行结果：
   2　7　8　5
5. 运行结果：
   a=1，b=1
6. 运行结果：
   j=12
7. 运行结果：
   8
   8
   9
   87
8. 运行结果：
   第1次，x=1
   第3次，x=2
9. 运行结果：
   第1次，x=2
   第2次，x=3
10. 运行结果：(□表示空格)
    □MNO□JKL□MNO□GHI
11. 运行结果：
    s=7
12. 运行结果：
    k=0，m=5
13. 运行结果：
    □□□*
    □□* * *
    □* * * * *
    * * * * * * *
    □* * * * *
    □□* * *
    □□□*
14. 运行结果：(注意循环中没有i++)
    5,10
    6,0
    7,0
15. 运行结果：
    1　1
    2　3
    5　8
16. 运行结果：
    2
    2　4
    2　4　8
    s=14

三、程序填空题

1. ① min=y;　② max=y;　③ if(min>z) min=z;　④ else
   ⑤ if(max<z) max=z;
2. ① scanf("%d",&n);　② n>0　③ n<0　④ n%2==0
3. ① a==b||b==c||a==c　② a==b && b==c
   ③ a2+b2==c2 || b2+c2==a2 || a2+c2==b2
4. ① ch　② case '+': z=x+y; break;　③ case '-': z=x-y; break;
   ④ case '*': z=x*y; break;　⑤ case '/': z=x/y; break;
5. ① getchar();　② c　③ '1'　④ '2'　⑤ '3'　⑥ default
6. ① F<=300　② C=5.0/9*(F-32);　③ printf("F=%d,C=%d\n",F,C);
   ④ F=F+20;
7. ① c!='\n' ② c>='0' && c<='9'　③ getchar();
8. ① x>0　② x<min　③ min=x;

9. ① n＊t　② －t　③ n＜＝20

10. ① x＝x＋m　② －t ③ fabs(m)＞＝1e－6

11. ① i＜10　② j％3＝＝0

12. ① i＜＝11　② i＊(i＋1)＊(i＋2)　③ sum＋term

13. ① i＜＝1000　② i％5＝＝2＆＆i％7＝＝3＆＆i％11＝＝7 ③ sum＋i ④ num＋1

14. ① i＝2；i＜＝k；i＋＋ ② m％i＝＝0　③ i＞k

四、编程题

1. 提示：如果直接用 if(0.6＝＝0.2＋0.4) 判断，你得到的输出结果是"no"，这是因为浮点数在计算机内部存储是有误差的，所以我们对浮点数相等的判断不能直接用＝＝。两个浮点数是否相等，我们采用的方法是判断这两个数的差的绝对值是否小于一个很小的数，如 10^{-6}(或 10^{-8})，10^{-6} 在代码里写 1e－6 即可，浮点数求绝对值在＜math.h＞中有现成的函数 fabs，所以 if 语句应该写为 if(fabs(0.6－(0.2＋0.4))＜1e－6)。

3. 提示：题目只要用多个单分支的 if 语句就可以完成，想想代码应该怎样写。

6. 提示：运算符用字符型，switch 语句是对运算符进行多分支判断。

9. 提示：不用对 100 以内的每个数进行判断，只须对 3 的倍数判断是不是能被 5 整除即可。

11. 提示：关键是如何构造出 a，aa，aaa，…这些数，这是有规律的：aa＝a＊10＋a，aaa＝aa＊10＋a，想想代码该如何写。

14. 提示：找出分子、分母这些数的规律，它们其实是斐波那契数列，另外注意分数的值应该是浮点数，不要直接在代码中写 3/2，这样得到的数是 1，不是 1.5，想想应该如何处理这个问题。

15. 提示：求一个整数的位数，可以在分解整数的时候加一个计数器。

16. 提示：对 101～999 内的所有 3 位数进行判断，先分离出个位、十位和百位数字，再计算各位数字立方和，如果立方和等于该数本身，即为水仙花数，输出。

19. 提示：设输入的正整数 x，可以通过循环分离出每 1 位数字，并将其重新组合成一个新的整数 y，然后判断 x 和 y 是否相等，若相等则 x 是回文数，否则 x 不是回文数。

例如，x＝123，分离出个位 3，y＝3，再分离出十位 2，y＝y＊10＋2＝32，最后分离出百位 1，y＝y＊10＋1＝321，x 和 y 不相等，所以 x 不是回文数。

20. 提示：关键是找出图形中星号和空格的规律，用两层循环实现，外层循环控制行，内层循环控制每 1 列的输出，星号和空格需要使用不同的循环来控制。

22. 提示：拉丁方阵是行列结构，还是用两层循环来控制输出，只是每行输出的数据略有不同，但仍是有规律的数字，找出其中的规律即能完成该题。

23. 提示：对每个数进行数位分解，如果是 1，计数器就加 1。

24. 提示：整数逆序，还是要从数位分解入手，但是需要将分解出的数字再组合成一个整数。

例如，原数 n＝125，设逆序后的新数是 m，初始 m＝0，合成的步骤如下。

(1) 计算 125％10＝5，m＝m＊10＋5＝5，n＝n/10＝125/10＝12。

(2) 计算 12％10＝2，m＝m＊10＋2＝52，n＝n/10＝12/10＝1。

(3) 计算 1％10＝1，m＝m＊10＋1＝521，n＝n/10＝1/10＝0，当 n 等于 0 时停止计算。

第 4 章 数组

4.1 习题

一、选择题

1. 以下对一维数组进行正确的定义初始化的语句是(　　)。

A. int a[5]=0;　　B. int a[5]={0} * 5;

C. int a[5]={0,0,0,0,0,0};　　D. int a[5]={0};

2. 能将一维数组 a 的所有元素均初始化为 1 的正确形式是(　　)。

A. int a[3]={1};　　B. int a[3]={3 * 1};

C. int a[3]={1,1,1};　　D. int a[3]=1;

3. 以下一维整型数组的定义正确的是(　　)。

A. int a(10);　　B. int n=10,a[n];

C. int n;
scanf("%d",&n);
int a[n];

D. #define N 10
int a[N];

4. 若定义：int a[10];,则对数组元素的正确引用是(　　)。

A. a[2+4]　　B. a[3 * 5]　　C. a(5)　　D. a[10]

5. 以下程序段的运行结果是(　　)。

```
int i=1, a[5]={ 12, 3, 8, 13, 7 };
while(a[i]<=10)
{  a[i]+=2;  i++;  }
for(i=0; i<5; i++)  printf("%d, ", a[i]);
```

A. 14,5,10,13,7　　B. 12,5,10,13,7　　C. 14,5,10,15,9　　D. 12,5,10,15,9

6. 以下程序段的输出结果是(　　)。

```
int i, a[10], p[3];
for(i=0; i<10; i++)  a[i]=i;
for(i=0; i<3; i++)  p[i]=a[i * (i+1)];
for(i=0; i<3; i++)  printf("%-3d", p[i]);
```

A. 0　1　2　　B. 1　2　3　　C. 0　2　6　　D. 2　4　6

7. 若有定义：int a[10]={6,7,8,9,10};，以下语句正确的是(　　)。

A. 将5个初值依次赋给a[1]～a[5]

B. 将5个初值依次赋给a[0]～a[4]

C. 将5个初值依次赋给a[6]～a[10]

D. 数组长度大于初值的个数，此语句不正确

8. 下面程序中哪一行有错误(　　)?

```
int main()                                              //第1行
{  int a[3]={0}, i;                                     //第2行
   for(i=0; i<3; i++)   scanf("%d",&a[i]);              //第3行
   for(i=0; i<4; i++)   a[0]=a[0]+a[i];                 //第4行
   printf("%d\n", a[0]);                                //第5行
   return 0;
}
```

A. 第2行　　B. 第3行　　C. 第4行　　D. 第5行

9. 对二维数组a初始化：int a[ ] [2]={1,2,3,4,5};，则a第一维的大小是(　　)。

A. 2　　B. 3　　C. 4　　D. 不能确定

10. 以下二维数组定义中错误的是(　　)。

A. int a[2][3];

B. int b[ ][3]={0,1,2,3};

C. int c[8][8]={0};

D. int d[3][ ]={{1,2},{1,2,3},{1,2,3,4}};

11. 在C语言中，二维数组在内存中存放顺序是(　　)。

A. 按行存放　　B. 按列存放　　C. 可以任意存放　　D. 由用户自己决定

12. 若有说明：int a[3][4];，则对数组a元素的非法引用是(　　)。

A. a[0][2*1]　　B. a[1][3]　　C. a[4-2][0]　　D. a[0][4]

13. 下列对二维数组a的初始化错误的是(　　)。

A. int a[2][3]={0};　　B. int a[ ][3]={{1,2},{0}};

C. int a[2][ ]={{1,2},{3}};　　D. int a[2][3]={1,2,3,4};

14. 对二维数组a初始化：int a[3] [2]={0};，则下列描述正确的是(　　)。

A. 元素a[0][0]和a[0][1]得到初值0，其他元素为随机值

B. 数组a的全部元素初值都为0

C. 元素a[0][0]得到初值0，其他元素为随机值

D. 这样初始化是错误的

15. 若二维数组a有m列，元素a[0][0]的位置是0，则元素a[i][j]在数组中的位置是(　　)。

A. i*m+j　　B. j*m+i　　C. i*m+j-1　　D. i*m+j+1

16. 以下程序段的执行结果是(　　)。

```
int a[][3]={1, 2, 3, 4, 5, 6, 7, 8, 9, 10, 11, 12};
printf("%d\n", a[2][1]);
```

A. 2　　B. 4　　C. 7　　D. 8

17. 以下程序段的执行结果是(　　)。

```
int m[3][3] ={ { 1 }, { 2 }, { 3 } };
int n[3][3] ={ 1, 2, 3 };
printf("%d\n", m[2][0] +n[0][2]);
```

A. 0　　B. 4　　C. 6　　D. 3

18. 以下程序段执行后,变量 s 的值是(　　)。

```
int a[3][2]={ {1, 2},{3},{4, 5} }, i, j, s=0;
for(i=0; i<3; i++)
    for(j=0; j<2; j++)
        s=s+a[i][j];
```

A. 18　　B. 17　　C. 16　　D. 15

19. 以下程序段的执行结果是(　　)。

```
int i, x[3][3]={1, 2, 3,4,5, 6, 7, 8, 9};
for(i=0; i<3; i++) printf("%d, ", x[i][2-i]);
```

A. 3,5,7,　　B. 1,4,7,　　C. 1,5,9,　　D. 3,6,9,

20. 以下程序段的执行结果是(　　)。

```
int i, x[3][3]={1, 2, 3, 4};
for(i=0;i<3;i++)  printf("%d, ", x[i][i]);
```

A. 1,4,0,　　B. 1,0,0,　　C. 2,3,4,　　D. 1,3,4,

21. 以下程序段的执行结果是(　　)。

```
int a[2][3]={ 1, 2, 3 }, i, j;
for(i=0; i<2; i++)
   for(j=0; j<3; j++)
      {  a[i][j] =a[(i * j)%2 ][j] +a[i][(i+j)%3];
         printf("%d, ", a[i][j]);
      }
```

A. 2,4,6,2,0,8,　　B. 1,2,3,0,0,0,

C. 1,2,3,2,0,6,　　D. 2,4,6,2,0,6

22. 以下描述错误的是(　　)。

A. 字符数组可以用来存放字符串　　B. 字符数组只能存放字符串

C. 字符串可以%s进行输入和输出　　D. 字符串的结束标志是'\0'

23. 以下语句把字符串"abcde"赋初值给字符数组,不正确的语句是(　　)。

A. char s[ ]= "abcde";　　B. char s[ ]= {'a','b','c','d','e','\0'};

C. char s[ ]= {"abcde"};　　D. char s[5]= "abcde";

24. 不能把字符串"Hello!"赋给数组 b 的语句是(　　)。

A. char b[10]={'H','e','l','l','o','!'};　　B. char b[10]; b="Hello!";

C. char b[10]; strcpy(b,"Hello!");　　D. char b[10]="Hello!";

25. 以下正确的字符串初始化语句是(　　)。

A. char s[5]={ 'a','b','c','d','e'};　　B. char s[5]={ "abcde"} ;

C. char s[5]= "abcde";　　D. char s[5]= "abcd";

26. 若有以下语句,则描述正确的是(　　)。

```
char a[]="toyou";   char b[]={'t', 'o', 'y', 'o', 'u'};
```

A. a 数组和 b 数组的长度相同　　B. a 数组长度小于 b 数组长度

C. a 数组长度大于 b 数组长度　　D. a 数组等价于 b 数组

27. 已知:char a[15],b[15]={"china"};,将字符串"china"赋给数组 a 的语句正确的是(　　)。

A. a="china";　　B. strcpy(b,a);　　C. a=b;　　D. strcpy(a,b);

28. 将字符串 s 中所有的字符'c'删除,横线上应填写的赋值语句是(　　)。

```
char s[80];   int i, j;
gets(s);
for(i=j=0; s[i]!='\0'; i++)
  if(s[i]!='c') ________
s[j]='\0';
```

A. s[j++]=s[i];　　B. s[++j]=s[i];

C. s[j]=s[i];　　D. s[i]=s[j];

29. 判断字符串 s1 是否大于字符串 s2,应当使用(　　)。

A. if(s1>s2)　　B. if(strcmp(s1,s2)>0)

C. if(strcmp(s2,s1)>0)　　D. if(strcmp(s1,s2)==0)

30. 判断字符串 s1 是否等于字符串 s2,应当使用(　　)。

A. if(s1==s2)　　B. if(strcmp(s1,s2)==1)

C. if(strcmp(s1,s2)==0)　　D. if(strcmp(s1,s2)==-1)

31. 若有语句 char s[8]= "hello!";,执行 printf("%d",strlen(s));语句后,则输出结果是(　　)。

A. 5　　B. 6　　C. 7　　D. 8

32. 将字符串 s1 赋给另一个字符串 s2,可以采用的方法是(　　)。

A. strcat(s1,s2)　　B. strcpy(s1,s2)

C. s1=s2　　D. strcpy(s2,s1)

33. 将字符串 s1 连接在字符串 s2 后面,可以采用的方法是(　　)。

A. strcat(s1,s2);　　B. strcpy(s1,s2);

C. strcat(s2,s1);　　D. strcpy(s2,s1);

34. 设有数组定义:char array[]="China";,则数组 array 所占的空间为(　　)。

A. 4 字节　　B. 5 字节　　C. 6 字节　　D. 不确定

35. 设有如下程序,执行 strcpy 后,数组元素 a[4]的值是(　　)。

```
char a[20]="abcdefg",b[10]="ABCD";
strcpy(a, b);
```

A. e　　B. D　　C. d　　D. \0

36. 若定义：char s1[ ]="abc",s2[9],s3[ ]="ABCD",s4[ ]={ 'a','b','c' };,则 strcpy 调用错误的是(　　)。

A. strcpy(s1,"Ok!");　　B. strcpy(s2,"Ok!")

C. strcpy(s3,"Ok!");　　D. strcpy(s4,"Ok!")

37. 下面程序段的运行结果是(　　)。

```
char x[5]={ 'a', 'b', '\0', '\0' };
printf("%s", x);
```

A. 'a' 'b'　　B. ab　　C. ab c　　D. abc

38. 下面描述正确的是(　　)。

A. 两个字符串所包含的字符个数相同时才能比较

B. 字符串"STOP"与"STOPAT"相等

C. 字符个数多的字符串比字符个数少的字符串大

D. 字符串"THAT"小于字符串"THE"

39. 函数调用 strcat(strcpy(str1,str2),str3)的功能是(　　)。

A. 将串 str1 复制到串 str2 中后再连接到串 str3 之后

B. 将串 str1 连接到串 str2 之后再复制到串 str3 之后

C. 将串 str2 复制到串 str1 中后再将串 str3 连接到串 str1 之后

D. 将串 str2 连接到串 str1 之后再将串 str1 复制到串 str3 中

40. 下述对 C 语言字符数组的描述中错误的是(　　)。

A. 字符数组可以存放字符串

B. 字符数组中的字符串可以整体输入和输出

C. 可以在赋值语句中通过赋值运算符“=”对字符数组整体赋值

D. 不可以用关系运算符对字符数组中的字符串进行比较

41. 以下程序段的输出结果是(　　)。

```
char str[ ]="Beijing";
printf("%d\n", strlen(strcpy(str,"China")));
```

A. 5　　B. 7　　C. 12　　D. 14

42. 以下程序段的输出结果是(　　)。

```
char a[20]="hello\0\t\\";
printf("%d, %d\n", strlen(a), sizeof(a));
```

A. 5,8　　B. 5,20　　C. 5,11　　D. 8,20

43. 执行以下程序段,如果输入为 ABC↙,则输出结果是(　　)。

```
char str[10]="1, 2, 3, 4, 5";
gets(str);
strcat(str, "67");
puts(str);
```

A. ABC67　　B. ABC 67　　C. ABC67,4,5　　D. ABC 67 4,5

44. 以下程序段的输出结果是(　　)。

```
char s1[ ]="ABCDEF", s2[ ]="abc";
strcpy(s1, s2);
for(int i=0; i<6; i++)
    if(s1[i])  printf("%c", s1[i]);
```

A. abcDEF　　B. ABCDEF　　C. abcEF　　D. abc

二、程序阅读题

1. 写出下面程序的功能和运行结果。

```
include<stdio.h>
int main()
{   int i, m, n, a[10]={1,2,3,4,9,8,7,6,5};
    m=a[0];
    for(i=1; i<10; i++)
      if(a[i]<m)  {  m=a[i];  n=i;  }
    printf("m=%d, n=%d\n", m, n);
    return 0;
}
```

2. 写出下面程序的功能和运行结果。

```
#include<stdio.h>
int main()
{   int i, n=0, a[ ]={1,2,3,4,5,6,7,8,9,10};
    for(i=0; i<10; i++)
    {   if(a[i]%2==0)  continue;
        printf("%d ", a[i]);
    }
    return 0;
}
```

3. 写出下面程序的运行结果。

```
#include <stdio.h>
int main()
{   int k, n, s, a[6]={2, 5, 1, 7, 3, 4};
    for(n=1; n<6; n=n+2)
    {   s=0;
        for(k=0; k<=n; k++)   s=s+a[k];
        printf("n=%d, s=%d\n ", n, s);
    }
    return 0;
}
```

4. 写出下面程序的功能和运行结果。

```
#include<stdio.h>
int main()
{   int i, j, a, b, m, c[3][4]={{1,2,3,4},{9,8,7,6},{-1,-2,0,5}};
    m=c[0][0];
    for(i=0; i<4; i++)
      for(j=0; j<3; j++)
        if(c[j][i]<m)
          { m=c[j][i];  a=j;  b=i;  }
    printf("%d, %d, %d\n", m, a, b);
    return 0;
}
```

5. 写出下面程序的运行结果。

```
#include<stdio.h>
int main()
{   int i, j, temp, a[3][3]={1,2,3,4,5,6,7,8,9};
    for(i=0; i<3; i++)
      for(j=i+1; j<3; j++)
        { temp=a[i][j];  a[i][j]=a[j][i];  a[j][i]=temp;  }
    printf("\n the result array is:\n");
    for(i=0; i<3; i++)
    { for(j=0; j<3; j++)  printf("%5d",a[i][j]);
      printf("\n");
    }
    return 0;
}
```

6. 写出下面程序的功能和运行结果。

```
#include<stdio.h>
int main()
{   int i, n=0;       char s[20]="12ab$ AB@ def";
    for(i=0; s[i]!='\0'; i++)
    { if(s[i]>='a' &&s[i]<='z')  continue;
      printf("%c", s[i]);
    }
    return 0;
}
```

7. 写出下面程序的功能和运行结果。

```
#include<stdio.h>
int main()
{   int i, n=0;        char s[10]="ab12#56@ h";
    for(i=0; s[i]!='\0'; i++)
    { if(s[i]>='0' &&s[i]<='9')  n++;  }
    printf("n=%d\n", n);
    return 0;
}
```

8. 写出下面程序的功能和运行结果。

```
#include<stdio.h>
int main()
{  int i, n=0;        char c[10]="bcamnaxy";
   for(i=0; c[i]!='\0'; i++)
     {  if(c[i]=='a')   c[i]=' ';   }  //单引号中为一个空格
   puts (c);
   return 0;
}
```

9. 假设输入：#↙,写出下面程序的运行结果。

```
#include<stdio.h>
int main()
{   int i, j;    char c, a[20]="abcd", b[20];
    c=getchar();
    for(i=0, j=0; a[i]!='\0'; i++)
     {   b[j++]=a[i];     b[j++]=c;   }
    b[j]='\0';
    puts(b);
    return 0;
}
```

10. 写出下面程序的运行结果。

```
#include<stdio.h>
int main()
{   int a[4]={ 5, 2, 16, 9 }, i, j, temp;
    for(i=1; i<4; i++)
    {  temp=a[i];    j=i-1;
        while(j>=0 && temp>a[j])  a[j+1]=a[j--];
        a[j+1] =temp;
    }
    for(i=0; i<4; i++)  printf("%d  ", a[i]);
    return 0;
}
```

11. 写出下面程序的运行结果。

```
#include<stdio.h>
int main()
{   int i, j;   char str[50]="Current date is 2020-12-30";
    for(i=0, j=0; str[i]; i++)
    {   if(! (str[i]>='A' && str[i]<='Z' || str[i]>='a' && str[i]<='z'))
        str[j++]=str[i];
    }
    str[j]='\0';
    printf("%s\n",str);
    return 0;
}
```

三、程序填空题

1. 编程实现从键盘任意输入20个整数,计算其中所有非负数之和,并输出结果。

```
#include<stdio.h>
int main()
{   int i, sum, a[20];
    sum=____①____;
    for(i=0; i<20; i++)
    {  scanf("%d", &a[i]);
       if(____②____)
         sum=____③____;
    }
    printf("sum=%d\n", sum);
    return 0;
}
```

2. 输入一个数据x,在已知数组中查找是否有该数据。

```
#include <stdio.h>
int main()
{  int i, x, a[10]={ 5, 8, 0, 1, 9, 2, 6, 3, 7, 4 };
   scanf("%d", &x);
   for(i=0 ;____①____; i++)
     if(____②____)
      {  printf("find!\n");
         ____③____
      }
    if(____④____)
       printf("no find!\n");
    return 0;
}
```

3. 编程实现评分程序,共有10个评委打分,分数为0~10的实数,统计时去掉一个最高分和一个最低分,其余8个分数的平均分为最终得分,输出分数时要求精确到小数点后2位。

```
#include<stdio.h>
int main()
{   int i;      float x[10], ave, max, min;
    printf("输入10个成绩: ");
    for(i=0; i<10; i++)  scanf("%f", &x[i]);
    ave=max=min=x[0];
    for(i=1; i<10; i++)
      {   ave=____①____;
          if(x[i]>max) ____②____;
           if(____③____) ____④____;
      }
    ave=(____⑤____) /8;
    printf("最终得分: %.2f\n", ave);
    return 0;
}
```

4. 编程计算数组 a 的两条对角线上元素之和。

```
#include "stdio.h"
int main()
{   int m=0, n=0, i, j, a[3][3]={2,3,4,8,3,2,7,9,8};
    for(i=0; i<3; i++)
      for(j=0; j<3; j++)
        if(____①____)  m=m+a[i][j];
    for(i=0; i<3; i++)
      for(____②____; j>=0; j--)
          if(i+j==2)  n=____③____;
    printf("%d,%d\n", m, n);
    return 0;
}
```

5. 编程在 M 行 N 列的二维数组中，找出每一行上的最大值。

```
#include<stdio.h>
#define  M  3
#define  N  4
int main()
{   int i, j, k, x[M][N]={1,5,7,4,2,6,4,3,8,2,3,9};
    for(i=0;i<M;i++)
    {  k=x[i][0];
       for(__①__ ; j<N; j++)
           if(____②____)  ____③____;
       printf("第%d行的最大值是: %d\n", i, k);
    }
    return 0;
}
```

6. 编程检查二维数组是否对称，即对所有 i 和 j 都有 a[i][j]=a[j][i]。

```
#include <stdio.h>
int main()
{   int a[4][4]={ 1,2,3,4, 2,2,5,6, 3,5,3,7, 8,6,7,4 }, i, j, found=0;
    for(j=0; j<4; j++)
    {   if(found) break;
        for(i=0; i<4; i++)
            if(________①________)
            {   found=____②____;
                break;
            }
    }
    if(found)  printf("不对称\n");
    else  printf("对称\n");
    return 0;
}
```

7. 编程将键盘输入的字符串中所有小写字母 a 用大写字母 A 替换。

```
#include<stdio.h>
#include<string.h>
int main()
{   char str[100];
    gets(str);
    for(int i=0;______①______; i++)
        if(str[i]=='a')  str[i]=______②______;
    puts(str);
    return 0;
}
```

8. 以下程序是将原码转换成密码,其他字符不变。码表为

原码:'a' 'b' 'z' 'd'

密码:'d' 'z' 'a' 'b'

例如,原文为 abort,zap123,则密文为 dzort,adp123。

```
#include <stdio.h>
int main()
{   char s[20]="abort,zap123", t[20];     int i, j=0;
    char tab[4][2]={{'a','d'},{'b','z'},{'z','a'},{'d','b'}};
    strcpy(t,s);
    while(t[j])
    {   for(i=0; i<4; i++)
          if(t[j] ==_____①_____)
           {  t[j]=tab[i][1];    break;  }
         ________②________
    }
    printf("%s : %s\n",s,t);
    return 0;
}
```

9. 编程实现将用户输入的一行字符串以反向形式输出。例如,输入 asdfg,则输出 gfdsa。

```
#include<stdio.h>
#include<string.h>
int main()
{  char str[81];
   int i, length;
   printf("请输入一个字符串: ");
   _____①_____
   length=strlen(str);
   printf("反向输出字符串: ");
   for(i=_____②_____;_____③_____; i--)
       _____④_____
   printf("\n");
   return 0;
}
```

10. 已知2000年元旦是星期六，计算2000年某月某日是星期几。

```
#include <stdio.h>
int main()
{  int daytab[12]={ 31, 29, 31, 30, 31, 30, 31, 31, 30, 31, 30, 31 };
   ____①____ weekname[][10]={"Sun", "Mon", "Tue", "Wed", "Thu","Fri", "Sat"};
   int i, m, d, week, days;
   printf("Input date:month=?,day=? \n");
   scanf("%d%d", &m, &d);
   if((m<=0||m>12) || (d> ____②____ ||d<=0))    printf("Date Error\n");
   else
     {  days=d;
        for(i=0;i<m-1;i++)
            days= ____③____
        week=(days+5)% ____④____
        printf("It's %sday\n",weekname[week]);
     }
   return 0;
}
```

四、编程题

1. 输入10个整数存入一个数组中，找出其中的最小数和最大数并输出，整数之间用1个空格分隔。测试数据如下。

输入：	输出：
36 9 20 11 -5 0 6 25 42 17	-5 42

2. 编写程序，交换数组a和数组b中的对应元素。例如，int a[5]={1,3,5,7,9}，b[5]={2,4,6,8,10}，交换后a[5]={2,4,6,8,10}，b[5]={1,3,5,7,9}。设数组大小最大为20，先分别输入数组a和数组b的元素，第1行输入数组元素的个数n(1≤n≤20)，第2行输入数组a，第3行输入数组b，交换元素后再分别输出数组a和数组b。测试数据如下。

输入：	输出：
6 1 2 3 4 5 6 9 8 7 6 5 4	9 8 7 6 5 4 1 2 3 4 5 6

3. 输入n个正整数(1≤n≤50)，把这些数存入数组a中，然后找出其中的素数存入数组b中，再输出数组b，素数间用1个空格分隔，如果一个素数都没有，则输出0。第1行输入n，第2行输入数组a的元素。测试数据如下。

测试数据1	测试数据2
输入： 6 25 13 30 7 38 19 输出： 13 7 19	输入： 5 6 15 4 21 35 输出： 0

4. 输入10个正整数,将这10个数按升序排列,并且奇数在前,偶数在后,最后输出排序结果。测试数据如下。

输入: 21 8 3 11 5 9 7 12 6 19	输出: 3 5 7 9 11 19 21 6 8 12

5. 输入10个整数,要求对其重新排序,要求:奇数在前,按从大到小顺序排序,偶数在后,按从小到大顺序排序(注意0的处理)。测试数据如下。

输入: 4 7 3 13 11 12 0 47 34 98	输出: 47 13 11 7 3 0 4 12 34 98

6. 夏季,桃子采摘活动很受大家欢迎,你的身高决定了你能采摘的桃子高度,现在输入你的身高,桃子的数量n,以及n个桃子距离地面的高度(均用厘米表示,且都是整数),由于摘桃子时人们可以伸直手臂,还可以踮脚,所以人们实际能摘到的高度比人们的身高要高一些,假设伸手臂加踮脚最多可以增加60cm的高度,试计算你能摘到的桃子数量。测试数据如下。

输入: 175 10 200 298 180 240 268 190 210 275 300 230	输出: 5

7. 某次C语言测验后老师想统计每个学生与班级平均分的差距。首先输入学生人数n($1 \leqslant n \leqslant 40$),再依次输入每个学生的成绩(整数)存到数组a中;接着计算并输出班级平均分(取整数),再计算出每个学生的成绩与平均分的差值存入另一个数组b中;最后再输出数组b。测试数据如下。

输入: 10 90 86 79 83 92 66 75 84 87 80	输出: 82 8 4 -3 1 10 -16 -7 2 5 -2

8. 有n个学生参加C语言考试,$3 \leqslant n \leqslant 40$,假设每个学生的考试成绩都不相同,现在输入每个学生的学号和成绩(均为整数),求考了第k名的学生的学号和成绩。输入有n+1行,第1行是n和k两个整数($k \leqslant n$),其后的n行依次输入n个学生的学号和成绩。输出数据只有1行,输出第k名学生的学号和成绩,中间用1个空格分隔。测试数据如下。

输入: 5 3 20218001 67 20218002 90 20218003 61 20218004 68 20218005 73	输出: 20218004 68

9. 给出某班学生的C语言课程的成绩单,请按成绩从高到低顺序输出,如果有相同分数的,则名字字典序小的排在前面。输入有n+1行,第1行为整数n,$1 \leqslant n \leqslant 20$,表示学生

的数目；其后的 n 行为每个学生的名字和成绩，之间用 1 个空格分隔，名字只包含英文字母，没有空格，且长度不超过 20，成绩为 0～100 的整数。输出排序后的成绩单，每个学生的信息占一行，也是名字和成绩之间用 1 个空格分隔。测试数据如下。

输入：	输出：
4 Kitty 80 Mary 90 Mike 92 Alex 80	Mike 92 Mary 90 Alex 80 Kitty 80

10. 读入 n 个正整数存放在数组 a 中，1≤n≤20，将每个元素依次后移一个位置，最后一个元素移动到第一个元素的位置。按照这种移动方法，总共移动 m 次，输出移动后的结果。输入有 2 行，第 1 行输入一个整数 n，第 2 行依次输入 n 个整数，第 3 行输入 m(0＜m＜n)，输出移动 m 次以后的数组元素。测试数据如下。

输入：	输出：
10 1 2 3 4 5 6 7 8 9 10 2	9 10 1 2 3 4 5 6 7 8

11. 输入一个 n×n 的二维数组，数组元素为整数，输出二维数组主对角线的和。输入有 n+1 行，第 1 行为整数 n，其后的 n 行数据为二维数组的元素，输出一个整数是主对角线的和。测试数据如下。

输入：	输出：
4 1 2 3 4 2 3 4 5 3 4 5 6 4 5 6 7	16

12. 输入一个 n×m 的整数矩阵，计算矩阵外围的元素之和，即第一行和最后一行的元素以及第一列和最后一列的元素之和（注意 4 个角上的元素不要重复计算）。输入有 n+1 行，第 1 行为整数 n 和 m，n 和 m 都小于 20，其后的 n 行数据为矩阵的元素，输出一个整数是矩阵外围元素之和。测试数据如下。

输入：	输出：
3 4 1 1 1 1 2 2 2 2 3 3 3 3	18

13. 输入一个 n×n 的整数矩阵，再输入两个整数 a 和 b，将矩阵的第 a 列和第 b 列的元素进行交换，1≤a，b≤n，输出交换后的矩阵。输入有 n+1 行，第 1 行有 3 个整数，依次是 n、a、b，其后的 n 行数据为矩阵。输出交换后的矩阵，矩阵的每一行元素占一行，元素之间以 1 个空格分隔。测试数据如下。

输入:	输出:
5 1 4 1 2 3 4 5 1 2 3 4 5 1 2 3 4 5 1 2 3 4 5 1 2 3 4 5	4 2 3 1 5 4 2 3 1 5 4 2 3 1 5 4 2 3 1 5 4 2 3 1 5

14. 编程输出以下形式的杨辉三角形,输入一个正整数 n,1≤n≤10,表示三角形一共有 n 行,每个数字可以占 6 列,每行前面的空格数量是有规律的,需要计算。测试数据如下。

输入:	输出:
5	1 1 1 1 2 1 1 3 3 1 1 4 6 4 1

15. 给一维数组输入任意 6 个整数,编程输出一个以下形式的方阵,每个整数之间用 2 个空格分隔。测试数据如下。

输入:	输出:
9 3 6 8 7 5	9 3 6 8 7 5 5 9 3 6 8 7 7 5 9 3 6 8 8 7 5 9 3 6 6 8 7 5 9 3 3 6 8 7 5 9

16. 把 1～25 的自然数按行的顺序依次存入一个 5×5 的二维数组中,然后输出该数组的右上半三角。二维数组和测试数据如下。

二维数组:	输入:	输出:
1 2 3 4 5 6 7 8 9 10 11 12 13 14 15 16 17 18 19 20 21 22 23 24 25	无	1 2 3 4 5 7 8 9 10 13 14 15 19 20 25

17. 输入一个整数 n,n<10,输出一个 n×n 的螺旋矩阵。测试数据如下。

输入:	输出:
5	1 2 3 4 5 16 17 18 19 6 15 24 25 20 7 14 23 22 21 8 13 12 11 10 9

18. 编写程序,实现两个矩阵的乘法运算,$\mathbf{A}_{m\times n}\times\mathbf{B}_{n\times k}=\mathbf{C}_{m\times k}$。计算公式为

$$c_{ij}=\Sigma a_{it} * b_{tj},\quad i=1,2,\cdots,m,\ j=1,2,\cdots,k,\ t=1,\cdots,n$$

输入有 m+n+1 行，第 1 行有 3 个整数，依次是 m、n、k，其后的 m 行数据为矩阵 **A**，再后面的 n 行数据为矩阵 **B**。输出 **A**×**B** 的结果矩阵 **C**，矩阵 **C** 的每一行元素占一行，元素之间以 2 个空格分隔。测试数据如下。

输入:	输出:
2 3 4 1 2 1 2 1 3 2 3 1 4 1 2 4 1 3 1 2 3	7 8 11 9 14 11 12 18

19. 在一个英文句子中单词之间也许有多个连续的空格，现在要求删除多余的空格，单词之间只留下 1 个空格。输入一个字符串 s（长度不超过 80)，字符串的头和尾保证都没有空格。输出删除多余空格后的字符串。测试数据如下。

输入:	输出:
Hello world.This is c language.	Hello world.This is c language.

20. 输入一个字符串 s，将 s 中的某个特定字符全部用给定的一个字符替换，得到一个新的字符串并输出。输入的第 1 行是一个字符串 s，字符串长度小于 80 个字符；第 2 行输入两个字符，两个字符中间用 1 个空格隔开，前面的字符为 s 中的某个特定字符，后面的字符是用于替换的给定字符。测试数据如下。

输入:	输出:
hello, how are you h H	Hello, How are you

21. 输入一个字符串 s，字符串长度小于 80，该字符串由若干单词组成，单词之间用 1 个空格隔开。编程将其中的某个单词 a 替换成另一个单词 b，并输出替换之后的字符串。输入有 3 行，第 1 行是包含多个单词的字符串 s；第 2 行是待替换的单词 a；第 3 行是用于替换的单词 b。输出将 s 中所有单词 a 替换成单词 b 之后的字符串。测试数据如下。

输入:	输出:
apple round apple red apple sweet apple peach	peach round peach red peach sweet

22. 编程输入一个字符串和一个字符（分两行输入)，将该字符串中出现的这个字符全部删除，输出删除这个字符后的字符串。测试数据如下。

输入:	输出:
alexmanlab a	lexmnlb

23. 编程输入两个字符串 s1 和 s2（分两行输入)，其中字符串 s1 的长度一定为偶数，现在要求把字符串 s2 插入 s1 的正中央，输出插入后的字符串 s1。测试数据如下。

输入: CSJK ab	输出: CSabJK

24. 编程输入两个字符串 s1 与 s2(分两行输入),在字符串 s1 中的最大字符后边插入字符串 s2,输出插入后的字符串 s1。测试数据如下。

输入: abxymn 123	输出: abxy123mn

4.2 参考答案

一、选择题

1. D	2. C	3. D	4. A	5. B	6. C	7. B	8. C	9. B	10. D
11. A	12. D	13. C	14. B	15. A	16. D	17. C	18. D	19. A	20. B
21. A	22. B	23. D	24. B	25. D	26. C	27. D	28. A	29. B	30. C
31. B	32. D	33. C	34. C	35. D	36. D	37. B	38. D	39. C	40. C
41. A	42. B	43. A	44. C						

难题解析:

第 5 题:注意 i 的值从 1 开始,元素 a[0]保持不变,可排除选项 A 和 C;当 a[i]<=10 时执行循环体,因 a[3]=13>10,所以到此循环结束,这样最后两个数还是 13 和 7,答案是 B。

第 6 题:执行第 1 个 for 循环后,a[10]={0,1,2,3,4,5,6,7,8,9},第 2 个 for 循环给 p[i]赋值,这个必须算对,p[0]=a[0*(0+1)]=a[0]=0,p[1]=a[1*(1+1)]=a[2]=2,p[2]=a[2*(2+1)]=a[6]=6,即数组 p[3]={0,2,6},第 3 个 for 循环是输出数组 p 的全部元素。

第 15 题:该题可以定义一个具体的二维数组,如 int a[3][4],数组 a 为 3 行 4 列,即 m=4,二维数组元素是按行存放,a[0][0],a[0][1],…,a[0][3],a[1][0],…,a[1][3],a[2][0]…,仔细计算,就能得出公式。

第 18 题:循环体的工作就是将二维数组 a 的全部元素加起来,根据数组 a 的初始化,把花括号"{}"中的 6 个数值加起来即为答案。

第 19 题:根据二维数组的初始化,输出的数组元素依次是:x[0][2]=3,x[1][1]=5,x[2][0]=7。

第 21 题:该题计算比较烦琐,另外当外层 for 循环执行一次后,数组 a 的元素值发生了变化,会影响到第 2 次循环,再计算 a[i][j]时必须使用变化后的元素值,否则将出错。具体计算过程如下。

(1) i=0 时,j=0,a[0][0]=a[0][0]+a[0][0]=1+1=2;j=1,a[0][1]=a[0][1]+a[0][1]=2+2=4;j=2,a[0][2]=a[0][2]+a[0][2]=3+3=6。

(2) i=1 时,j=0,a[1][0]=a[0][0]+a[1][1]=2+1=2;j=1,a[1][1]=a[1][1]+a[1][2]=0+0=0;j=2,a[1][2]=a[0][2]+a[1][0]=6+2=8。注意,a[1][0]不是0,是上面刚刚计算出的值2。

第28题:横线上肯定是对s[j]赋值,所以首先可以排除选项D;另外3个选项可以先排除C,if语句的含义是当元素s[i]不是字符'c'时执行赋值语句,如果是'c'则执行s[j]=s[i];发现j的值不会变化,这显然不对。选项A和B的区别就在于++是前缀还是后缀,选项A等价于{ s[j]=s[i];j++;},选项B等价于{j++;s[j]=s[i];},可以分别执行程序,最后可得出答案A。

第35题:执行strcpy(a,b);后,数组a中存放的数据是"ABCD\0fg\0",所以a[4]的值是'\0'。

第41题:先执行strcpy(str,"China"),即str数组中存放的是"China\0g\0",再执行strlen(str);求字符串长度,遇到第1个'\0'就认为字符串结束,所以长度是5。

第42题:strlen(a)求长度,与41题类似,遇到第1个'\0'就认为字符串结束,所以长度是5;sizeof(a)计算数组a所占用的字节数,数组定义的是char a[20],所以结果是20,答案是B。

第43题:执行gets(str);后str里存放的是"ABC\03,4,5\0",执行strcat(str,"67");后,str里存放的是"ABC67\04,5\0",用puts(str);输出字符串,遇到'\0'结束,所以结果是ABC67。

第44题:与41题类似,执行strcpy(s1,s2);后,s1中存放的是"abc\0EF",if(s1[i])等价于if(s1[i]!=0),字符'\0'的ASCII值就是0,当s1[i]不是'\0'时才进行输出,所以输出结果是abcEF。

二、程序阅读题

1. 程序功能:查找一维数组中的最小值,并输出值和所在下标。
   运行结果:
   m=1,n=0
2. 程序功能:输出数组a中的奇数。
   运行结果:
   1　3　5　7　9
3. 运行结果:
   n=1,s=7
   n=3,s=15
   n=5,s=22
4. 程序功能:查找二维数组中的最小值,并输出最小值和所在行号和列号。
   运行结果:
   -2,2,1
5. 运行结果:(□表示空格)
   □□□□1□□□□4□□□□7
   □□□□2□□□□5□□□□8
   □□□□3□□□□6□□□□9
6. 程序功能:输出字符串中的非小写字母。
   运行结果:
   12$AB@
7. 程序功能:统计数字字符的个数。
   运行结果:
   4
8. 程序功能:将字符串中的字母a换成空格。
   运行结果:
   bc mn xy

9. 运行结果： a#b#c#d# 10. 运行结果： 16　9　5　2	11. 运行结果： □□□2020-12-30

【难题解析】

第10题：本题难点是弄清楚内层 while 循环是如何进行的，而且要注意数组 a 的数据每次 for 循环后都会发生变化，所以在下次执行循环时必须使用变化后的数据才行。具体计算步骤如下。

(1) 初始，a[4]={5,2,16,9}，执行第1次 for 循环，i=1，temp=a[1]=2，j=i-1=0，while 条件不成立，直接执行 a[j+1]=temp;，即 a[1]=2，第1次 for 循环结束，此时数组 a[4]={5,2,16,9}。

(2) 第2次 for 循环，i=2，temp=a[2]=16，j=i-1=1，第1次判断 while 条件，成立，执行 a[j+1]=a[j--];，即 a[2]=a[1]=2，j--，得 j=0，第2次判断 while 条件，成立，执行 a[1]=a[0]=5，j=-1，第3次判断 while 条件，不成立，执行 a[j+1]=temp;，即 a[0]=16，第2次 for 循环结束，此时数组 a[4]={16,5,2,9}。

(3) 第3次 for 循环，i=3，temp=a[3]=9，j=i-1=2，第1次判断 while 条件，成立，执行 a[j+1]=a[j--];，即 a[3]=a[2]=2，j--，得 j=1，第2次判断 while 条件，成立，执行 a[2]=a[1]=5，j=0，第3次判断 while 条件，不成立，执行 a[j+1]=temp;，即 a[1]=9，第3次 for 循环结束，此时数组 a[4]={16,9,5,2}。

通过上面的步骤可以看出，本题实际上是将数组中的数据按从大到小的顺序进行排序。

第11题：本题的难点是 if 语句，if 的条件是当 str[i]不是大、小写字母时，执行赋值语句 str[j++]=str[i];，实际上相当于删除了字符串中的大、小写字母。

三、程序填空题

1. ① 0　② a[i]>=0　③ sum+a[i]
2. ① i< 10　② a[i]==x　③ break;　④ i==10
3. ① ave+x[i]　② max=x[i]　③ x[i]<min　④ min=x[i]　⑤ ave-max-min
4. ① i==j　② j=2　③ n+a[i][j]
5. ① j=1;　② x[i][j]>k　③ k=x[i][j]
6. ① a[i][j]!=a[j][i]　② 1
7. ① str[i]! ='\0'或 i<=strlen(str)　② str[i]-32 或'A'
8. ① tab[i][0];　② j++;
9. ① gets(str);　② length-1　③ i>=0　④ putchar(str[i]);
10. ① char　② 31　③ days+daytab[i];　④ 7;

四、编程题

3. 提示：输入整数存入数组 a 后，对 a 的每个元素进行判断，如果是素数将其存入数组 b 中，然后输出数组 b 的元素。

4. 提示：输入一个数，判断它是奇数还是偶数，如果是奇数则把它放在数组前面，否则把它放在数组的后面，然后分别进行排序。

5. 提示：可以将奇数和偶数分别放在两个数组中，0 可以放在奇数一边，也可以放在偶数一边，然后分别排序再输出即可。

8. 提示：用两个数组分别存放学生的学号和成绩，然后按成绩排序，但注意对成绩数组排序的同时也对学号数组进行排序。

9. 提示：与第 8 题类似，用字符数组存放名字，用整型数组存放成绩，然后按成绩排序，对成绩数组排序的同时也对姓名数组进行排序，注意当成绩相同时还要对姓名进行比较。

10. 提示：将最后一个元素存放在一个变量 temp 中，然后将前面的 n－1 个元素依次向后移动一个位置，最后将 temp 中的元素赋值给 a[0]，这个过程重复 m 次。

12. 提示：注意控制好二维数组元素的下标，注意矩阵 4 个角上的元素不要重复计算。

14. 提示：将一个 6 行的杨辉三角形放在一个二维表格中会更容易看出元素的规律。

1					
1	1				
1	2	1			
1	3	3	1		
1	4	6	4	1	
1	5	10	10	5	1

杨辉三角形左右两边的 1 可以直接给出，即第 1 列的元素全为 1，主对角线元素全为 1，其他元素的计算可以用公式：a[i][j]＝a[i－1][j－1]＋a[i－1][j]，为了将杨辉三角形输出成等腰三角形的形式，注意控制好每个元素所占的列数和每行前面空格的数量。

15. 提示：输入的数据作为二维数组的第 1 行，参考编程题第 10 题的方法，对第 1 行进行处理可以得到第 2 行，然后再对第 2 行进行类似处理得到第 3 行，重复下去即可。

17. 提示：就像手写这个螺旋矩阵一样，可以分别用 4 个循环控制 4 个方向：从左到右，从上到下，从右到左，从下到上。但是，要注意控制好二个维度的下标的变化。

18. 提示：两个矩阵相乘，根据公式进行计算，需要使用三层的嵌套循环，最外层循环控制行，第 2 层循环控制列，第 3 层循环用来计算结果矩阵中的元素值。

19. 提示：定义两个变量 p1 和 p2 指示位置，定义一个计数器 num 记录连续空格的个数，初始 num＝0。可以从字符串的最后一个字符开始，向前依次判断每个字符是否是空格，当判断到某个字符 s[i]是空格时(第 1 个空格)，令 p1＝i＋1。例如，s[7]是空格，p1＝8，计数器 num＝1，向前继续判断 s[6]，也是空格，计数器 num＝2，再向前继续判断 s[5]，也是空格，计数器 num＝3，向前继续判断 s[4]，发现 s[4]不是空格，说明连续的空格到此结束了，此时令 p2＝4＋2＝6，下面将从下标 p1 开始到字符串末尾的所有字符向前移动到 p2 的位置，这样就把多余的空格都删除了。

0	1	2	3	4	5	6	7	8	9	10	11	12
H	e	l	l	o				w	o	r	d	.
						↑ p2		↑ p1				

21. 提示：由于单词a和单词b的长度可能不同，如果在原来的字符串s中进行替换，还需要移动字符，所以可以再用一个字符数组str来存放替换后的字符串。首先在原字符串s中截取出一个单词，然后用这个单词与单词a进行比较，如果两个单词相等就将单词b存放到str数组中，如果不等就直接将这个单词存放到str数组中，注意单词存放完再存放一个空格，再继续截取下一个单词进行同样处理。

22. 提示：该题有多种方法可以实现，比较简单的方法是利用一个辅助数组，对字符串的每个字符进行判断，如果不是要删除的字符就将该字符放入辅助数组中，最后辅助数组中就是删除全部指定字符后的字符串。另外，也可以不用辅助数组，直接在原有的字符数组中进行删除操作，效率比较高的一种方法可以参考程序阅读题的第11小题。

23. 提示：可以使用一个辅助的字符数组，因字符串s1的长度肯定是偶数，所以可以先将s1的后面一半的字符串存放到辅助数组中，然后将s1前面一半的字符串与s2连接起来，最后将辅助数组中的字符串再连接到s2的后面即可。

24. 提示：先在s1找到最大字符，并记录其下标位置，然后有两种实现方法：一是将该位置后的所有字符存放到一个辅助的字符数组中，在最大字符后边插入字符串s2，再将辅助数组中的字符串连接到s2后面；二是s1最大字符后面的字符向后移动n个位置，n为字符串s2的长度，然后在最大字符后边插入字符串s2。

第 5 章 函数

5.1 习　　题

一、选择题

1. 以下说法正确的是(　　)。
   A. 实参可以是常量、变量或表达式
   B. 实参类型不必同形参类型一致
   C. 形参可以是常量、变量或表达式
   D. 实参顺序与形参顺序无关
2. 以下函数首部定义形式正确的是(　　)。
   A. int fun(int x; int y)
   B. int fun(int x,int y)
   C. int fun(int x,y)
   D. int fun(int x,int y);
3. 以下描述正确的是(　　)。
   A. 如果形参和实参的类型不一致,应以实参类型为准
   B. 如果函数值类型与返回值类型不一致,则应以函数值类型为准
   C. return 语句后不能是表达式
   D. 定义函数时,可以省略不写形参的类型,只写形参名
4. 下列关于函数的描述错误的是(　　)。
   A. C 程序是由函数组成的
   B. C 程序中的函数是各自独立的
   C. main 函数可以调用其他函数
   D. 在 main 函数中可以嵌套定义别的函数
5. 关于 C 语言的 main 函数描述正确的是(　　)。
   A. C 程序可以有多个 main 函数
   B. C 程序有且只有一个 main 函数
   C. C 程序可以没有 main 函数
   D. C 程序不一定从 main 函数开始执行
6. 若定义的函数有返回值,则以下关于该函数调用的叙述错误的是(　　)。
   A. 函数调用可作为独立的语句存在
   B. 函数调用可作为一个函数的实参
   C. 函数调用可以出现在表达式中
   D. 函数调用可作为一个函数的形参
7. 以下对于 return 语句的作用叙述错误的是(　　)。
   A. 可以将函数值返回给主调函数
   B. 可以将程序流程返回到主调函数
   C. 一个函数只能有一个 return 语句
   D. 一个函数可以没有 return 语句

8. C语言规定,函数返回值的类型是由(　　)决定的。
   A. return语句中表达式的类型　　B. 调用该函数的主调函数的类型
   C. 调用该函数时系统临时　　D. 在定义函数时所指定的函数值类型
9. 在C语言程序中,若对函数类型未加显式说明,则函数的隐含类型为(　　)。
   A. int　　B. double　　C. void　　D. float
10. 若函数定义如下,则函数返回值的数据类型是(　　)。

```
float fun(int x)
{  int y=x+2;
   return(y);
}
```

   A. float　　B. int　　C. 不能确定　　D. 编译出错
11. 以下正确的函数形式是(　　)。
   A. double fun(int x,int y)
      { z=x+y;
        return z;
      }
   B. void fun(int x,y)
      { int z;
        return z;
      }
   C. double fun(x,y)
      { double z=x+y;
        return z;
      }
   D. double fun(int x,int y)
      { double z=x+y;
        return z;
      }
12. 函数调用时,若参数为"值传递"方式,则下列描述错误的是(　　)。
   A. 实参可以是表达式　　B. 实参与形参共用同一内存单元
   C. 调用时为形参分配内存单元　　D. 实参与形参类型应一致
13. 若函数定义如下,假设将常数1.6传给x,则函数的返回值是(　　)。

```
int fun(float x)
{  float y=x+2;
   return(y);
}
```

   A. 3.6　　B. 3　　C. 4　　D. 3.0
14. 若设有如下函数,则函数返回值的类型是(　　)。

```
ggg(float x)
{  return(x*x);  }
```

   A. 与参数x的类型相同　　B. void
   C. int　　D. 无法确定
15. 若有以下程序,则执行后输出的结果是(　　)。

```
#include<stdio.h>
void fun(int k, int n)
{  int t;
   t=k;   k=n;   n=t;
}
```

```
int main()
{   int k=1, m=2;
    fun(k, m);
    printf("%d, %d\n", k, m);
    return 0;
}
```

A. 1,2　　B. 2,1　　C. 1,1　　D. 2,2

16. 以下程序运行后的输出结果是(　　)。

```
#include <stdio.h>
int fun(int a, int b)
{  if(a>b)  return a;
   else     return b;
}
int main()
{  int x=3, y=8, z=6, r;
   r=fun(fun(x, y), 2*z);
   printf("%d\n", r);
   return 0;
}
```

A. 3　　B. 6　　C. 8　　D. 12

17. 对于一维数组名作函数实参,以下描述正确的是(　　)。

A. 必须在主调函数中说明此数组的大小

B. 实参数组类型与形参数组类型可以不一致

C. 函数调用时是将实参数组中的所有元素值复制到形参数组中

D. 实参数组名与形参数组名必须保持一致

18. 数组名作参数时,以下叙述正确的是(　　)。

A. 函数调用时是将实参数组的所有元素传给形参

B. 函数调用时是将实参数组的首地址传给形参

C. 函数调用时是将实参数组的第 1 个元素传给形参

D. 函数调用时是将实参数组所有元素的地址传给形参

19. 已有如下数组定义和函数调用语句,则 fun 函数的形参数组定义正确的是(　　)。

```
int a[3][4];
fun(a);
```

A. fun(int a[][6])　　B. fun(int a[3][])

C. fun(int a[][4])　　D. fun(int a[][])

20. 以下程序执行后的结果为(　　)。

```
#include<stdio.h>
void fun(int b[], int n)
{  for(int i=0; i<n; i++)  ++b[i];  }
int main()
```

```
{   int x, a[5]={2,3,4,5,6};
    f(a, 5);
    printf("%d\n", a[1]);
    return 0;
}
```

A. 2　　B. 3　　C. 4　　D. 5

21. 以下描述错误的是(　　)。

A. C程序中,函数可以直接或间接地调用自己

B. 函数调用时,函数名必须与所调用的函数名字完全一致

C. 函数声明语句中的类型必须与函数返回值的类型一致

D. 实参数可以与形参个数不一致

22. 以下关于递归函数的描述中,错误的是(　　)。

A. 递归函数是自己调用自己　　B. 递归函数占用较多的存储空间

C. 递归函数的运行速度很快　　D. 递归函数的运行速度一般比较慢

23. 以下关于递归函数的描述中,错误的是(　　)。

A. 用递归函数求n!比用循环求n!的速度快

B. 递归函数经常使用if结构

C. 递归函数运行时占用较多的存储空间

D. 通常递归函数的代码比较简洁

24. 以下关于二分搜索的描述中,错误的是(　　)。

A. 二分搜索算法可以用循环语句实现

B. 二分搜索对数据排列没有要求

C. 二分搜索算法可以用递归函数实现

D. 二分搜索体现了分治法的思想

25. 以下描述错误的是(　　)。

A. 在不同的函数中可以使用相同名字的变量

B. 函数定义中的形参是局部变量

C. 在一个函数内部定义的变量只能在该函数内使用

D. 在一个函数内的复合语句中定义变量在整个函数范围内有效

26. 以下对局部变量描述错误的是(　　)。

A. 在函数内部定义的变量

B. 在main函数中定义的变量是局部变量

C. 形式参数也是局部变量

D. 局部变量在程序全部执行过程中一直占用存储单元

27. 在一个源文件中定义的全局变量的作用域是(　　)。

A. 本文件的全部范围

B. 本程序的全部范围

C. 本函数的全部范围

D. 从定义该变量的位置开始到本文件结束

28. 关于局部变量和全局变量以下叙述错误的是(　　)。
    A. main 函数中定义的变量是局部变量
    B. 局部变量可以与全局变量重名
    C. 在所有函数外定义的变量是全局变量
    D. 形式参数不是局部变量
29. 以下程序的输出结果是(　　)。

```
#include<stdio.h>
int k=1;
void fun(int k)
{   k++;   k=k*6;   }
int main()
{  fun(k);
   printf("%d\n", k);
   return 0;
}
```

A. 1　　B. 2　　C. 6　　D. 12

30. 对于函数中的局部变量来说,默认的存储类型是(　　)。
    A. auto　　B. static　　C. extern　　D. register
31. C 语言中,默认的函数的存储类别是(　　)。
    A. auto　　B. static
    C. extern　　D. 函数没有存储类别
32. 设在 C 程序中有两个文件 f1.cpp 和 f2.cpp,若要定义一个只允许在 f1.cpp 中所有函数使用的全局变量,则该变量的存储类别应该是(　　)。
    A. extern　　B. register　　C. auto　　D. static
33. 以下叙述错误的是(　　)。
    A. 在 C 语言中,若整型变量作函数参数,调用函数时是把实参的值传送给形参
    B. 在 C 的函数中,应该尽量多地使用全局变量
    C. 在 C 语言中,函数的返回值使用 return 语句返回
    D. 在 C 语言中,函数可以嵌套调用

二、阅读程序题

1. 写出下面程序的输出结果。

```
#include<stdio.h>
void fun(int a, int b)
{  int s;
   s=a*b/2;
   a++;  b++;
   printf("s=%d\n", s);
}
int main()
{  int a=10, b=16;
   fun(a, b);
   printf("a=%d, b=%d\n", a, b);
   return 0;
}
```

2. 写出函数 fun 的功能,假设输入 x 和 y 的值为 18 和 24,写出下面程序的运行结果。

```
#include <stdio.h>
int fun(int a, int b);
int main()
{  int x, y, z;
   scanf("%d %d", &x, &y);
   z=fun(x, y);
   printf("z=%d",z);
   return 0;
}
int fun(int a, int b)
{   int r, t;
    if(a<b)
      {  t=a;  a=b;  b=t;  }
    while(b!=0)
      {  r=a%b;   a=b;   b=r;  }
    return a;
}
```

3. 写出下面程序的输出结果。

```
#include <stdio.h>
int fun1(void)
{   int k=20;  return k;  }
int fun2(void)
{   int a=15;  return a;  }
void fun3(int a, int b)
{   int k;
    k=(a-b)*(a+b);
    printf("k=%d\n", k);
}
int main()
{   fun3(fun1(), fun2());
    return 0;
}
```

4. 写出下面程序的输出结果。

```
#include<stdio.h>
float fun(int x, int y)
{   return(x+y);  }
int main()
{  int a=2,b=5,c=8;
   printf("%3.0f\n", fun((int)fun(a+c, b), a-c));
   return 0;
}
```

5. 写出下面 fun1 和 fun2 函数的功能和程序的运行结果。

```
#include <stdio.h>
int fun1(int x)
```

```
{    int i, t=1;
     for(i=1; i<=3; i++)   t=t*x;
     return t;
}
int fun2(int n)
{    int i, s=0;
     for(i=1; i<=n; i++)   s=s+fun1(i);
     return s;
}
int main()
{    int y;
     y=fun2(3);
     printf("y=%d\n", y);
     return 0;
}
```

6. 写出下面程序的功能，假设输入为 4，请写出输出结果。

```
#include<stdio.h>
#define  M  6
int main()
{  int n, i, j, pos, a[M]={ 1, 3, 5, 7, 9};
   scanf("%d", &n);
   if(n>a[M-2])   a[M-1]=n;
   else
     {  for(pos=0; pos<M-1; pos++)
         {  if(a[pos]>n)  break;  }
         for(j=M-1; j>pos; j--)   a[j]=a[j-1];
         a[pos]=n;
       }
   for(i=0; i<M; i++)   printf("%4d", a[i]);
   printf("\n");
   return 0;
}
```

7. 写出下面程序的运行结果和函数 fun 所实现的功能。

```
#include<stdio.h>
#define N 3
#define M 4
void fun(int x[N][M])
{    int i, j, p;
     for(i=0; i<N; i++)
     {  p=0;
        for(j=1; j<M; j++)
        {  if(x[i][p]<x[i][j])    p=j;  }
        printf("line %d :  %d\n", i, x[i][p]);
     }
}
```

```
int main()
{   int a[N][M]={1, 5, 7, 4, 2, 6, 4, 3, 8, 2, 3, 1};
    fun(a);
    return 0;
}
```

8. 写出下面程序的输出结果。

```
#include<stdio.h>
int fun(int n)
{   if(n==1)  return 1;
    else  return  fun(n-1)+n;
}
int main()
{  int i, sum=0;
   for(i=1; i<=3; i++)
      sum=sum+fun(i);
   printf("sum=%d\n", sum);
   return 0;
}
```

9. 写出下面程序的输出结果。

```
#include<stdio.h>
char str[]="ABCDEFGH";
void fun(int i)
{   printf("%c", str[i]);
    if(i<3)  {  i=i+2;   fun(i);  }
}
int main()
{  int i=0;
   fun(i);
   printf("\n");
   return 0;
}
```

10. 写出下面程序的运行结果。

```
#include<stdio.h>
int k=1;              //全局变量
void fun(int x)
{   int k;
    k=x+1;
    printf("k=%d\n", k);
}
int main()
{   k++;    printf("k=%d\n", k);
    fun(k);  printf("k=%d\n", k);
    return 0;
}
```

11. 写出下面程序的输出结果。

```
#include<stdio.h>
int a=3;                        //全局变量
int main()
{  int s=0;
   {  int a=5;
      s+=a++;
   }
   s+=a++;
   printf("s=%d, a=%d\n", s, a);
   return 0;
}
```

12. 写出下面程序的输出结果。

```
#include<stdio.h>
void dec()
{  static int x=5;                //静态局部变量
   x=x-1;
   printf("%d  ", x);
}
int main()
{  int k;
   for(k=0; k<3; k++)
     dec();
   return 0;
}
```

13. 写出下面程序的输出结果。

```
#include "stdio.h"
void f1(void)
{   static int i=1;                //静态局部变量
    i++;
    printf("%d\n", i);
}
int main()
{  int i=0;
   printf("%d\n", i);
   f1();   f1();
   printf("%d\n", i);
   return 0;
}
```

14. 写出下面程序的运行结果。

```
#include <stdio.h>
int fun(int a)
{   int b=1;
    static int c=2;              //静态局部变量
    b++;   c++;
    return(a+b+c);
}
```

```
int main()
{  int a=3, x1, x2;
   x1=f(a);    x2=f(a);
   printf("x1=%d, x2=%d\n", x1, x2);
   return 0;
}
```

15. 写出下面程序的输出结果。

```
#include<stdio.h>
int x=3;                            //全局变量
void fun(void)
{  static int x=1;                  //静态局部变量
   x * =x+1;
   printf("x=%d\n ",x);
}
int main()
{  int i;
     for(i=1; i<x; i++)
     {  printf("i=%d: ", i);   fun();  }
     return 0;
}
```

16. 写出下面程序的运行结果。

```
#include<stdio.h>
int fun(int a)
{  static int f=1;                 //静态局部变量
    f=f * a;
    return(f);
}
int main()
{  int i, a=3;
   for(i=1; i<=3; i++)
      printf("%d\n", fun(a));
   return 0;
}
```

17. 写出下面程序的输出结果。

```
#include<stdio.h>
void fun(int a[], int i, int j)
{   int t;
    if(i<j)
    {  t=a[i];    a[i]=a[j];  a[j]=t;
       fun(a, i+1, j-1);          //递归调用
    }
}
int main()
```

```
{  int i, a[5]={1,2,3,4,5};
   fun(a, 0, 4);
   for(i=0;i<5;i++)
     printf("%d,", a[i]);
   printf("\n");
   return 0;
}
```

18. 写出下面函数 fun1 和 fun2 的功能及程序的运行结果。

```
#include<stdio.h>
void fun1 (int a[], int p, int r);
int fun2 (int a[], int p, int r);
int main()
{   int i, a[10]={3,6,1,0,9,4,8,5,2,7};
    fun1(a, 0, 9);
    for(i=0; i<10; i++)
      printf("%3d", a[i]);
    printf("\n");
    return 0;
}
void fun1 (int a[], int p, int r)
{  if(p<r)
    {  int q=fun2(a, p, r);
       fun1 (a, p, q-1);            //递归调用
       fun1 (a, q+1, r);            //递归调用
    }
}
int fun2 (int a[], int p, int r)
{  int  i=p, j=r+1, x=a[p], t;
   while(1)
   {  while(a[++i]<x);              //注意这里的分号,循环体是空语句
      while(a[--j]>x);              //注意这里的分号,循环体是空语句
      if(i>=j)  break;
      t=a[i];  a[i]=a[j];  a[j]=t;
   }
   a[p]=a[j];    a[j]=x;
   return j;
}
```

三、程序填空题

1. 编写函数输出所有能被 3 整除且至少有一位是 5 的两位数,并在 main 函数中输出这些数的个数。

```
#include<stdio.h>
int fun(void);
int main()
{ int num;
  num=____①____
  printf("\n num=%d\n", num);
  return 0;
}
```

```
int fun(void)
{  int i, a, b, n=0;
   for(____②____; ____③____; i++)
      if(i%3==____④____)
      {  a=i/10;   b=i%10;
         if(____⑤____)
         {  printf("%4d", i);
            ____⑥____
         }
      }
   return n;
}
```

2. 编写函数,将指定的字符 ch 打印 n 次。例如,ch='H',n=5,即打印连续的 5 个 H。

```
#include<stdio.h>
void printchar(char c, int n);
int main()
{  int n;    char ch;
   printf("输入一个字符: ");
   ch=____①____
   printf("输入打印次数: ");
   scanf("%d", &n);
   printchar(____②____);
   return 0;
}
void printchar(char c, int n)
{  for(____③____)
   ____④____
   putchar('\n');
}
```

3. 编程计算公式 p=k!/(m-k)!,要求编写一个求阶乘的函数 func,请在 main 函数中输入 m 和 k 的值,然后通过调用函数计算 p,最后输出 p 的值。

```
#include <stdio.h>
float func(int n);
int main()
{   int m, k;    float p;
    scanf("%d%d", &m, &k);
    p=____①____;
    printf("p=%f \n", p);
    return 0;
}
float func(int n)
{   int i;       float value;
    value=____②____;
    for(____③____)
     {
        ____④____
     }
    return ____⑤____
}
```

4. 请填写程序完成功能：利用折半查找方法在升序数组 a 中实现查找 x，若找到则返回其下标，若找不到则返回−1。

```
#include <stdio.h>
int search(int a[],int n,int x)
{  int low, high, mid;
   low=0;   high=n-1;
   while(____①____)
   {  mid=____②____;
      if(a[mid]==x)   return____③____;
      else
         if(a[mid]>x)____④____;
         else____⑤____;
   }
   return -1;
}
```

5. 下面的递归函数是完成 1～n 的累乘，请填写完整。

```
#include<stdio.h>
float fun(int k)
{  if(k<=0)  printf("error!\n");
   if(____①____)  return 1;
   else ____②____;
}
int main()
{   int n;    float value;
    scanf("%d", &n);
    value=____③____;
    return 0;
}
```

四、编程题

1. 编程计算表达式 1!＋2!＋3!＋…＋n!的值，其中 n 的值是由键盘输入的一个整数，且 n≤15。注意，阶乘的值和求和的值都比较大，建议用 double 类型变量存放结果。要求编写函数计算 n 的阶乘(可参考教材例 5.1)，在 main 函数中输入一个整数 n，并在 main 中输出最终的计算结果，注意输出结果时只输出整数部分。测试数据如下。

输入: 4	输出: 33

2. 编程实现输入一个整数 n，指定输出该整数从右侧数第 m 位上的数字，1≤m≤n，第 1 位是个位，第 2 位是十位，以此类推。例如，输入 325719，输出第 3 位上的数字，就应该输出 7。要求编写一个函数，传入 n 和 m 的值，返回第 m 位上的数字。在 main 函数中输入整数 n 和 m，并在 main 中输出最终的计算结果。测试数据如下。

输入: 325719 6	输出: 3

3. 编程实现判断指定的某个数字d是否出现在输入的整数n中。例如,判断3是否出现在315中,回答为“是”。编写函数完成判断,如果数字出现在整数中则返回整数1,没出现则返回0,main函数中输入d和n,调用函数进行判断,如果是1输出yes,是0则输出no。测试数据如下。

输入:	输出:
1 216	yes

4. 编程计算分数和。当输入n为偶数时,计算1/2+1/4+…+1/n;当输入n为奇数时,计算1/1+1/3+…+1/n,要求编写函数完成分数求和的计算,函数返回值为计算结果。注意,分数和的结果是实数,建议用double类型,输出结果时保留3位小数。在main函数中输入n并输出计算结果。测试数据如下。

输入:	输出:
10	1.142

5. 编程输入一个整数n,计算这个整数的各位数字之和。例如,输入整数123,各位数字之和为1+2+3=6。要求编写函数完成,在main函数中输入n并输出计算结果。测试数据如下。

输入:	输出:
4527	18

6. 编程统计m~n的素数个数,其中1<m<n<1000。要求编写一个函数来判断某个数是否是素数(可参考教材例5.30),在main函数中输入m和n,并输出统计结果。测试数据如下。

输入:	输出:
10 30	6

7. 编程计算1~n所有素数的和,其中10<n<1000。要求编写一个函数用来判断某个数是否是素数(可以参考教材例5.30),在main函数中输入n,实现素数的累加求和并输出计算结果。测试数据如下。

输入:	输出:
20	77

8. 编程判断一个数n是否是真素数。所谓真素数,是指如果一个正整数为素数,且其逆序数也为素数,那么它就为真素数。例如,13为素数,13的逆序数是31,31也为素数,所以13是真素数,同理31也是真素数。要求编写两个函数实现,一个函数用来判断一个整数是否为素数,另一个函数用来计算一个数的逆序数。在main函数中输入n,如果n是真素数则输出yes,否则输出no。测试数据如下。

测试数据1	测试数据2
输入: 37 输出: yes	输入: 47 输出: no

9. 编程输出 m～n 的所有真素数，其中 10＜m＜n＜1000。可以使用上面第 8 题写的两个函数。如果 m～n 没有真素数，则输出 no。测试数据如下。

测试数据 1	测试数据 2
输入： 10 35 输出： 11 13 17 31	输入： 40 50 输出： no

10. 编程判断一个整数 n 是否是回文数。所谓回文数，是指一个整数的正序和逆序是一样的。例如，11 和 121 是回文数，而 123 不是。要求编写函数实现回文数的判断，若是回文数函数则返回 1，若不是回文数则返回 0。在 main 函数中输入整数 n，是回文数输出 yes，不是输出 no。测试数据如下。

测试数据 1	测试数据 2	测试数据 3
输入： 1221 输出： yes	输入： 123 输出： no	输入： 8 输出： yes

11. 编程统计 m～n 既是素数又是回文数的整数个数，其中 1＜m＜n＜10000。判断素数和判断回文数的函数可以使用前面题目写过的函数，在 main 函数中输入 m 和 n，输出统计个数。测试数据如下。

测试数据 1	测试数据 2
输入： 10 30 输出： 1	输入： 40 50 输出： 0

12. 编程实现分数的约分，输出最简分数。要求编写函数计算分子和分母的最大公约数(可参考教材例 5.29)，在 main 函数中按“分子/分母”的格式输入数据，并输出约分后的结果。测试数据如下。

输入：	输出：
8/12	2/3

13. 编程实现输入 n 个整数，其中 n≤100，对这 n 个数进行降序排列，然后输出结果。要求定义两个函数，一个输入函数实现输入数据，另一个函数为排序函数，可以自己选择某一种排序方法，在 main 函数中输入 n，然后先调用输入函数依次输入 n 个整数，再调用排序函数，最后输出排序后的结果。测试数据如下。

输入：	输出：
5 12 6 45 8 39	45 39 12 8 6

14. 编程实现将一个十进制整数 n 转换为二进制数输出。建议二进制数用数组存储，转换方法为除 2 取余法(具体方法可参考教材 2.5.1 节整数类型部分的内容)，在 main 函数

中输入 n 并输出计算结果。测试数据如下。

输入:	输出:
25	11001

15. 编程实现将一个十进制整数 n 转换为 d 进制数输出,其中 $1<d<10$。在 main 函数中输入 n 和 d 两个整数,输出转换后的结果。测试数据如下。

测试数据 1	测试数据 2
输入: 25 3 输出: 221	输入: 25 8 输出: 31

16. 编程实现将一个十进制整数 n 转换为 d 进制数输出,其中 $10<d\leqslant16$。在 main 函数中输入 n 和 d 两个整数,输出转换后的结果。超过 9 的数用大写英文字母表示,A 表示 10,B 表示 11,C 表示 12,D 表示 13,E 表示 14,F 表示 15,所以这里的 d 进制数需要用字符数组来存储。测试数据如下。

测试数据 1	测试数据 2	测试数据 3
输入: 125 12 输出: A5	输入: 125 15 输出: 85	输入: 125 16 输出: 7D

17. 编写递归函数计算 x^n,其中 x 和 n 均为正整数,x^n 的值不超过 long long 类型表示的范围。要求在 main 函数中输入 x 和 n 的值,并输出计算结果。测试数据如下。

输入:	输出:
2 10	1024

18. 编写递归函数计算

$$C_m^n=\begin{cases}1 & m=n \text{ 或 } n=0\\ \dfrac{m}{m-n}C_{m-1}^n & \text{否则}\end{cases}$$

在 main 函数中输入 m 和 n,并在 main 中输出最终的计算结果。测试数据如下。

测试数据 1	测试数据 2	测试数据 3
输入: 3 0 输出: 1	输入: 3 3 输出: 1	输入: 6 2 输出: 15

19. 编写一个递归函数将输入的一个整数 n 转换成字符串输出。在 main 函数中输入 n,且 n 在 int 型范围内。测试数据如下。

输入:	输出:
245　　//输入一个 int 型整数	245　　//输出一个字符串"245"

20. 回文字符串是指顺读和倒读都一样的字符串。例如,level 是回文字符串。编写函数判断输入的字符串是否是回文,是回文则返回 1,不是回文则返回 0。在 main 函数中输入字符串,字符串长度小于 80,字符均为小写字母且不包含空格,如果字符串是回文则输出 yes,不是回文则输出 no。测试数据如下。

测试数据 1	测试数据 2
输入: abcd 输出: no	输入: level 输出: yes

21. 编写函数判断输入的字符串是否是回文,是回文则返回 1,不是回文则返回 0。在 main 函数中输入字符串,字符串长度小于 80,字符串中可能包含大小写字母和空格,判断回文时不区分大小写字母,如果字符串是回文则输出 yes,不是回文则输出 no。测试数据如下。

测试数据 1	测试数据 2
输入: abc cbA 输出: yes	输入: a ba 输出: no

22. 编写函数求出字符串 str 中指定字符 ch 的个数,并返回此值。在 main 函数中分两行输入字符串 str 和字符 ch,并输出计算结果。测试数据如下。

输入:	输出:
abcdabcabc b	3

23. 编写函数实现删除一个字符串 str 中指定位置 n 以后的所有字符(包含指定位置),其中 n>0,数组 a 存放原字符串,数组 b 存放删除后的字符串。在 main 函数中分两行输入字符串 str 和 n,并输出删除后的字符串。测试数据如下。

测试数据 1	测试数据 2	测试数据 3
输入: World 3 输出: Wor	输入: abcd 5 输出: abcd	输入: abcd 1 输出: a

24. 编写函数求字符串 s1 在字符串 s2 中首次出现的下标位置,如果字符串 s1 未出现过,则返回−1。在 main 函数中分两行输入字符串 s1 和 s2,并输出结果。测试数据如下。

测试数据 1	测试数据 2
输入: do How do you do 输出: 4	输入: do How are you 输出: -1

5.2 参考答案

一、选择题

1. A	2. B	3. B	4. D	5. B	6. D	7. C	8. D	9. A	10. A
11. D	12. B	13. B	14. C	15. A	16. D	17. A	18. B	19. C	20. C
21. D	22. C	23. A	24. B	25. D	26. D	27. D	28. D	29. A	30. A
31. C	32. D	33. B							

难题解析：

第13题：函数中 y=3.6，但因函数首部定义的函数类型为 int，所以返回值是整数 3(即 3.6 取整)。

第20题：函数 fun 的功能是将数组元素值加 1，函数调用结束后 a[5]={3,4,5,6,7}。

第29题：该题考查全局变量与局部变量重名的情况，程序从 main 开始执行，第 1 行 fun(k)；调用函数 fun，这里的 k 是全局变量 k，其值为 1，将 1 传给 fun 函数的形参 k，然后执行函数内的语句 k++；和 k=k*6;，执行后 k=12，但是这个 k 是函数的参数，是局部变量，返回 main 后执行 printf("%d\n",k)；输出的 k 应该是全局变量 k，所以值还是 1。

二、阅读程序题

1. 输出结果：
   s=80
   a=10,b=16
2. 函数功能：求两个数的最大公约数。
   运行结果：
   z=6
3. 输出结果：
   k=175
4. 输出结果：(□为空格)
   □□9
5. fun1 函数的功能是：求 x!。
   fun2 函数的功能是：求 1!+2!+…+n!。
   运行结果：
   y=36
6. 功能：在有序数组中插入 1 个数并保持其有序性。
   输出结果：
   1　3　4　5　7　9
7. 函数 fun 的功能：找出二维数组中每行中的最大值。
   运行结果：
   line0：7
   line1：6
   line2：8
8. 输出结果：
   sum=10
9. 输出结果：
   ACE
10. 运行结果：
    k=2
    k=3
    k=2
11. 输出结果：
    s=8,a=4
12. 输出结果：
    4　3　2
13. 输出结果：
    0
    2
    3
    0

14. 运行结果：

x1=8,x2=9

15. 输出结果：

i=1： x=2

i=2： x=6

16. 运行结果：

3

9

27

17. 输出结果：

5,4,3,2,1,

18. 运行结果：

0 1 2 3 4 5 6 7 8 9

fun1 的功能：将数组按中间值分成两组分别进行排序。

fun2 的功能：找出数组中间值的下标。

三、程序填空题

1. ① fun()； ② i=15 ③ i<100 ④ 0 ⑤ a==5 || b==5 ⑥ n++；

2. ① getchar()； ② ch,n ③ int i=1；i≤n；i++ ④ putchar(c)；

3. ① func(k)/ func(m-k) ② 1 ③ i=1；i<n；i++ ④ value= value * i； ⑤ value；

4. ① low<=high ② (low+high)/2 ③ mid ④high=mid-1 ⑤ low=mid+1

5. ① k==1 ② return k * fun(k-1) ③ fun(n)

四、编程题

2. 提示：采用分解整数的方法，函数原型可以定义成 int fun(int n,int m)；。

3. 提示：还是采用分解整数的方法，分解出的每个数字与指定数字 d 进行比较，如果相等则直接返回 1，否则继续判断下一个数字，只有所有的数字都不等于数字 d 时才返回 0，函数原型可以定义成 int fun(int d,int n)；。

8. 提示：如何计算一个数的逆序数，例如，计算 123 的逆序数 num，初始令 num=0，

计算 t=123%10=3，构造 num=num * 10+t=0 * 10+3=3；将 123 的末位删除，123/10=12，重复该过程，计算 t=12%10=2，构造 num=num * 10+t=3 * 10+2=32；将 12 的末位删除，12/10=1。继续重复该过程，计算 t=1%10=1，构造 num=num * 10+t=32 * 10+1=321；将 1 的末位删除，1/10=0，当整数变为 0 时结束，把这个计算过程写在函数里。

10. 提示：方法 1：可以使用前面求逆序数的函数，然后判断原数与逆序数是否相等即可。方法 2：将原数分解出的每个数字存放在一个数组里，然后判断前后对应的数组元素是否相等。例如，1221 分解后放到数组 a 中，则 a[0]=1，a[1]=2，a[2]=2，a[3]=1，判断 a[0]==a[3]成立，a[1]==a[2]成立，所以 1221 是回文数。

14. 提示：注意用除 2 取余法，先计算出的余数实际是最后 1 位，所以计算结果依次存入数组后要倒序输出。

15. 提示：在 14 题的基础上稍加修改，函数多加一个参数 d，除 2 取余变成除 d 取余即可。

16. 提示：由于 d 是大于 10 的，所以会转换出字母，d 进制数需要用字符数组来存储，小于 10 的数字，可以用加字符 '0' 的方法，把数字转换成对应的数字字符，而大于或等于 10 的数可以用 switch 语句进行对应的转换。

18. 提示：注意递归计算表达式的写法，写成 $m/(m-n) * C_{m-1}^{n}$，还是写成 $m * C_{m-1}^{n}/$

(m－n)？哪个表达式能得到正确答案？想一想为什么。

19. 提示：对整数进行分解将每个数字分开，然后将一个整数加字符'0'转换成一个数字字符，再将该数字字符存放到字符数组中。注意，最后要加字符串结束标志'\0'，这样才算是构成了一个字符串。

21. 提示：因字符串中含空格，注意输入方式，判断回文时不区分大小写字母，所以可以先把字符串中的字母统一成小写(或大写)后再进行判断。

23. 提示：用两个数组实现其实可以认为是将数组 a 中下标位置从 0 到 n－1 的字符复制到数组 b 中。注意函数参数的设置，需要 3 个参数，其中 2 个数组参数，1 个整型参数。函数原型可以写成 void fun(char a[],char b[],int n);。另外，也可以只用一个数组实现，想想该怎么做。

24. 提示：先求出字符串 s1 的长度 len1，然后从字符串 s2 的第 i 个位置(i 从下标 0 开始)开始提取 len1 长度的字符存放在一个辅助数组中，构成字符串 s3，再比较字符串 s1 和字符串 s3 是否相等，如果相等就返回位置 i，否则 i 值加 1，重复前面的操作，最后若字符串 s2 中没有出现字符串 s1，则返回－1。

第 6 章 指针

6.1 习　　题

一、选择题

1. 变量的指针，其含义是指该变量的(　　)。

A. 值　　B. 地址　　C. 名字　　D. 一个标志

2. 下列指针变量的定义正确的是(　　)。

A. int *&k;　　B. char *a+b;　　C. float *p;　　D. double *5_is

3. 若有定义：int x, *p;，则正确的赋值表达式是(　　)。

A. p=&x;　　B. p=x;　　C. *p=&x;　　D. *p=*x;

4. 若有定义：int *p,a;，则语句 p=&a; 中的运算符 & 的含义是(　　)。

A. 位与运算　　B. 逻辑与运算　　C. 取指针内容　　D. 取变量地址

5. 若已定义：int a=5;，对(1)int *p=&a;和(2)*p=a;两个语句的正确解释是(　　)。

A. 语句(1)和(2)中的 *p 含义相同，都表示给指针变量赋值

B. 语句(1)和(2)的执行结果都是把变量 a 的地址赋给指针变量 p

C. 语句(1)是声明变量 p 的同时使 p 指向 a，语句(2)是将 a 的值赋给指针变量 p

D. 语句(1)是对 p 进行声明的同时使 p 指向 a，语句(2)是将 a 的值赋给 p 所指向的变量

6. 若有说明：int m,n=2,*p=&n,*q;，则以下赋值语句错误的是(　　)。

A. q=&m;　　B. q=p;　　C. *q=n+1;　　D. m=*p;

7. 若有说明：int i,j=2,*p=&i;，则能完成 i=j 赋值功能的语句是(　　)。

A. i=*p;　　B. *p=j;　　C. i=&j;　　D. i=*&p;

8. 若有定义：int *p,m=5,n=8;，则下面的程序段正确的是(　　)。

A. p=&n; scanf("%d",&p);　　B. p=&n; scanf("%d",*p);

C. scanf("%d",&n); *p=n　　D. p=&n; *p=m;

9. 若有语句 int *point,a=4; point=&a;，则下面均代表地址的选项是(　　)。

A. &a,point,　　B. *&a,*point　　C. *point,&a　　D. a,point

10. 若定义：int a=10,*p=&a;，执行赋值语句 a=*p+1;后，a 的值是(　　)。

A. 10　　B. 11　　C. 12　　D. 编译出错

11. 若定义：int a=5, * b=&a;,则 printf("%d\n", * b); 的输出结果为(　　)。
   A. 随机值　　B. a 的地址　　C. 6　　D. 5
12. 以下程序中调用 scanf 函数给变量 a 输入数据的方法是错误的,其错误原因是(　　)。

```
int main()
{  int *p, q, a;
   p=&a;   scanf("%d", *p);
   return 0;
}
```

   A. * p 表示指针变量 p 的地址
   B. * p 表示变量 a 的值,而不是变量 a 的地址
   C. * p 表示指针变量 p 的值
   D. * p 只能用来说明 p 是一个指针变量
13. 在说明语句 int * f(void); 中,标识符 f 代表的含义是(　　)。
   A. 一个指向整型数据的指针变量　　B. 一个指向一维数组的行指针变量
   C. 一个指向函数的指针变量　　D. 一个返回值为指针类型的函数的名字
14. 若有定义：int (* p)(int);,则下列叙述正确的是(　　)。
   A. p 是指向一维数组的指针变量　　B. p 是指向整型数据的指针变量
   C. p 是指向函数的指针变量　　D. 以上叙述都不对
15. 以下程序的输出结果是(　　)。

```
void fun(int *a, int *b)
{  int c=20, d=25;
   *a=c/3;   *b=d/5;
}
int main()
{  int a=3, b=5;
   fun(&a, &b);
   printf("%d, %d\n", a, b);
   return 0;
}
```

   A. 6,5　　B. 5,6　　C. 20,25　　D. 3,5
16. 以下函数的功能为(　　)。

```
void exchange(int *p1, int *p2)
{  int p;
   p= *p1;   *p1= *p2;   *p2=p;
}
```

   A. 交换 * p1 和 * p2 的值　　B. 交换 p1 和 p2 的地址
   C. 交换 * p1 和 * p2 的地址　　D. 代码错误
17. 若有定义：int a[5]={3,5,4,6,8}, * p=a;,则数组元素的引用错误的是(　　)。
   A. a[3]　　B. * (a+1)　　C. &a[2]　　D. p[2]

18. 若有定义：int a[4];,则元素 a[2]的地址表示正确的是(　　)。
A. *(a+2)　　B. &a[2]　　C. *a+2　　D. a[2]
19. 若有定义：int a[9],*p=a;,则不能表示 a[1] 地址的是(　　)。
A. p+1　　B. a+1　　C. *a+1　　D. &a[1]
20. 若有以下语句,则数组元素地址的表示正确的是(　　)。

```
int x[5]={1, 3, 5, 7, 9}, *p=x;
```

A. x++　　B. &p+1　　C. p+1　　D. &(x+1)
21. 若有定义：int a[10],*p=a;,则 *(p+5)表示(　　)。
A. 元素 a[5]的地址　　B. 元素 a[5]
C. 元素 a[6]的地址　　D. 元素 a[6]
22. 若有定义：int a[10],i=3;,以下描述正确的是(　　)。
A. a[i]等价于 *(a+i)　　B. &a[i]等价于 *(a+i)
C. a[i]等价于 a+i　　D. a[i]等价于 *a+i
23. 以下程序的输出结果为(　　)。

```
#include<stdio.h>
void fun(int *a, int *b, int *c)
{  *c= *a+ *b;  }
int main()
{  int a[2]={12, 23}, c;
   fun(a, a+1, &c);
   printf("%d\n", c);
   return 0;
}
```

A. 23　　B. 12　　C. 0　　D. 35
24. 以下程序段的输出结果为(　　)。

```
float y=0.0, a[5]={2.0, 4.0, 6.0, 8.0, 10.0}, *p;
p=&a[1];
for(int i=0; i<3; i++)  y+= *(p+i);
printf("%.4f\n", y);
```

A. 12.0000　　B. 18.0000　　C. 20.0000　　D. 28.0000
25. 若有定义：int a[3][4];,则以下数组元素的引用方式错误的是(　　)。
A. a[i][j]　　B. *(*(a+i)+j)
C. *(a[i]+j)　　D. *(a+4*i+j)
26. 若有定义：int a[3][4];,则 a[2][3]的地址是(　　)。
A. &a[2]+3　　B. *(a+2)+3
C. *(*(a+2)+3)　　D. *(a[2]+3)
27. 以下关于二维数组名的描述正确的是(　　)。
A. 二维数组名是一个地址常量

B. 二维数组名是一个地址变量

C. 二维数组名可以进行自加、自减运算

D. 二维数组名是一级指针

28. 若有定义：int a[3][5],i,j;,且 i<3,j<5,则元素 a[i][j]的地址表示错误的是(　　)。

A. &a[i][j]　　B. a[i]+j　　C. *(a+i)+j　　D. *(*(a+i)+j)

29. 若有以下定义,则下列选项的值是 9 的是(　　)。

```
int a[][3]={ 1, 2, 3, 4, 5, 6, 7, 8, 9, 10, 11, 12}, *p;
p =&a[0][0];
```

A. *(p+2*3+2)　　B. *(*(p+2)+2)

C. p[2][2]　　D. *(p[2]+2)

30. 若有以下定义和语句,则对数组 a 的元素地址引用正确的是(　　)。

```
int a[2][3], (*p)[3];
p=a;
```

A. *(p+2)　　B. p[2]　　C. p[1]+1　　D. (p+1)+2

31. 以下程序段的运行结果是(　　)。

```
int a[4][3]={ 1,2,3, 4,5,6, 7,8,9, 10,11,12 };   int *p[4], j;
for(j=0; j<4; j++)  p[j]=a[j];
printf("%2d,%2d,%2d\n", *p[1], (*p)[1], *(p[3]+1));
```

A. 4,4,11　　B. 4,2,11　　C. 1,4,11　　D. 4,2,10

32. 若有以下定义,则数组元素 a[1][2]的表示正确的是(　　)。

```
int a[4][3]={1, 2, 3, 4, 5, 6, 7, 8, 9, 10, 11, 12};
int *p=a[0];
```

A. *((*p+1)[2])　　B. *(*(p+5))

C. (*p+1)+2　　D. *(*(a+1)+2)

33. 若有以下定义,则对数组 a 的元素引用形式正确的是(　　)。

```
int a[4][5], (*p)[5];
p=a;
```

A. p+1　　B. *(p+2)

C. *(*(p+1)+2)　　D. *(p+1)+2

34. 以下各语句中,字符串"abcde"能正确赋值的是(　　)。

A. char s[5]={ 'a','b','c','d','e' };　　B. char *s; s="abcde";

C. char s[5]; s="abcde";　　D. char *s; *s="abcde";

35. 以下程序段的输出结果是(　　)。

```
char c[]={ 'a', 'b', '\0', 'c', '\0' };
printf("%s\n", c);
```

A. ab c　　B. 'a''b'　　C. abc　　D. ab

36. 以下程序段的输出结果是(　　)。

```
char b[]="ABCD";   char * chp=&b[3];
while(chp>&b[0])
{  putchar(* chp);   chp--;  }
```

A. DBCA　　B. DCB　　C. CB　　D. CBA

37. 以下程序段的输出结果是(　　)。

```
char * s="Morning", * p=s;
while(* p!='\0')  p++;
printf("%d\n", (p-s));
```

A. 9　　B. 8　　C. 7　　D. 6

38. 以下程序段的功能是(　　)。

```
char str1[300], str2[300], * s=str1, * t=str2;
gets(s);  gets(t);
while((* s) && (* t) && (* t== * s))
{  t++;       s++;    }
printf("%d\n", * s- * t);
```

A. 输出两个字符串长度之差
B. 比较两个字符串,并输出其第一个不相同字符的 ASCII 值的差
C. 把 str2 中的字符串复制到 str1 中,并输出两个字符串长度之差
D. 把 str2 字符串连接到 str1 之后,并输出其第一个不同字符的 ASCII 值的差

39. 以下程序段的输出结果是(　　)。

```
char s[]="ABC";  int i;
for(i=0; i<3; i++)  printf("%s", &s[i]);
```

A. ABC　　B. ABCABCABC
C. AABABC　　D. ABCBCC

40. 以下程序段的输出结果是(　　)。

```
char s[10], * sp="HELLO";
strcpy(s, sp);
s[0]='h';  s[6]='!';
puts(s);
```

A. hELLO　　B. HELLO　　C. hELLO!　　D. h

41. 以下程序段的输出结果是(　　)。

```
char a[][10]={ "ABCD", "EFGH", "IJKL", "MNOP" };
for(int k=1; k<3; k++)  printf("%s\n", a[k]);
```

A. ABCD
EFGH　　B. ABCD
FGH　　C. EFGH
IJKL　　D. EFGH
JKL

42. 若有定义：char *str="GOOD";,则 *(str+3)的值为(　　)。

A. 'D'　　B. '\0'　　C. 不确定的值　　D. 字符'D'的地址

43. 若有以下定义,则下列描述正确的是(　　)。

```
char s[10]="china", * p=s;
```

A. s 和 p 完全相同

B. *p 与 s[0]相等

C. s 中的内容和 p 中的内容相同

D. 数组 s 的长度和 p 指向的字符串的长度相等

44. 若有定义：char *s="how are you";,则下列程序段正确的是(　　)。

A. char a[10], *p; strcpy(p=a,s);

B. char a[10]; strcpy(++a,s);

C. char a[10], *p; strcpy(p=a[1],s);

D. char a[10]; strcpy(a, *s);

45. 以下程序段的输出结果是(　　)。

```
char s[]="abcdefgh", * p=s;
p=p+3;    strcpy(p, "ABCD");
printf("%d\n", strlen(p));
```

A. 9　　B. 8　　C. 5　　D. 4

46. 以下程序段的输出结果是(　　)。

```
char s[20]="abcdefgh", * p=s;
strcat(p, "ABCD");    puts(s);
```

A. abcdefgh　ABCD　　B. abcdefghABCD

C. ABCDefgh　　D. ABCD　fgh

47. 以下程序段的输出结果是(　　)。

```
char a[2][4];
strcpy(a[0],"you");   strcpy(a[1],"me");
printf("%s, %s\n", a[0],a[1]);
a[0][3]='&';    printf("%s\n", * a);
```

A. you,me
you&me　　B. you,me
you&　　C. you me
you&　　D. you　me
you

48. 以下程序段的执行结果是(　　)。

```
char * str="abcdefgh";
while(* str!='e')  str++;
printf("%s\n", str);
```

A. abcd　　B. abcde　　C. efgh　　D. defgh

49. 以下关于指针数组的定义正确的是(　　)。

A. int *a[4]; B. int (*a)[4]; C. int a*[4]; D. int **a[4];

50. 若有定义：char *p[2]={ "abcd","ABCD"};,则以下描述正确的是( )。

A. p 是指针数组,它的两个元素中分别存放了字符串"abcd"和"ABCD"

B. p 是指针数组,它的两个元素中分别存放了字符串"abcd"和"ABCD"的起始地址

C. p 是指针数组,它的两个元素中分别存放了字符'a'和'A'

D. p 是指针变量,它指向两个字符型一维数组

51. 若有定义：char *a[]={"Basic","Pascal","Java","C" };,则 a[2] 的值是( )。

A. 一个字符 B. 一个地址 C. 一个字符串 D. 不定值

52. 以下关于指针数组的描述错误的是( )。

A. 指针数组的每个元素是一个指针

B. 指针数组的每个元素存放了一个地址

C. 指针数组的每个元素可以指向相同类型的数据

D. 指针数组的每个元素可以指向不同类型的数据

53. 若有定义 int *p[4];,则标识符 p 是一个( )。

A. 指向整型变量的指针变量 B. 指向函数的指针变量

C. 指向一维数组的行指针变量 D. 指针数组名

54. 设 int x=36,*q,**t;,下面赋值语句正确的是( )。

A. t=&x; B. q=&x; C. t=q; D. q=&t

55. 程序中定义的全局变量存放在( )。

A. 堆存储区 B. 栈存储区 C. 静态存储区 D. 程序代码区

56. 若有定义 char *p,ch;,则下面的语句组错误的是( )。

A. p=&ch; scanf("%c",p);

B. p=(char *)malloc(1); *p=getchar();

C. *p=getchar(); p=&ch;

D. p=&ch; *p=getchar();

57. 动态分配一个整型存储单元,存储单元的地址赋给指针变量 s,那么正确的是( )。

```
int *s;
s=_______ malloc(sizeof(int));
```

A. int * B. (int *) C. (int) D. int

58. 若输入 abc□def↙,以下程序段的输出结果是( )。

```
char *p, *q;
p=(char *) malloc(sizeof(char)*20);    q=p;
scanf("%s%s ", p, q);
printf("%s  %s\n", p, q);
```

A. abc def B. abc abc C. def def D. def abc

59. 关于 malloc 函数的描述错误的是( )。

A. 使用 malloc 函数时需要头文件 stdlib.h

B. malloc 函数的返回值是一个指针

C. 使用 malloc 函数时需要强制类型转换

D. malloc 函数有两个参数

60. 关于 free 函数的描述正确的是(　　)。

A. 函数原型是 int * free(int * p);

B. 使用 free 函数时需要头文件 stdlib.h

C. 使用 free 函数时需要强制类型转换

D. free 函数中的参数可以是任意的指针变量

二、阅读程序题

1. 写出下面程序的运行结果。

```
#include <stdio.h>
void fun(int a, int * b)
{   a=20%3;   * b=15/3;
    printf("%d, %d\n", a, * b);
}
int main()
{   int a=30, b=50;
    fun(a, &b);
    printf("%d,%d\n", a, b);
    return 0;
}
```

2. 写出下面程序的运行结果。

```
#include <stdio.h>
int f(int * x, int * y, int z)
{    * x=( * y)++;   return(--z);   }
int main()
{  int a, b, c, d;
   a=3;   b=4;   c=5;   d=f(&a, &b, c);
   printf("%d,%d,%d,%d\n", a, b, c, d);
   return 0;
}
```

3. 写出下面程序的运行结果。

```
#include<stdio.h>
void sub(int x, int y, int * z)
{   * z=x-y;  }
int main()
{  int a, b, c;
   sub(10, 5, &a);   sub(7, a, &b);   sub(a, b, &c);
   printf("%d,%d,%d\n", a, b, c);
   return 0;
}
```

4. 写出下面程序的运行结果。(设 sizeof(int)=4,sizeof(char)=1)

```
#include<stdio.h>
int main()
{   char * p="abcdefgh", * r;      int * q;
```

```
    q=(int *)p;    q++;
    r=(char *)q;   printf("%s\n", r);
    return 0;
}
```

5. 写出下面 fun 函数的功能和程序的运行结果。

```
#include<stdio.h>
void fun(int *x, int *y)
{   int temp;
    temp = *x;   x = *y;   *y =temp;
}
int main()
{   int i, j, a[3]={3, 5, 7};
    fun(&a[0], &a[1]);   fun(&a[1], &a[2]);
    for(i=0; i<3; i++)  printf("%3d", a[i]);
    printf("\n");
    return 0;
}
```

6. 写出下面程序的运行结果。

```
#include <stdio.h>
int main()
{  int a[]={10,20,30,40,50}, *p=a;
   printf("%d\n", ++*p);
   printf("%d\n", *p++);
   printf("%d\n", *p);
   return 0;
}
```

7. 写出下面程序的运行结果。

```
#include<stdio.h>
int main()
{  int sum, i, *p, a[ ]={5,8,7,3,2,9};
   sum=0;   p=&a[0];
   for(i=0; i<5; i+=2)   sum=sum+*(p+i);
   printf("sum=%d"\n, sum);
   return 0;
}
```

8. 写出下面 fun 函数的功能和程序的运行结果。

```
#include <stdio.h>
void fun (int *x, int n)
{  int t, *p, *q, *r;
   p=x+(n-1)/2;   r=x+n-1;
   for(q=x; q<=p; q++, r--)
   {  t=*q;   *q=*r;   *r=t;  }
}
```

```
int main()
{  int i, a[6]={ 3, 4, 5, 6, 7, 8 };
   fun (a, 6);
   for(i=0; i<6; i++)  printf("%3d", a[i]);
   return 0;
}
```

9. 写出下面 fun 函数的功能和程序的运行结果。

```
#include <stdio.h>
int fun(int *s)
{  int i, n=0;
   for(i=0; i<6; i++, s++)
    {  if(*s%3 ==0)  n=n+*s;  }
   return n;
}
int main()
{  int y, a[6]={12, 15, 14, 11, 18, 17 }, *p=a;
   y=fun (p);   printf("y=%d\n", y);
   return 0;
}
```

10. 写出下面 fun 函数的功能和程序运行结果。

```
#include<stdio.h>
void fun(int (*x)[3], int (*y)[3], int (*z)[3])
{  int i, j;
   for(i=0; i<2; i++)
      for(j=0; j<3; j++)
         *(*(z+i)+j)=*(*(x+i)+j)+*(*(y+i)+j);
}
int main()
{  int a[2][3]={{1, 2}, {0, 3, 1}}, b[2][3]={2, 4, 1, 5}, c[2][3], i, j;
   fun(a, b, c);
   for(i=0; i<2; i++)
   {  for(j=0; j<3; j++)  printf("%d  ", c[i][j]);
      printf("\n");
   }
   return 0;
}
```

11. 写出下面程序的功能和运行结果。

```
#include<stdio.h>
int main()
{  int i, j, k, a[6]={8, 4, 1, 5, 3, 2};
   for(i=0; i<5; i++)
    {  for(j=0; j<5-i; j++)
         if(*(a+j)>*(a+j+1))
          {   k=*(a+j);   *(a+j)=*(a+j+1);   *(a+j+1)=k;  }
```

```
    }
    for(i=0; i<6; i++)  printf("%3d", a[i]);
    printf("\n");
    return 0;
}
```

12. 写出下面程序的功能，若输入数据为45178，写出程序运行结果。

```
#include<stdio.h>
#include<stdlib.h>
int main()
{  int x, y, n, t, i;      char * a;
   scanf("%d", &x);
   y=x;  n=0;
   while(x>0)
   {  x=x/10;   n++;  }
   printf("n=%d\n", n);
   a=(char *)malloc(n+1);
   i=n;  a[i--]='\0';
   while(y>0)
   {  t=y%10;  y=y/10;  a[i--]=t+'0'; }
   puts(a);
   return 0;
}
```

13. 写出下面 fun 函数的功能和程序运行结果。

```
#include<stdio.h>
void fun(int (*x)[2], int (*y)[2])
{  int i, j;
   for(i=0; i<2; i++)
     for(j=0; j<2; j++)
         y[j][i]=x[i][j];
}
int main()
{  int a[2][2]={{1, 3}, {2, 4}}, b[2][2];
   fun(a, b);
   for(i=0; i<2; i++)
   {  for(j=0; j<2; j++)  printf("%d  ", b[i][j]);
        printf("\n");
   }
   return 0;
}
```

14. 写出下面程序的运行结果。

```
#include <stdio.h>
int main()
{  char *p, *q, str[20]="I am a student";
   p=&str[7];    q=str;
```

```
    while( * q)  q++;
    printf("%s,%d\n", p, q-p);
    return 0;
}
```

15. 写出下面程序的运行结果。

```
#include<stdio.h>
void fun(char  * s, char  t)
{   while( * s)
    {  if( * s==t)   * s=t-'a'+'A';
        s++;
    }
}
int main()
{   char str[100]="abc def hdd", c='d';
    fun(str, c);
    puts(str);
    return 0;
}
```

16. 写出下面程序的运行结果。

```
#include <stdio.h>
#include <string.h>
int main()
{  char * p1, * p2, a[20]="language",  b[20]="programme";
   int k, len;
   p1=a;   p2=b;    len=strlen(b);
   for(k=0; k<len; k++)
   {  if( * p1== * p2)  putchar( * p1);
      p1++;   p2++;
   }
   return 0;
}
```

17. 写出下面程序的功能和运行结果。

```
#include <stdio.h>
int main()
{  char a[10 ]="abcd", b[10]="xyz", * p1=a, * p2=b;
   while( * p1!='\0')  p1++;
   while( * p2!='\0')
   {  * p1= * p2;   p1++;   p2++;  }
   * p1='\0';
   puts(a);    puts(b);
   return 0;
}
```

18. 写出下面程序的功能和运行结果。

```
#include <stdio.h>
int main()
{  char a[10]="abcd", b[10]="a1a2a3", *p1=a, *p2=b;
   while(*p2!='\0')
   {  *p1=*p2;   p1++;   p2++;  }
   *p1='\0';
   puts(a);   puts(b);
   return 0;
}
```

19. 写出下面 fun 函数的功能和程序的运行结果。

```
#include <stdio.h>
void fun(char *s, char *t);
int main()
{  char stra[20]="welcome", strb[20]="hello";
   char *a=stra, *b=strb;
   fun(a, b);
   puts(a);    puts(b);
   return 0;
}
void fun(char *s, char *t)
{   for( ; *s!='\0'; s++, t++)   *t = *s;
    *t='\0';
}
```

20. 写出下面 fun 函数的功能和程序的运行结果。

```
#include <stdio.h>
int fun(char *str)
{  int n=0;
   while(*str!='\0')
    {  n++;  str++;  }
   return n;
}
int main()
{  int m;        char *s="Hello";
   m=fun(s);    printf("m=%d\n", m);
   return 0;
}
```

21. 写出下面程序的功能和运行结果。

```
#include <stdio.h>
int main()
{  char *p, a[ ]="abc*def**gh", b[20];       int n, k;
   p=a;
   for(n=0, k=0; *p!='\0'; p++, k++)
```

```
    {   if(*p!='*')
        {  b[n]=a[k];  n++;  }
    }
    b[n]='\0';    puts(b);
    return 0;
}
```

22. 写出下面程序的功能和运行结果。

```
#include <stdio.h>
int main()
{   char a[10], *p ="abcdefgh", ch='e';      int j=0;
    for(; *p!='\0 '; p++)
        if(*p!=ch)  a[j++]=*p;
    a[j]='\0';    puts(a);
    return 0;
}
```

23. 写出下面 fun 函数的功能和程序的运行结果。

```
#include <stdio.h>
void fun (char *p, int n)
{   char b[10];     int j, k;
    for(k=1; k<n; k++)  p++;
    for(j=0; *p!='\0'; p++, j++)  b[j]=*p;
    b[j]='\0';    puts(b);
}
int main()
{   char a[10]="abcedfgh";
    fun(a, 3);
    return 0;
}
```

24. 写出下面 fun 函数的功能和程序的运行结果。

```
#include <stdio.h>
int fun(char *p);
int main()
{   char a[20]="abcdkmn";    int m;
    m=func(a);  printf("m=%d \n", m);
    return 0;
}
int func(char *p)
{   for(int n=0; *p!='\0'; p++, n++)
        ;                       //注意循环体是空语句
    return(n);
}
```

25. 写出下面程序的运行结果。

```
#include<stdio.h>
#include<string.h>
#define  N  4
int main()
{  int i, j;
   char * p[N]={"person", "work", money", "happy"}, * temp=NULL;
   for(i=0; i<N-1; i++)
     for(j=i+1; j<N; j++)
       if(strcmp(p[i], p[j])>0)
         {  temp=p[i];   p[i]=p[j];   p[j]=temp;  }
   for(i=0; i<N; i++)  puts(p[i]);
}
```

26. 写出下面程序的功能和运行结果。

假设输入数据：

3↙

1 2 3 4 5 6 7 8 9↙

```
#include<stdio.h>
#include<stdlib.h>
int main()
{  int n, i, j, sum=0, * p=NULL;
   scanf("%d", &n);
   p=(int *) calloc (n * n, sizeof(int));
   if(p==NULL)
    {  printf("\n No enough memory!\n");  exit(0);   }
   for(i=0; i<n; i++)
       for(j=0; j<n; j++)
         {  scanf("%d", &p[i * n+j]);
            if(i==j)  sum=sum+p[i * n+j];
         }
   printf("sum=%d\n", sum);    free(p);
   return 0;
}
```

27. 写出下面程序的运行结果。

```
#include <stdio.h>
#include <malloc.h>
#include <stdlib.h>
#define  N  6
int main()
{   int *p, i, j, t;
    p=(int*)malloc(N*sizeof(int));
    for(i=0; i<N; i++)    *(p+i)=i*2+1;
    for(i=0, j=N-1;i<N/2; i++,j--)
    {   t=*(p+i);      *(p+i)=*(p+j);     *(p+j)=t;     }
    for(i=0; i<N; i++)  printf("%d, ", *(p+i));
    free(p);
    return 0;
}
```

28. 写出下面程序的运行结果。

```
#include <stdio.h>
int main()
{   int a[]={2, 4, 6, 8, 10}, **q, i;
    int *p[]={&a[0], &a[1], &a[2], &a[3], &a[4]};
    for(i=0;i<5;i++)        a[i]=a[i]/2+a[i];
    q=p;
    printf("%d\n", *(*(q+2)));
    printf("%d\n", *(*(++q)));
    return 0;
}
```

三、程序填空题

1. 编程实现将数组 array 中的元素逆序存放,数组 array 中的元素由键盘输入。

```
#include <stdio.h>
#define N 10
int main()
{   int array[N], i, *ps, *pe, temp;
    for(i=0; i<N; i++)  scanf("%d", array+____①____);
    for(ps=array, pe=array+N-1; ps<pe; ps++, ____②____)
     {   temp=*ps;      *ps=____③____;       *pe=temp;    }
    for(i=0; i<N; i++)  printf("%d ", array[i]);
    printf("\n");
    return 0;
}
```

2. 编程实现从主串 str 中取出一子串 sub,n 表示取出的起始位置,m 表示所取子串的字符个数,程序运行后会输出 cdefg。

```
#include <stdio.h>
int main()
{   char str[100]="abcdefgh", sub[100], *p=str, *q=sub;
    int n=3, m=5;
    for(p=str+n-1; p<str+ ____①____; p++, q++)
        *q=____②____
    ____③____='\0';
    puts(sub);
    return 0;
}
```

3. 编程实现输出字符指针数组 a 中的全部字符串。

```
#include <stdio.h>
int main()
{   char *a[]={ "for", "switch", "if", "while" }, **p;
    for(p=a;____①____; p++)
      printf("%s\n",____②____);
    return 0;
}
```

4. 设有 3 名学生，每名学生有 4 门课成绩，编程实现输入学生序号(1、2、3)，输出该学生的全部成绩。

```
#include <stdio.h>
int main()
{   float score[][4] ={ {60,70,80,90}, {56,89,67,88}, {34,78,90,66} };
    float (*p)[4];        int n, i;
     ____①____ ;
    scanf("%d", &n);
    for(i=0; i<4; i++)  printf("%5.1f", ____②____);
    return 0;
}
```

5. 以下程序统计字符串 str 中元音字母(a、A、e、E、i、I、o、O、u、U)的个数。

```
#include <stdio.h>
int main()
{   char str[255], a[]="aAeEiIoOuU", *p, *s=str;    int n=0;
    gets(str);
    while(____①____)
    {   for(p=a;____②____; p++)
        if(____③____) {  n++;   break;  }
     ____④____;
    }
    printf("字符串中元音字母的个数为: %d\n", n);
    return 0;
}
```

6. 下面程序实现从字符串 s 中取出连续的数字作为一个整数，依次存放到数组 a 中，并输出这些整数。程序运行后将输出：

```
123  456  16639  7890
#include <stdio.h>
#include<string.h>
int main()
{  char s[255]="ab123 x456,xy16639ghks7890#zxy", *p;   int n=0, a[255], i;
   int flag=0;        //flag用于判定*p是否为数字字符,若是数字则 flag=1,否则 flag=0
   for(p=s; p<s+strlen(s); p++)
   {  if(!flag && *p>='0' && *p<='9')
        {  flag=1;   a[n]=0;  }
      if(flag && (*p<'0' || ____①____))
        {  flag=0; ____②____;  }
      if(flag)  a[n]=a[n]*10+*p-____③____;
   }
   for(i=0; i<n; i++)  printf("%d  ", a[i]);
   printf("\n");
   return 0;
}
```

四、编程题(注:本章编程题一定要使用指针变量完成)

1. 编写一个函数,用指针作为函数参数,返回3个整数中的最大数。测试数据输入3个整数,中间用空格隔开。输出结果为3个数的最大值。测试数据如下。

输入: 5 8 12	输出: 12

2. 定义指针变量pa和pb分别指向int型变量a和b,通过pa和pb完成下列操作:①输入变量a和b的值;②调整指针的指向关系,使pa总是指向值较大的变量,而pb指向值较小的变量;③输出这两个变量的和、差、积、商(包括整数商和实数商,保留2位小数,注意要判断除数是否为0)。测试数据如下。

输入: 12 8	输出: 20 4 96 1 1.50

3. 输入n个整数,其中n<100,找出其中最大数和次大数,保证输入的整数互不相同。输入的第1个数是n,后面依次输入n个整数,输出时最大数和次大数用空格分开。测试数据如下。

输入: 6 12 90 65 24 54 77	输出: 90 77

4. 编程对n个整数从小到大排序并输出,其中n<100。首先输入数组元素个数n,然后依次输入n个整数,输出从小到大排好序的n个整数。要求:①编写自定义函数实现排序功能,且必须用指针参数将数据传递到自定义函数进行排序;②n个整数的输入、输出均在主函数中进行。测试数据如下。

输入: 5 4 2 5 1 3	输出: 1 2 3 4 5

5. 编写函数,实现从存放在数组中的n个整数中查找一个指定的数x。若找到,则输出find!,否则输出no find!。要求自定义函数的参数用指针。输入数据的第1个数是n(n≤100)表示整数的个数,后面依次输入n个整数,最后一个整数是待查找的数x。测试数据如下。

测试数据1	测试数据2
输入: 8 51 30 85 12 76 28 99 42 30 输出: find!	输入: 8 51 30 85 12 76 28 99 42 24 输出: no find!

6. 设有10个整数,使其前面各数顺序向后移动m个位置,最后的m个数变成最前面m个数。例如,数组int a[10]={1,2,3,4,5,6,7,8,9,10},若输入m为4,则将各数顺序后移4个位置,最后a[6]~a[9]这4个数放到最前面,得到a[10]={7,8,9,10,1,2,3,4,5,6}。用指针编写函数move实现上述功能。要求:①在main中输入和输出10个整数;②m作为参数其值从main中输入。输入数据的第1个数是m,后面依次是10个整数。测试

数据如下。

输入:	输出:
4 1 2 3 4 5 6 7 8 9 10	7 8 9 10 1 2 3 4 5 6

7. 编写函数，使用数组名或指针作为函数参数，求出给定的 M×N 矩阵中四周元素之和，其中 1≤M，N≤10，结果在主函数中输出。输入数据的第 1 行是两个正整数 M 和 N，后跟 M 行，每行 N 个数，数据之间由空格分隔。输出数据只有一行，为该矩阵的四周元素之和。测试数据如下。

输入:	输出:
3 4 1 2 3 4 1 2 3 4 1 2 3 4	25

8. 给定 n×n 的一个二维数组，请找出该二维数组的鞍点。一个二维数组也可能没有鞍点。鞍点是指该数在该行上最大、在该列上最小。输入数据第一行是一个正整数 n(n<10)，表示二维数组的大小，后跟 n 行，每行 n 个数。所有数据之间用空格分隔。输出结果单独占一行，输出该二维数组中的鞍点。若没有鞍点，则输出 No。测试数据如下。

输入:	输出:
3 2 3 8 4 5 9 6 7 10	8

9. 编写自定义函数，用数组或指针作为函数参数，统计字符串中元音字母(即 A、E、I、O、U)的出现次数，不区分大小写。在主函数中输出统计结果。测试数据为一行字符串，每个字符串的长度均不超过 100。输出对应字符串中的统计结果。测试数据如下。

输入:	输出:
I love China!	5

10. 有一个字符串，都是 ASCII 字符，不超过 100 个，请判断该字符串是否为回文串。若是回文串，则输出 Yes，否则输出 No。注意，回文串是正读反读都相同的字符串，回文串不区分大小写。要求：字符串判定是否是回文的功能在自定义函数中完成，函数参数需要用指针，字符串的输入和判定结果的输出要求在主函数中完成。测试数据如下。

输入:	输出:
Madam I mAdam	Yes

11. 编写自定义函数，用数组或指针作为函数参数，将字符串中的非小写字母全部删除。在主函数中输出删除后的字符串。测试数据有多组，第 1 行的正整数 T 表示测试数据的组数，每组数据单独占一行，仅包含一个字符串，字符串长度不超过 100。对于每组测试数据，输出结果单独占一行，为删除非小写字母后的字符串。测试数据如下。

输入:	输出:
2 a1b2c3,,,pp abcd	abcpp abcd

12. 对一个长度为n的字符串,从其第k个字符起,删去m个字符,组成长度为n－m的新字符串,并输出删除后的字符串。先输入一行字符串,字符串的长度不超过100,然后输入k和m两个整数值,中间空格分隔,输出删除后的字符串。要求:字符串删除功能在自定义函数中完成,函数参数必须用指针,程序数据的输入和输出需要在主函数中完成。测试数据如下。

输入:	输出:
abcdefgh 2 3	abfgh

13. 编写自定义函数,用数组或指针作为函数参数,实现在字符串s1中的指定位置第k个字符后插入字符串s2。先输入字符串s1和s2,分别单独占一行,然后输入整数k的值,最后输出插入字符后的字符串,程序数据的输入和输出需要在主函数中完成。测试数据如下。

输入:	输出:
abcdef XYZ 3	abcXYZdef

14. 编写自定义函数求字符串的子串,函数首部是:void substring(char *s,char *subs,int pos,int len),其中,s为字符串常量或字符串的首地址,subs为子串的首地址,pos为子串的起始位置,len为子串的长度。先输入一行字符串,然后输入整数pos和len的值,最后输出字符串的子串,程序数据的输入和输出需要在主函数中完成。测试数据如下。

输入:	输出:
abcdefgh 1 3	bcd

15. 编写函数strmove实现将一个字符串中的所有字符左移n个位置,而前n个字符移到字符串的后面,函数首部是:void strmove(char *s,int n),其中,s为字符串常量或字符串的首地址,n为移动的个数。先输入一行字符串,然后输入整数n的值,最后输出移动后的字符串,程序数据的输入和输出需要在主函数中完成。测试数据如下。

输入:	输出:
abcdefg 3	defgabc

16. 编写自定义函数实现统计字符串s1在字符串s2中出现的次数,要求用字符指针作为函数参数。先输入字符串s1和字符串s2,分别单独占一行,输出统计字符串s1在字符串s2中出现的次数,程序数据的输入和输出需要在主函数中完成。测试数据如下。

输入: do How do you do	输出: 2

17. 编程输入两个字符串 s1 与 s2(分两行输入),删除字符串 s1 中的所有字符串 s2,保证输入的 s1 和 s2 都不是空串,输出删除后的字符串 s1。测试数据如下。

输入: abcdabmabn ab	输出: cdmn

18. 编程计算两个大整数的差,大整数是指超出了整型变量所表示数值范围的整数。通常把大整数看成一个字符串,用字符数组存放,分两行分别输入两个大整数,保证第 1 个数大于或等于第 2 个数。测试数据如下。

```
输入:
4572983649826534759437689364983753492759436798
47
124587893250985632764752942957468433648222654311
输出:
332710471731667843179015993540906915627721025536
```

6.2 参考答案

一、选择题

1. B	2. C	3. A	4. D	5. D	6. C	7. B	8. D	9. A	10. B
11. D	12. B	13. D	14. C	15. A	16. A	17. C	18. B	19. C	20. C
21. B	22. A	23. D	24. B	25. D	26. B	27. A	28. D	29. A	30. C
31. B	32. D	33. C	34. B	35. D	36. B	37. C	38. B	39. D	40. A
41. C	42. A	43. B	44. A	45. D	46. B	47. A	48. C	49. A	50. B
51. B	52. D	53. D	54. B	55. C	56. C	57. B	58. C	59. D	60. B

难题解析:

第 23 题: 函数调用 fun(a,a+1,&c);将 &a[0]传给指针变量 a,将 &a[1]传给指针变量 b,函数中计算的是 *c= *a+ *b=12+23=35。

第 24 题: 注意,指针变量 p 开始指向的是元素 a[1],在下面循环中累加时实际加的是 a[1]、a[2]、a[3],所以是 4.0+6.0+8.0=18.0。

第 31 题: 这题主要考查二维数组的地址表示与指针数组,p 是指针数组,它的每个元素都是一个地址,for 循环体的赋值语句 p[i]=a[i];相当于将二维数组的第 i 行第 0 个元素的地址赋给了 p[i],即 p[0]的值是 &a[0][0],p[1]的值是 &a[1][0],…,p[3]的值是 &a[3][0],这些清楚了再看 3 个输出项就能明白它们的含义了。*p[1]相当于*(p[1]),它表示元素 a[1][0],(*p)[1]因*p 加了小括号所以先做指针运算,*p 即 p[0],p[0]的值

是 &a[0][0],所以(*p)[1]表示元素 a[0][1],*(p[3]+1)先做小括号内的 p[3]+1,即 &a[3][1],再做指针运算,所以它表示元素 a[3][1]。

第 33 题:p 是行指针变量,p=a;。其实可以把选项中的 p 都看成 a,这样考查的就是二维数组的地址表示了,A、B、D 3 个选项都代表地址,只有 C 能表示数组元素。

第 37 题:当 while 循环结束时,指针变量 p 正好指向字符串"Morning"最后一个字符'g'后的结束标识'\0',所以 p−s 计算的刚好是字符串的长度。

第 38 题:while 循环是指当 *s!='\0'且 *t!='\0'且 *t 和 *s 相等时,执行循环体,所以循环结束时,有两种情况:一是 *s 或 *t 为'\0',二是 *t 和 *s 的字符不等,最后输出 *s−*t,就是输出两个字符串中第一个不相同字符的 ASCII 值的差。

第 39 题:该题考查的是对字符串的起始地址的理解和字符串的输出,for 循环执行 3 次,i=0 时,printf("%s",&s[0]);从 &s[0]地址开始输出一个字符串,直到遇到'\0'结束,所以会输出 ABC。i=1 时,printf("%s",&s[1]);从 &s[1]地址开始输出一个字符串,直到遇到'\0'结束,所以会在 ABC 后紧接着输出 BC。i=2 时,printf("%s",&s[]);会在 ABCBC 后输出 C,所以最后的输出结果是 ABCBC。

第 40 题:注意 s[5]= '\0',所以 s[6]='! ';这赋值语句并没改变字符串结束标识。

第 41 题:a[k]表示第 k 个字符串的起始地址,注意 k 初值为 1。

第 45 题:执行 strcpy(p,"ABCD");语句时注意在字符'D'有结束标识'\0',所以在输出 strlen(p)时即为字符串"ABCD"的长度。

第 47 题:因字符数组 a 每行最多放 4 个字符,执行 strcpy(a[0],"you");后第 0 行存放的是:'y','o','u','\0',即 a[0][3]= '\0',而程序后面有执行 a[0][3]='&';将字符串的结束标志'\0'覆盖,所以最后执行 printf("%s\n",*a);时,是从'y'开始输出直到遇到'e'后的'\0'才结束。

第 58 题:注意 p 和 q 指向同一个存储空间的首地址,执行 scanf("%s%s ",p,q);语句时先将 abc 存入 p 指向的存储空间,再将 def 存入 q 指向的存储空间,实际上 def 覆盖了 abc,所以输出时都是 def。

二、阅读程序题

<table>
<tr>
<td>1. 运行结果:
2,5
30,5
2. 运行结果:
4,5,5,4
3. 运行结果:
5,2,3
4. 运行结果:
efgh
5. 函数 fun 功能:交换两个数。
运行结果:
□□5□□7□□3</td>
<td>6. 运行结果:
11
11
20
7. 运行结果:
sum=14
8. fun 函数的功能:将数组元素逆序存放。
运行结果:
8 7 6 5 4 3
9. fun 函数的功能:计算 s 所指向的数组中能被 3 整除的所有元素的和。</td>
</tr>
</table>

运行结果：

y=45

10. fun 函数的功能：实现矩阵加法。

运行结果：

3　6　1

5　3　1

11. 功能：将数组中的数据从小到大排序。

运行结果：

1　2　3　4　5　8

12. 程序功能：把一个数字以字符串的形式输出。

运行结果：

n=5

45178(字符串)

13. 功能：矩阵转置。

运行结果：

1　2

3　4

14. 运行结果：

student,7

15. 运行结果：

abc Def hDD

16. 运行结果：

ga

17. 程序功能：实现字符串连接。

运行结果：

abcdxyz

xyz

18. 程序功能：把字符串 b 复制到串 a 中。

运行结果：

a1a2a3

a1a2a3

19. fun 函数的功能：将字符串 s 中的字符复制到字符串 t。

运行结果：

welcome

welcome

20. fun 函数功能：计算字符串中字符的个数。

运行结果：

m=5

21. 功能：复制 a 数组中除 * 外的其他字符至 b 数组。

运行结果：

abcdefgh

22. 功能：删除字符串中和 ch 相同的字符。

运行结果：

abcdfgh

23. fun 函数功能：从字符串的第 n 个字符开始截取字符串。

运行结果：

cedfgh

24. fun 函数功能：计算字符串的长度。

运行结果：

m=7

25. 运行结果：

happy

money

person

work

26. 程序功能：输入一个 n×n 的矩阵，计算主对角线元素之和。

运行结果：

sum=15

27. 运行结果：

11,9,7,5,3,1

28. 运行结果：

9

6

三、程序填空题

1. ① i　② pe--　③ *pe

2. ① n+m-1　② *p;　③ *q

3. ① p<a+4　② *p

4. ① p= score　② p[n-1][i]

5. ① *s　② *p　③ *s==*p　④ s++

6. ① *p>'9'　② n++　③ '0'

四、编程题

6. 提示：要求用指针变量实现。可用多种方法实现。方法1：借助一个辅助数组实现。方法2：借助一个辅助的整型变量，移动m次，每次将数组最后一个元素移到数组的最前面。

8. 提示：矩阵求鞍点可参考教材第4章的例4.12，但要改成用指针变量实现。

10. 提示：需要将字符串统一转换成大写或小写字母，可以参照下面的函数写一个转换大小写字母的自定义函数，并调用。

```
void toupr(char * p)      //把一个字符串中所有小写字母转换成大写字母
{  int i;
   for(i=0; * (p+i)!='\0'; i++)
       if( * (p+i)>='a'&& * (p+i)<='z')
           * (p+i) -=32;
}
```

11. 提示：注意删除的真正含义，若原字符串为"ab2cde6fg"，删除非小写字母后应为"abcdefg"，字符b和c以及e和f之间是紧挨着的，没有其他字符存在。

12. 提示：字符串的字符从第0个开始数起，与数组下标对应。确定好位置后将后面的字符都向前移动m个位置。

14. 提示：此题需注意一些无法求取子串的特殊情况，如起始位置pos太小或太大。另外，注意循环条件的设置，仅用len控制是不够的。

15. 提示：可以采用不同的方法实现。方法1：可以定义一个辅助字符数组b，将前n个字符复制到字符数组b中，然后将原字符串依次左移后，再将字符数组b中的n个字符链接到原字符串的后面。方法2：每次移动一个元素，重复n次即可。

方法2参考程序：

```
#include<stdio.h>
#include<string.h>
#include<stdlib.h>
void strmove2(char * s, int n)
{   int i, j, len;    char c;
    len=strlen(s);
    if(n>len)
      {  printf(" error!\n");  exit(0);  }
    for(i=1; i<=n; i++)            //需要循环n次,每次移动1个元素
    {    c= * s;                   //用变量c存放第一个数组元素
        for(j=0; j<len-1; j++)    //通过循环实现将数组全部元素向前移动1位
            * (s+j)= * (s+j+1);
        * (s+j)=c;                 //循环结束时将c赋值给数组的最后一个元素
    }
}
```

```
int main()
{   char str[81];    int n;
    printf("输入一个字符串:\n");     gets(str);
    printf("输入要移动位数:\n");     scanf("%d", &n);
    strmove(str, n);    puts(str);
    return 0;
}
```

16. 提示：从字符串 2 的首字符开始求取与字符串 1 长度相等的子串，然后和字符串 1 进行比较。如果相等则统计次数加 1；如果不等则从字符串 2 的下一个字符开始求子串，再进行比较，直至字符串 2 结束。

参考程序：

```
#include<stdio.h>
#include<string.h>
#include<stdlib.h>
int substr_num1(char * s1, char * s2);  //方法 1: 用 strncpy 和 strcmp 函数实现
int substr_num2(char * s1, char * s2);  //方法 2: 用 strncmp 函数实现
int main()
{   char s1[81], s2[81];        int count=0;
    gets(s1);     gets(s2);
    count=substr_num1(s1, s2);            //也可以调用 substr_num2(s1, s2)函数
    printf("%d\n", count);
    return 0;
}
//方法 1: 用 strncpy 和 strcmp 函数实现
int substr_num1(char * s1, char * s2)
{   int i, num=0, s1_len, s2_len;    char * p;
    s1_len=strlen(s1);    s2_len=strlen(s2);
    p=(char *)malloc(s1_len);
    for(i=0; i<s2_len;  )                   //注意 for 循环里没有写表达式 3
    {   strncpy(p, s2+i, s1_len);
        * (p+s1_len)='\0';               //p 所指向的必须是一个字符串,所以最后要加'\0'
        if(strcmp(p, s1)==0)
        {  num++;   i=i+s1_len;  }
        else   i++;
    }
    return num;
}
//方法 2: 用 strncmp 函数实现
int substr_num2(char * s1, char * s2)
{  int i, num=0, s1_len, s2_len;
   s1_len=strlen(s1);   s2_len=strlen(s2);
   for(i=0; i<=s2_len-s1_len;  )
    {  if(strncmp(s2+i, s1, s1_len)==0)
        {  num++;      i=i+s1_len;    }
       else     i++;
    }
   return num;
}
```

17. 提示：可以通过 strstr 函数用字符串 s1 匹配字符串 s2，匹配成功后函数返回其地址，然后可以通过 strcpy 函数实现删除字符串 s2，重复执行以上步骤，直到 strstr 函数返回值为 NULL 时结束。

参考程序：

```
#include<stdio.h>
#include<string.h>
void del_substr(char * s1, char * s2);
int main()
{   char s1[80], s2[80];
    gets(s1);   gets(s2);
    del_substr(s1, s2);
    puts(s1);
    return 0;
}
void del_substr(char * s1, char * s2)
{   int i, s1_len, s2_len;    char * p;
    s1_len=strlen(s1);      s2_len=strlen(s2);
    while(s1_len!=0)
    {   p=strstr(s1, s2);                          //在 s1 中找 s2,找到则返回地址
        if(p!=NULL)    strcpy(p, p+s2_len);        //注意理解这种方法
        else  break;
    }
}
```

18. 提示：把大整数看成一个由数字字符构成的字符串，两个整数的差就是两个字符串对应的数字字符相减。先输入两个字符串，比较其大小，用大的那个作为被减数，从个位开始减，即字符串从右到左依次相减，但是要注意借位和正、负号的处理。

参考程序：

```
#include<stdio.h>
#include<string.h>
#define N 50
void subnumber(char * a, char * b, char * c);   //计算两个整数的差
char subchar(char c1, char c2);                 //计算两个字符的差
void lefttrim(char * s, char sign);             //删除结果前面多余的空格和字符'0'
int tag=0;                                      //全局变量,借位标识
int main()
{   char a[N+1]={0}, b[N+1]={0}, c[N+2];
    printf("输入被减数 a:\n");   gets(a);
    printf("输入减数 b:\n");     gets(b);
    for(int i=0; i<N+2; i++)   c[i]=' ';        //将数组 c 的全部元素赋值为空格
    subnumber(a, b, c);
    printf("a=%s\n", a);
    printf("b=%s\n", b);
    printf("a-b=%s\n", c);
    return 0;
}
```

```
void subnumber(char * a, char * b, char * c)
{  int i, j, k, lena, lenb;
   char t[N+1]={0}, sign=' ';        //sign 表示正、负,初始赋值为空格
   lena=strlen(a);     lenb=strlen(b);
   if(lena<lenb|| (lena==lenb && strcmp(a, b)<0))        //如果 a<b,则交换两数
    {  sign='-';                     //a<b, a-b 结果为负数,sign 赋值为负号
       strcpy(t, a);    strcpy(a, b);    strcpy(b,t);
    }
   i=lena-1;    j=lenb-1;
   k=lena>lenb? lena:lenb;           //a-b 的结果放入 c, c 的长度为两数中大数的长度
   c[k+1]='\0';                      //赋好结束标志
   while(i>=0 && j>=0)               //从右向左依次相减
      c[k--]=subchar(a[i--],b[j--]);
   while(i>=0)                       //被减数没有减完时
      c[k--]=subchar(a[i--], '0');
   lefttrim(c, sign);
}
char subchar(char c1,char c2)
{  char ch;
   ch=c1-c2-tag;
   if(ch>=0)  {  tag=0;  return(ch+'0');  }
   else  {  tag=1;  return(ch+10+'0');  }
}
void lefttrim(char * s,char sign)
{  int i;
   for(i=0; s[i]==' '||s[i]=='0'; i++)
     ;    //注意循环体是空语句,循环的作用是查找第 1 个非空格和非 0 字符的位置
   if(s[i]==0)  i--;                 //如果 a-b 的值为 0
   if(sign=='-')  s[--i]=sign;       //添加负号
   strcpy(s, s+i);                   //将结果复制到数组的起始位置
}
```

第 7 章 结构体与链表

7.1 习　　题

一、选择题

1. 以下关于结构体的叙述错误的是(　　)。

   A. 结构体类型是一种构造数据类型

   B. 结构体类型是由系统直接提供的

   C. 结构体类型可以嵌套定义

   D. 结构体中的成员可以具有不同的数据类型

2. 对于结构体变量,系统分配给它的内存大小是(　　)。

   A. 结构体中第一个成员所占用的字节数

   B. 结构体中最后一个成员所占用的字节数

   C. 结构体中全部成员所占用的字节数之和

   D. 结构体成员中占用内存最大者所需的字节数

3. 以下关于结构体的叙述错误的是(　　)。

   A. 结构体变量可作为一个整体进行输入、输出

   B. 结构体类型是一种构造数据类型

   C. 一般是对结构体变量的成员进行赋值操作

   D. 结构体类型可以嵌套定义

4. 若有以下说明语句,则下面叙述正确的是(　　)。

```
struct birthday
{   int year;
    int month;
    int day;
} today;
```

   A. today 为结构体类型名　　B. struct birthday 为结构体变量名

   C. today 为结构体变量名　　D. day 为结构体变量名

5. 设有以下说明语句,则下面叙述错误的是(　　)。

```
struct student
{  int a;
   float b;
}stu;
```

A. struct 是结构体类型的关键字　　B. student 是结构体类型名
C. a 和 b 都是结构体成员名　　D. stu 是结构体类型名

6. 若有以下结构体类型定义,则赋值语句正确的是(　　)。

```
struct stu
{  int x;
   float y;
} a;
```

A. stu.x=10;　　B. a.x=10;　　C. stu.a.x=10;　　D. x.a=10

7. 若有以下结构体类型定义,则对结构体变量的赋值正确的是(　　)。

```
struct person
{  char name[10];
   struct date
   {  int year;
      int month;
      int day
   }birthday;
}a;
```

A. a.year=1985;　　B. a.birthday=1985.6.12;
C. a.name="Mike";　　D. a.birthday.month=6;

8. 若有以下定义,且 sizeof(int)=4,则变量 a 在内存中需要的字节数是(　　)。

```
struct student
{  int num;
   char name[12];
   int score;
}a;
```

A. 12　　B. 14　　C. 20　　D. 56

9. 以下结构体变量 td 的定义错误的是(　　)。

A.
```
typedef struct aa
{  int n;
   float  m;
}AA;
AA td;
```

B.
```
#define AA struct aa
AA
{  int n;
   float m;
}td;
```

C.
```
struct
{  int n;
   float m;
}aa;
struct aa td;
```

D.
```
struct
{  int n;
   float m;
}td;
```

10. 根据下面的定义,能输出字符'M'的语句是(　　)。

```
struct person
{   char name[12];
    int age;
};
struct person students[10]={ "John",17, "Paul",19, "Mary",18, "Adam",20};
```

A. printf("%c\n",students[3].name);
B. printf("%c\n",students[3].name[1]);
C. printf("%c\n",students[2].name[1]);
D. printf("%c\n",students[2].name[0]);

11. 根据以下定义,能输出字符串"Mary"的语句为(　　)。

```
struct test
{   char name[20];
    int m;
} a[3] ={{"Lucy ", 19}, {"Mary ", 20}, {"Jack", 20}};
```

A. printf("%s",a[1]);　　B. printf("%s",a[1].name);
C. printf("%c",a[1].name);　　D. printf("%s",a[2].name);

12. 若有如下定义,则执行后的输出结果是(　　)。

```
struct a
{   int x;
    int y;
}num[2]={{20,5}, {6,7}};
printf("%d\n", num[0].x / num[0].y * num[1].y);
```

A. 0　　B. 28　　C. 20　　D. 5

13. 若有程序段如下,则输出结果是(　　)。

```
struct data
{   int x;
    int y;
}a[2]={1, 2, 3, 4};
printf("%d,%d", a[0].x, a[1].y);
```

A. 1,2　　B. 2,3　　C. 1,4　　D. 2,4

14. 如有以下定义,要使p指向data中的成员a,正确的赋值语句是(　　)。

```
struct sk
{   int a;
    float b;
}data;
int  *p;
```

A. p=&a;　　B. p=data.a;　　C. p=&data.a　　D. *p=data.a;

15. 以下对结构体变量成员 age 的非法引用是(　　)。

```
struct student
{  int age;
   int num;
}x, * p;
p=&x;
```

A. x.age　　B. student.age　　C. p->age　　D. (* p).age

16. 已知学生结构体类型定义如下,下面对结构体成员"computer"的赋值正确的是(　　)。

```
struct student
{  char name[8];
   struct
   {  int math;
      int computer;
   } mark;
} std;
```

A. student.computer＝84;　　B. mark.computer＝84;

C. std.mark.computer＝84;　　D. std.computer＝84;

17. 以下输出结果是 11 的是(　　)。

```
struct st
{  int n;
   char ch;
} a[3]={10, 'A', 20, 'B', 30, 'C'}, * p=&a[0];
```

A. printf("%d\n",p++ ->n);　　B. printf("%d\n",p->n++);

C. printf("%d\n",(* p).n++);　　D. printf("%d\n",++p->n);

18. 以下程序段的运行结果是(　　)。

```
struct stu
{  int x,
   int * y;
} * p;
int dt[4]={ 1, 2, 3, 4 };
struct stu a[4]={ 5, &dt[0], 6, &dt[1], 7, &dt[2], 8, &dt[3] };
p=a;
printf("%d,", (++p)->x);
printf("%d,", ++p->x);
printf("%d\n", ++( * p->y));
```

A. 6,7,3　　B. 6,6,3　　C. 6,6,2　　D. 5,7,2

19. 以下关于链表的叙述错误的是(　　)。

A. 链表是一种动态存储分配结构　　B. 链表操作必须利用指针变量才能实现

C. 链表中的元素称为结点　　D. 链表中的结点在内存中是连续存放的

20. 以下关于链表的结点类型的说法错误的是(　　)。

A. 结点类型是结构体类型　　B. 结点类型的定义是一种递归定义

C. 结点类型中一定有一个指针成员　　D. 结点类型中只能有一个指针成员

21. 设有以下定义,则下面不能把结点 b 连接到结点 a 之后的语句是(　　)。

```
struct node
{  char data;
   struct node * next;
}a,b, * p=&a, * q=&b;
```

A. a.next=q;　　B. p.next=&b;

C. p->next=&b;　　D. (* p).next=q;

22. 设结点类型定义如下,则开辟一个新结点的方法正确的是(　　)。

```
struct node
{  int a;
   struct node * next;
} * p;
```

A. p=malloc(struct node);

B. p=(struct node)malloc(sizeof(struct node));

C. p=malloc(sizeof(struct node));

D. p=(struct node *)malloc(sizeof(struct node));

23. 以下关于删除结点函数的描述正确的是(　　)。

A. 删除结点函数不需要返回值

B. 删除结点函数返回值为结点类型

C. 删除结点函数返回值为结点类型的指针

D. 删除结点函数的返回值为空指针

24. 链表结点定义如下,假设有链表:A→B→C→D,指针变量 p 指向结点 B,指针变量 q 指向结点 C,则删除结点 C 的正确方法是(　　)。

```
struct node
{  char data;
   struct node * next;
};
```

A. p->next=q->next;　free(p);　　B. p->next=q->next;　free(q);

C. q->next=p->next;　free(p);　　D. q->next=p->next;　free(q);

25. 下面程序段的输出结果是(　　)。

```
struct HAR
{  int x, y;
   struct HAR * p;
}h[2];
h[0].x=1;   h[0].y=2;   h[0].p=&h[1];
h[1].x=3;   h[1].y=4;   h[1].p=h;
printf("%d, %d\n", (h[0].p)->x, (h[1].p)->y);
```

A. 1,2　　B. 1,4　　C. 2,3　　D. 3,2

26. 若有以下定义,则下面正确的语句是(　　)。

```
union data
{  int a;
   float b;
   char c;
}x;
int n;
```

A. x=5;　　B. x={2,1.5,'A'};　C. x.a=12;　　D. n=a;

27. 若有以下共用体类型定义,则下面叙述错误的是(　　)。

```
union data
{  int a;
   float b;
   char c;
}x;
```

A. x 所占的内存长度等于其成员 b 的长度
B. x 各个成员的地址是相同的
C. 可以对 x 进行初始化
D. 可以对 x 直接进行赋值

28. 若有枚举类型定义如下,则枚举元素 sat 的顺序号是(　　)。

```
enum weekday {sun=7, mon=1, tue, wed=6, thu, fri=4,sat};
```

A. 5　　B. 6　　C. 8　　D. 9

29. 以下语句的执行结果是(　　)。

```
enum weekday{ sun, mon=3, tue, wed, thu, fri, sat};
enum weekday workday=wed;
printf("%d\n", workday);
```

A. 3　　B. 4　　C. 5　　D. 6

30. 如有以下定义,则描述错误的是(　　)。

```
typedef  int  INTEGER;
INTEGER  x, *p;
```

A. x 是 int 型变量
B. 程序中 int 和 INTEGER 都表示整型
C. p 是 int 型指针变量
D. 使用 typedef 定义后,程序中不能再使用 int 了

31. 用 typedef 将 double 说明成一个新类型名 REAL,正确的方法是(　　)。

A. typedef REAL double;　　B. typedef double REAL;
C. typedef REAL=double;　　D. typedef double=REAL;

32. 下面对 typedef 的描述错误的是(　　)。
    A. typedef 可以定义各种类型名
    B. typedef 是将已存在的类型用一个新的标识符来代表
    C. typedef 可以增加新类型
    D. typedef 有利于程序的移植

二、阅读程序题

1. 运行下列程序后,写出 t.x 和 t.s 中存放的数据。

```
#include <stdio.h>
struct tree
{  int x;
   char s[20];
}t;
void func(struct tree t)
{  t.x=10;
   strcpy(t.s, "computer");
}
int main()
{   t.x=1;
    strcpy(t.s, "Microcomputer");
    func(t);
    return 0;
}
```

2. 写出下面程序的运行结果。

```
#include <stdio.h>
struct A
{  int a, b;
   struct B
   {  int x;
      int y;
   }ins;
}outs;
int main()
{  outs.a=7;   outs.b=4;
   outs.ins.x=outs.a+outs.b;
   outs.ins.y=outs.a-outs.b;
   printf("%d, %d", outs.ins.x, outs.ins.y);
   return 0;
}
```

3. 写出下面程序的运行结果。

```
#include <stdio.h>
struct A
{  int a;
   int *b;
}s[4], *p;
```

```
int main()
{  int n=1, k;
   for(k=0; k<4; k++)
    {  s[k].a=n;    s[k].b=&s[k].a;    n=n+2;  }
   p=s;  p++;
   printf("%d\n", (++p)->a);
   return 0;
}
```

4. 写出下面程序的运行结果。

```
#include <stdio.h>
struct person
{  char name[10];
   int age;
}a[3]={ "Alex", 18, "Mary", 22, "Mike", 20};
int main()
{  struct person *p, *q;    int n=0;
   for(p=a; p<a+3; p++)
      if(n<p->age)  {  q=p;  n=p->age;  }
   printf("%s,%d\n", q->name, q->age);
   return 0;
}
```

5. 写出下面程序的运行结果。

```
#include<stdio.h>
struct stud
{  char num[10];
   float score[3];
};
int main()
{   struct stud s[3]={{"1001",90,95,85},{"1002",95,80,75},{"1003",100,95,90}};
    struct stud *p=s;        float sum=0;
    for(int i=0;i<3;i++)   sum=sum+p->score[i];
    printf("sum=%6.2f\n", sum);
    return 0;
}
```

6. 写出下面程序的运行结果。

```
#include<stdio.h>
#include<stdlib.h>
struct node
{  int num;
   struct node *next;
};
int main()
```

```
{   struct node * p, * q, * r;
    p=(struct node *)malloc(sizeof(struct node));
    q=(struct node *)malloc(sizeof(struct node));
    r=(struct node *)malloc(sizeof(struct node));
    p->num=10;  q->num=20;   r->num=30;
    p->next=q;   q->next=r;     r->next=NULL;
    printf("%d\n", p->num+q->next->num);
    return 0;
}
```

7. 写出下面 fun 函数完成的功能。

```
#include <stdio.h>
struct node
{  int data;
   struct node * next;
};
int fun(struct node * head)
{  struct node * p;    int n=0;
   p=head;
   while(p!=NULL)
     {   n++;   p=p->next;   }
   return n;
}
```

8. 写出下面 fun 函数完成的功能(结点类型如上面第 7 题)。

```
#include <stdio.h>
struct node * fun (struct node * head, int n)
{  struct node * q, * p=head;
   for(int c=1; c<n-1 && p!=NULL; c++)
    {   p=p->next;   }
   if(p==NULL)
   {  printf("failure!\n");   exit(0);  }
   else
    {  if(p==head)  {   head=p->next;   free(p);  }
       else     {   q=p->next;   p->next=q->next;     free(q);  }
       printf("success!\n");
    }
    return head;
}
```

9. 写出函数 fun 的功能,若输入数据为 1 2 3 4 0,请写出输出结果。

```
#include <stdio.h>
#include <malloc.h>
struct node
{  int d;
   struct node * next;
};
```

```
struct node *  fun(void)
{  int m;        struct node * h=NULL, * p, * q;
   scanf("%d", &m);
   while(m!=0)
   {  p=(struct node *)malloc(sizeof(struct node));
      p->d=m;        p->next=NULL;
      if(h!=NULL) p->next=q;
      h=p;      q=p;
      scanf("%d", &m);
   }
   return(h);
}
int main()
{   struct node * head=NULL, * p;
    head=fun();      p=head;
    while(p) {  printf("%3d", p->d);  p=p->next;  }
    return 0;
}
```

10. 写出下面函数 fun1、fun2 的功能和程序的运行结果。

```
#include <stdio.h>
#include <stdlib.h>
struct line
{  int data;
   struct line * next;
};
#define LEN  sizeof(struct line)
struct line   * fun1(void)
{   struct  line * head=NULL, * p, * q;
    for(int i=1; i<=5; i++)
     {  p=(struct line * ) malloc (LEN);       p->data=i;
        if(head==NULL)  head=p;
        else  q->next=p;
        q=p;
      }
     q->next=NULL;
     return(head);
}
void fun2(struct line * head)
{  struct  line  * p=head;
   while(p!=NULL)
   {  printf("%3d", p->data);   p=p->next;  }
}
int main()
{  struct line * head;
   head=fun1();    fun2(head);
   return 0;
}
```

11. 假设有一个有序链表：2→5→9→16，画出执行函数 fun 后链表的状态。

```
#include <stdio.h>
#include <stdlib.h>
struct pot
{  int num;
   struct pot  * next;
};
#define  LEN  sizeof(struct  pot)
struct pot * fun(struct  pot * head)
{   struct pot * p0, * p1, * p2;
    p1=head;
    p0=(struct pot * ) malloc (LEN);     p0->num=12;
    if(head==NULL)
     {  head =p0;  p0->next =NULL;  }
    else
     {  while((p0->num >p1->num) && (p1->next!=NULL))
          {    p2 =p1;   p1 =p1->next;  }
        if(p0->num<p1->num)
          {  if(head==p1)  head =p0;
             else  p2->next =p0;
             p0->next =p1;
          }
        else  {  p1->next =p0;       p0->next =NULL;  }
     }
   return head;
}
```

12. 写出下面函数 f2 的功能和程序的运行结果。

```
#include <stdio.h>
#include <stdlib.h>
typedef struct line
{  int data;
   struct line * next;
}SL;
#define  LEN  sizeof(SL)
SL * f1(void)
{  SL * head=NULL, * p, * q;
   for(int i=1; i<=5; i++)
   {  p=(SL * ) malloc (LEN);     p->data=i;
      if(head==NULL)  head=p;
      else  q->next=p;
      q=p;
   }
   q->next=NULL;
   return(head);
}
SL * f2(SL * head)
{  SL * h, * p1, * p2, * p3;
```

```
    for(int i=1; i<=5; i++)
      {  p1=head;
         while(p1->next!=NULL)
         {  p2=p1;  p1=p1->next; }
         if(i==1)  {  h=p1;  p3=p1; }
         else  {  p3->next=p1;  p3=p1;  }
         p2->next=NULL;
      }
      return h;
  }
  void f3(SL * head)
  {  SL * p=head;
     while(p!=NULL)
     {  printf("%3d", p->data);   p=p->next;  }
  }
  int main()
  {   SL * head;
      head=f1();        f3(head);
      head=f2(head);    f3(head);
      return 0;
  }
```

三、编程题

1. 编程实现从键盘输入3个人的信息(包括姓名、年龄和性别),再将这些信息输出,要求输入、输出信息分别编写两个函数,并用指向结构体变量的指针实现。测试数据如下。

输入:	输出:
赵岩 18 男 王洋 19 男 李玲 18 女	赵岩 18 男 王洋 19 男 李玲 18 女

2. 设一个单位有n(n<100)名员工,每个员工的信息包括员工编号、姓名、工资。请编程完成以下功能:①定义员工结构体类型;②先输入一个整数值n,再输入每个员工的信息,分别占一行;③计算并输出该单位员工的平均工资,保留2位小数;④输出工资高于平均工资的员工的信息,分别占一行。测试数据如下。

输入:	输出:
3 05002 苗莉 3800 03003 马超瑞 4200 06002 张鹏 3300	3766.67 05002 苗莉 3800 03003 马超瑞 4200

3. 设有n(n<100)名学生,每个学生的信息包括学号、姓名、3门课成绩和平均分。请定义学生的结构体类型,并分别编写两个函数实现以下功能:①先输入一个整数值n,再输入n名学生的信息,计算平均分并输出每个学生的学号、姓名和平均分(保留2位小数);②找出平均分不及格的学生,并输出他的全部信息。测试数据如下。

输入: 5 2014003 陈杨 85 86 90 2014009 李丹 90 85 78 2014010 徐晨冉 68 58 40 2014014 徐浩 85 89 78 2014025 徐晓慧 80 85 77	输出: 2014003 陈杨 87.00 2014009 李丹 84.33 2014010 徐晨冉 55.33 2014014 徐浩 84.00 2014025 徐晓慧 80.66 2014010 徐晨冉 68 58 40 55

4. 设一个单位有n(n<100)名员工,每个员工的信息包括员工编号、姓名、年龄和工资。请定义员工结构体类型,分别编写两个函数完成以下功能:①输入每个员工的信息,计算员工的平均年龄并输出;②按职工工资从高到低进行排序,并在main函数中输出排序后的信息。测试数据如下。

输入: 4 05002 苗莉 28 3800 03003 马超瑞 35 5200 06014 徐浩 34 4300 06025 徐晓慧 40 6800	输出: 34 06025 徐晓慧 40 6800 03003 马超瑞 35 5200 06014 徐浩 34 4300 05002 苗莉 28 3800

5. 定义一个结构体类型,包含年、月、日3个成员,从键盘上输入一个任意的日期,编程求出该天是当年中的第几天(注意判断闰年)。测试数据如下。

输入: 2009 03 02	输出: 61

6. 定义一个结构体类型(同第5题),从键盘上输入两个日期,编程求出两个日期之间相差的天数。测试数据如下。

测试数据1	测试数据2
输入: 2009 03 02 2009 03 08 输出: 6	输入: 2020 01 20 2021 03 20 输出: 425

7. 输入10个数据,要求将它们由小到大排序,然后输出排序后的数据,并且输出每个数据原来的输入顺序。测试数据如下。

输入: 11 12 13 25 24 36 48 69 90 37	输出: 11 12 13 24 25 36 37 48 69 90 1 2 3 5 4 6 10 7 8 9

8. 设有n(n<100)个产品销售记录,销售记录包括产品编号,产品名称,单价,销售数量,销售金额,其中的销售金额=单价×销售数量。请先定义销售记录的结构体类型,然后分别编写3个函数实现以下功能:①输入n,然后输入n个产品销售记录;②按产品编号对销售记录从小到大排序,若产品代码相同则再按销售金额从大到小排序;③输出排序后的结果。测试数据如下。

输入:	输出:
6 100001 keyboard 800 10 100002 computer 5000 5 100005 pen 50 2000 100005 pen 50 500 100003 paper 20 1500 100001 keyboard 800 35	100001 keyboard 800 35 28000 100001 keyboard 800 10 8000 100002 computer 5000 5 25000 100003 paper 20 1500 30000 100005 pen 50 2000 100000 100005 pen 50 500 25000

9. 用链表编程实现从键盘输入若干整数，当输入 0 时结束，再将这些数按与输入相反的顺序输出到屏幕上。结点类型定义和测试数据如下。

结点类型	测试数据
struct node { int data; struct node * next; };	输入: 1 2 3 4 5 0 输出: 5 4 3 2 1

10. 建立一个单向链表存放由键盘输入 10 个整数，要求从链表中找出最小值并输出。测试数据如下。

输入:	输出:
5 6 2 7 3 1 4 9 8 10	1

11. 创建一个有序链表：1→4→6→9，结点按成员的值从小到大排序，0 结束。现输入一个整数 n，如果 n 的值和链表中某个结点的数据成员的值相等，则将该结点删除，并输出删除后的链表各结点的值；否则，输出 failure 的信息，要求编写函数实现该删除功能。结点类型定义如下。

```
struct node
{  int data;
   struct node * next;
};
```

测试数据 1	测试数据 2
输入: 1 4 6 9 0 6 输出: 1 4 9	输入: 1 4 6 9 0 5 输出: failure

12. 创建一个有序链表（结点类型同第 11 题，结点按成员 a 的值从小到大排序，0 结束），现输入一个整数 x，按其大小将它插入到链表中，编写函数实现此功能。例如，原链表：1→4→6→9，若输入的 x=7，则插入后的链表：1→4→6→7→9。测试数据如下。

输入:	输出:
1 4 6 9 0 7	1 4 6 7 9

13. 创建两个链表 A、B（结点类型同第 11 题，0 结束），编写函数将链表 B 链接在链表 A

的后面。例如，链表A：1→3→5，链表B：2→4→6，链接后的链表A：1→3→5→2→4→6。测试数据如下。

输入： 1 3 5 0 2 4 6 0	输出： 1 3 5 2 4 6

14. 创建A、B两个有序链表(结点类型同第11题，0结束)，且链表中的结点的数据成员无重复值，从A链表中删去与B链表中有相同数据的那些结点。例如，链表A：1→2→3→4→5→6，链表B：2→4→8，删除后的链表A：1→3→5→6。如果链表A删除结点后为空链表，则输出NULL。测试数据如下。

测试数据1	测试数据2
输入： 1 2 3 4 5 6 0 2 4 8 0 输出： 1 3 5 6	输入： 1 2 3 0 1 2 3 0 输出： NULL

15. 学生信息包括学号和成绩，都定义为整型，用链表编程实现以下功能，要求每个功能编写一个函数：①从键盘输入n个学生的信息，按学号从小到大的顺序建立一个有序链表，并输出链表；②在已建立的链表中查找成绩最高的学生，并输出其信息；③输入一个成绩，如果链表中结点的成绩等于该成绩，则将该结点删除(注意可能会删除多个结点)并输出删除后的链表。测试数据如下。

功能①的输入： 3 1003 67 1001 78 1002 85 1004 78	功能①和功能②的输出： 1001 78 1002 85 1003 67 1004 78 1002 85 //输出成绩最高的学生	功能③的输入： 78 功能③的输出： 1002 85 1003 67

16. 编写函数实现链表的逆序(结点类型同第11题)，注意要在原有链表上将结点逆序，不准使用两个链表。例如，原链表：1→4→6，逆序后的链表：6→4→1。测试数据如下。

输入： 1 4 6 0	输出： 6 4 1

7.2 参考答案

一、选择题

1. B	2. C	3. A	4. C	5. D	6. B	7. D	8. C	9. C	10. D
11. B	12. B	13. C	14. C	15. B	16. C	17. D	18. A	19. D	20. D
21. B	22. D	23. C	24. B	25. D	26. C	27. D	28. A	29. C	30. D
31. B	32. C								

难题解析：

第 17 题：指针变量 p 初始指向元素 a[0]，然后分别看输出语句的输出项的含义。

A. printf("%d\n",p++->n)；输出 p->n 的值 10，再执行 p++；

B. printf("%d\n",p->n++)；输出 p->n 的值 10，执行 10+1=11；

C. printf("%d\n",(*p).n++)；输出(*p).n 的值 10，执行 10+1=11；(注意(*p).n与 p->n 等价)

D. printf("%d\n",++p->n)；因++是前缀，先取 p->n 的值 10，后加 1 得到 11，再输出 11

第 18 题：结构体数组 a 包含 4 个元素，每个元素是一个结构体变量，包含两个成员，x 成员里存放的是整数，y 成员里存放的数组 dt 的每个元素的地址，结构体指针 p 指向数组 a，关系搞清楚后再分别看输出语句的输出项的含义。

printf("%d,",(++p)->x)；先执行 p+1，即 p 指向 a[1]，后执行 p->x，即取 a[1].x 的值，输出 6。

printf("%d,",++p->x)；先执行 p->x，即取 a[1].x 的值，然后该值加 1，即 6+1=7，输出 7。

printf("%d\n",++(*p->y))；先执行 p->y，即取 a[1].y 的值，是 &dt[1]，然后执行"*"运算，即 *&dt[1]=dt[1]，最后 dt[1]+1=2+1=3，输出 3。

第 25 题：关键是明白对指针成员 p 的赋值，h[0].p=&h[1]；即 h[0].p 指向元素 h[1]，而 h[1].p=h；即 h[1].p 指向元素 h[0]。执行 printf("%d,%d\n ",(h[0].p)->x,(h[1].p)->y)；即输出 h[1].x 和 h[0].y。

二、阅读程序题

1. 运行结果：
   t.x=1　　t.s= "Microcomputer"
2. 运行结果：
   11,3
3. 运行结果：
   5
4. 运行结果：
   Mary,22
5. 运行结果：
   sum=270.00
6. 运行结果：
   40
7. fun 函数的功能：计算链表中结点的个数。
8. fun 函数的功能：删除链表中的第 n 个结点。
9. fun 的功能是：表首添加法建立一个链表。
   输出结果：
   4　3　2　1
10. fun1 的功能是：表尾添加法建立链表。
    fun2 的功能是：输出链表。
    运行结果：
    1　2　3　4　5
11. 执行函数 fun 后链表的状态：
    2→5→9→12→16
12. f2 函数的功能：对链表进行逆序。
    运行结果：
    1　2　3　4　5
    5　4　3　2　1

三、编程题

5. 提示：假设输入日期为2004.5.12，计算时可先将1～5月的天数相加，再加上12天即为结果。注意，如果输入的日期月份大于2，需要判断当年是否为闰年。

6. 提示：输入两个日期，例如2002.6.25和2006.12.14，计算这两个日期之间相差的天数。可能有多种方法，这里采用的方法是：先将2002年至2005年的天数加起来记为总天数，然后利用第5题的方法计算6.25日是2002年的第几天，这时总天数中多加的天数需要减去，再计算12.14是2006年的第几天，这个天数前面没有统计，应该在总天数中加上，最后就可以得到结果了。

7. 提示：用结构体数组实现，结构体类型包含两个成员：一个成员存放数据，另一个成员存放其输入顺序。

14. 提示：从A、B两个链表的第1个结点开始逐一判断，如果结点的数据成员相等则进行删除(结点类型同第11题)，从A链表中删去与B链表中有相同数据的那些结点。在阅读以下参考函数程序时，为了帮助理解，可以按步骤画图，画出链表及所有指针变量的指向。注意，要执行程序，还需写出建立链表、输出链表的函数和main函数。

参考函数：

```
#include<stdio.h>
#include<stdlib.h>
typedef struct node
{  int data;
   struct node * next;
}NODE;
NODE * del(NODE * ahead, NODE * bhead)
{  NODE * pa, * pb, * qa, * t;
   if(ahead!=NULL&&bhead!=NULL)
   {   pa=ahead;    pb=bhead;
    while(pa!=NULL&&pb!=NULL)
    {  if(pa->data==pb->data)
           {  t=pa;
              if(pa==ahead)  ahead=ahead->next;
              else  qa->next=pa->next;
              pa=pa->next;
              pb=pb->next;
              free(t);
           }
        else  { qa=pa;  pa=pa->next; }
        if(pa==NULL || pb==NULL)  break;
        else  {  if(pa->data>pb->data)  pb=pb->next;  }
      }
    }
    return ahead;
}
```

15. 提示：功能①：从键盘输入n个学生的信息，按学号从小到大的顺序建立一个有序链表，并输出链表。如果已经做了第12题，完成在有序链表中按顺序插入一个结点的函数，该功能就很容易实现了，通过多次调用该插入函数就可以实现建立一个有序链表，注意一开始链表为空。参考程序如下。

```c
#include<stdio.h>
#include<stdlib.h>
typedef struct student
{  int num;
   int score;
   struct student * next;
}STU;
#define  LEN  sizeof(STU)
#define  N  50
STU * insert (STU * head)
{   STU * p0, * p1, * p2;
    p0=(STU *) malloc (LEN);                //p0 指向产生的新结点
    p0->next=NULL;                          //p0 指针成员赋 NULL
    scanf("%d%d", &p0->num, &p0->score);    //输入数据成员学号和成绩
    if(head==NULL)   head =p0;              //链表为空时,令 head 指向新结点
    else {   p1=head;
            while((p0->num>p1->num) && (p1->next!=NULL))
             {  p2=p1;   p1 =p1->next;     }
            if(p0->num<p1->num)
            {  if(head==p1)   head=p0;      //插入表头结点
               else   p2->next =p0;         //插入中间结点
               p0->next =p1;                //p0 的指针成员指向 p1
            }
            else  p1->next=p0;              //插入表尾结点
         }
       return(head);
  }
 void list(STU * head)
 {   STU * p;
     if(head==NULL)   printf("链表为空! \n");
     else  {  p=head;
              while(p!=NULL)
                {   printf("%d, %d\n", p->num, p->score);
                    p=p->next;
                }
           }
 }
 int main()
 {   STU * head=NULL;     int i, n;
     scanf(" %d", &n);                 //输入学生的个数
     for(i=1; i<=n; i++)   head=insert(head);
     list(head);                       //输出学生信息
 }
```

功能②：在已建立的链表中查找成绩最高的学生，并输出其信息。找最高成绩，方法与第 10 题找最小值是一样的，这里参考程序略。

功能③：输入一个成绩，如果链表中结点的成绩等于该成绩，则将该结点删除(可能会删除多个结点)。参考程序如下。

```
STU * del (STU * head, int s)      //s为要删除的成绩
{  STU   * p=head,  * q=head;
   if(head==NULL)  {  printf("链表为空，不能删除结点！\n");   return head;  }
   while(p)
    {  if(p->score==s)
        {  if(p==head)  head=head->next;
           else  {  q->next=p->next;   q=p; }
           p=p->next;     free(q);     q=p;
         }
       else  p=p->next;
    }
   return(head);
}
```

16. 提示：通过修改指针的指向实现链表结点的逆序，从第2个结点开始，将第2个结点插到第1个结点前，将第3个结点插到第2个结点前，依次进行，直到将表尾结点插到表头结束。具体的实现方法请读者根据参考函数一步一步地执行代码，并画图帮助理解。注意，要执行程序，还需写出建立链表、输出链表的函数和main函数。参考程序如下。

```
#include<stdio.h>
#include<stdlib.h>
typedef struct node
{   int data;
    struct node * next;
}NODE;
NODE * reverse(NODE * head)
{  NODE * p1, * p2, * q;
   if(head!=NULL)
   {  p1=head;     p2=p1->next;
      p1->next=NULL;        //原来的表头结点作为表尾结点
      q=p1;
      while(p2!=NULL)
      {  p1=p2;       p2=p2->next;
         p1->next=q;        //改变指针的指向，让后面的结点指向其前驱结点
         q=p1;
      }
    }
   head=q;
   return head;
}
```

第 8 章 文件

8.1 习　　题

一、选择题

1. C 语言的文件分为两类，它们是文本文件和（　　）。

   A. 二进制文件　　B. 图像文件　　C. 声音文件　　D. 系统文件

2. 以下关于文件的描述错误的是（　　）。

   A. 用 fopen 函数时一般会判断打开文件操作是否出错

   B. 在 C 程序中直接使用文件名来访问文件

   C. 文本文件和二进制文件的数据存储方式是不同的

   D. C 语言把文件看作一个字节的序列

3. 关于文件指针，以下说法错误的是（　　）。

   A. 只有通过文件指针变量才能调用相应文件

   B. 定义文件指针变量时，FILE 必须大写

   C. 一个文件指针变量只能对应一个文件

   D. 一个文件指针变量可以同时对应多个文件

4. 关于二进制文件以下描述错误的是（　　）。

   A. 二进制文件中数据的存储形式与内存中数据的存储形式相同

   B. 以只读方式打开二进制文件用"rb＋"

   C. 二进制文件更适合存储那些数值形式的数据

   D. 判断二进制文件是否结束通常用 feof 函数

5. 关于文本文件以下描述错误的是（　　）。

   A. 文本文件中整数的存储形式与内存中的存储形式相同

   B. 以只读方式打开文本文件用"r"

   C. 文本文件更适合存储字符形式的数据

   D. 文本文件用 EOF 作为文件的结束标志

6. 若想对文本文件进行只读操作，则打开此文件的方式为（　　）。

   A. "rb"　　B. "w"　　C. "ab"　　D. "r"

7. 若想对文本文件进行只写操作，则打开此文件的方式为（　　）。

A. "rb" B. "w" C. "ab" D. "r"

8. 若对二进制文件进行追加操作,则打开此文件的方式为(　　)。

A. "r" B. "w" C. "ab" D. "rb"

9. 若用 fopen 打开一个新的二进制文件,要既能读也能写,则打开此文件的方式是(　　)。

A. "a+" B. "wb+" C. "w" D. "rb"

10. 以下 fopen 函数的第一个参数的格式书写正确的是(　　)。

A. 'c:\user\a.txt' B. 'c:\\user\\a.txt'

C. "c:\user\a.txt" D. "c:\\user\\a.txt"

11. 若想打开 D 盘 user 目录下"file1.txt"的文本文件进行读、写操作,则下面函数调用正确的是(　　)。

A. fopen("D:\user\file.txt","r") B. fopen("D:\\user\\file.txt","r+")

C. fopen("D:\user\file.txt","rb") D. fopen("D:\\user\\file.txt","w")

12. 打开一个已存在的非空文本文件"file1.txt"进行修改,但不删除原数据,正确的语句是(　　)。

A. fopen("file1.txt","r"); B. fopen("file1.txt","w+");

C. fopen("file1.txt","wb"); D. fopen("file1.txt","r+");

13. 若执行 fopen 函数时发生错误,则函数的返回值是(　　)。

A. 一个随机地址值 B. NULL

C. 1 D. EOF

14. 顺利执行文件关闭操作时,fclose 函数的返回值是(　　)。

A. −1 B. 1 C. 0 D. 非 0 值

15. 若将数据 35.78 存放在文本文件中,则它所占用的字节个数是(　　)。

A. 4 B. 5 C. 6 D. 8

16. 文件操作的一般步骤是(　　)。

A. 打开文件→读/写文件→关闭文件 B. 读/写文件→修改文件→关闭文件

C. 读/写文件→打开文件→关闭文件 D. 读文件→写文件→关闭文件

17. 若调用 fputc 函数输出字符成功,则其返回值是(　　)。

A. EOF B. 0 C. 1 D. 输出的字符

18. 将一个字符串写入文件,设 fp 是文件指针变量,正确的函数调用是(　　)。

A. fgets("abcd",4,fp); B. fputc("abcd",fp);

C. fputs("abcd",fp); D. fgetc("abcd",fp);

19. 如果需要读取文本文件中的一个字符,则可以使用函数(　　)。

A. fgetc B. getchar C. fputc D. putchar

20. 函数 fgets(s,n,fp)的作用是(　　)。

A. 从 fp 指向的文件中读取长度为 n 个字符的字符串,存入 s 指向的内存区域

B. 从 fp 指向的文件中读取长度不超过 n−1 个字符的字符串,存入 s 指向的内存区域

C. 从 fp 指向的文件中读取 n 个字符串,存入 s 指向的内存区域

D. 从 fp 指向的文件中读取 n－1 个字符串，存入 s 指向的内存区域

21. 设有以下结构体类型的定义，且数组 x 的 10 个元素都已赋值，若要将这些元素写到文件 fp 中，以下错误的形式是（　　）。

```
struct abc
{  int a;
   char b;
   float c[4];
} x[10];
```

A. fwrite(x,10 * sizeof(struct abc),1,fp);

B. fwrite(x,5 * sizeof(struct abc),2,fp);

C. for(i=0; i<10; i++) fwrite(x,sizeof(struct abc),1,fp);

D. fwrite(x,sizeof(struct abc),10,fp);

22. 函数 rewind 的作用是使文件位置指针（　　）。

A. 返回文件的开头　　B. 返回前一个字符的位置

C. 指向文件末尾　　D. 跳过一个字符位置

23. 文件定位函数 fseek(fp,10L,0)的含义是将文件位置指针（　　）。

A. 从文件头向后移动 10 字节　　B. 从当前位置向后移动 10 字节

C. 从文件尾向前移动 10 字节　　D. 从当前位置向前移动 10 字节

24. 若 fp 是指向某文件的指针，且已读到文件末尾，则表达式 feof(fp)的返回值为（　　）。

A. EOF　　B. －1　　C. 非 0 值　　D. NULL

25. 若对文件操作出错，则函数 ferror(fp)的返回值是（　　）。

A. 0　　B. －1　　C. 1　　D. 非 0 值

二、程序阅读题

1. 写出下面程序运行后文件 file.txt 中的内容。

```
#include<stdio.h>
#include<stdlib.h>
int main()
{   char a[20]="we are students.";
    int i, flag=0;   FILE * fp;
    if((fp=fopen("file.txt", "w"))==NULL)
    {  printf("can not open file!\n");   exit(0);  }
    for(i=0; a[i]!='\0'; i++)
    {   if(a[i]=='□')   flag=0;          //□表示空格
        else
            if(flag==0)
            {  flag=1;
               if(a[i]>='a'&&a[i]<='z')  a[i]=a[i]-32;
            }
    }
    fputs(a, fp);      fclose(fp);
    return 0;
}
```

2. 写出下面程序运行后文件 test.txt 中的内容。

```
#include<stdio.h>
#include<stdlib.h>
#include<string.h>
void fun(char * fname, char * st)
{  FILE * fp;
   if((fp=fopen(fname,"w"))==NULL)
   {  printf("can not open file!\n");   exit(0);    }
   for(int i=0; i<strlen(st); i++)
      fputc(st[i],fp);
   fclose(fp);
}
int main()
{  fun("test.txt", "new world");
   fun("test.txt", "hello!");
   return 0;
}
```

3. 写出下面程序所实现的功能。

```
#include <stdio.h>
#include<stdlib.h>
int main()
{  FILE * fp1, * fp2;     char ch;
   if((fp1=fopen("file1.txt", "r"))==NULL)
    {  printf("can't open file\n");   exit(0);  }
   if((fp2=fopen("file2.txt","w"))==NULL)
    {  printf("can't open file!\n");   exit(0);  }
   while(!feof(fp1))
    {  ch=fgetc(fp1);   fputc(ch, fp2);   }
   fclose(fp1);    fclose(fp2);
   return 0;
}
```

4. 写出下面程序的运行结果。

```
#include<stdio.h>
#include<stdlib.h>
int main()
{  FILE * fp;         int i=20, j=30, k, n;
   if((fp=fopen("integer.dat","w+"))==NULL)
    {   printf("can not open file!\n");     exit(0);     }
   fprintf(fp,"%d\n", i);     fprintf(fp,"%d\n", j);
   rewind(fp);
   fscanf(fp,"%d%d", &k, &n);
   printf("k=%d, n=%d\n", k, n);
   fclose(fp);
   return 0;
}
```

5. 写出下面程序的运行结果。

```
#include<stdio.h>
#include<stdlib.h>
int main()
{  FILE * fp;        int i, k=0, n=0;
   if((fp=fopen("d1.dat", "w+"))==NULL)
    {  printf("can not open file!\n");     exit(0);    }
   for(i=0; i<4; i++)  fprintf(fp, "%d", i);
   rewind(fp);
   fscanf(fp, "%d%d", &k, &n);
   printf("k=%d, n=%d\n", k, n);
   fclose(fp);
   return 0;
}
```

6. 写出下面程序运行结果。

```
#include<stdio.h>
#include<stdlib.h>
int main()
{   FILE * fp;    int i;      float a[3], b[3];
    if((fp=fopen("f1.dat", "wb"))==NULL)
      {  printf("can not open file!\n");     exit(0);}
    for(i=0; i<3; i++)
      {  a[i]=3.14 * i;     fwrite(&a[i], sizeof(float),1,fp);  }
    fclose(fp);
    if((fp=fopen("f1.dat", "rb"))==NULL)
      {  printf("can not open file!\n");     exit(0);  }
    fread(b, sizeof(float),3,fp);
    for(i=0; i<3; i++)  printf("b[%d]=%.2f\n", i, b[i]);
    fclose(fp);
    return 0;
}
```

7. 写出下面程序的功能和文件 file1.txt 中的内容。

```
#include <stdio.h>
#include <stdlib.h>
int main()
{  FILE * fp;       char str[20]="ab123mn#";
   if((fp=fopen("file.txt", "w")) ==NULL)
    { printf("can not open this file!\n");     exit(0);   }
   for(int  i=0; str[i]!='#'; i++)
    {  if(str[i]>='a' && str[i]<='z')  str[i]=str[i]-32;
       fputc(str[i], fp);
    }
   fclose(fp);
   return 0;
}
```

8. 已有文本文件 file.txt,其内容是:ABCD,写出下面程序的运行结果。

```
#include<stdio.h>
#include<stdlib.h>
int main()
{  FILE *fp;      long n;
   if((fp=fopen("file.txt", "a"))==NULL)
    {   printf("can not open file!\n");     exit(0);     }
   n=ftell(fp);    printf("position=%ld\n", n);
   fputc('E', fp);
   n=ftell(fp);    printf("position=%ld\n", n);
   fclose(fp);
   return 0;
}
```

三、程序填空题

1. 编程实现将从键盘输入的字符串以追加的方式写入文本文件 B1.txt 中。

```
#include <stdio.h>
#include<stdlib.h>
int main()
{   char s[81], *p;      FILE *fp;
    if((fp=fopen("B1.txt", ____①____))==NULL)
     {   printf("Can't open file!\n");    exit(0);  }
    printf("Input a string:\n");    gets(s);
    for(p=s; ____②____; ____③____)
        fputc(*p, fp);
    fputc('\0', fp);
    fclose(fp);
    return 0;
}
```

2. 编程统计文本文件 letter.txt 中小写字母 a 的个数。

```
#include<stdio.h>
#include<stdlib.h>
int main()
{  FILE *fp;     char m;       int n=0;
   if((fp=fopen("letter.txt", ____①____))==NULL)
    {  printf("cannot open file\n");  exit(0);  }
   while(____②____)
    {   m=____③____;
        if(m=='a')____④____;
    }
   printf("n=%ld\n", n);
   fclose(fp);
   return 0;
}
```

3. 编程将从键盘输入字符存放到文本文件中，用#结束输入，文件名也由键盘输入。

```
#include<stdio.h>
#include<stdlib.h>
int main()
{   FILE * fp;    char ch, fname[10];
    printf("Input name of file\n");   gets(fname);
    if((fp=fopen(____①____, "w")) ==NULL)
     {  printf("can not open file\n ");   exit(0);   }
    printf("Enter character:\n");
    while(____②____!='#')
        fputc(ch,____③____);
    fclose(fp);
    return 0;
}
```

4. 编程将文本文件 file1.cpp 的内容复制到 file2.cpp 中。

```
#include<stdio.h>
#include<stdlib.h>
int main()
{  FILE * fp1, * fp2;   char str[81];
   if((fp1=fopen(____①____))==NULL)
    {  printf("can not open file\n ");   exit(0);   }
   if((fp2=fopen(____②____))==NULL)
    {  printf("can not open file\n ");   exit(0);   }
   while(!feof(fp1))
     {   fgets(____③____);
         fputs(____④____);
     }
   fclose(fp1);   fclose(fp2);
   return 0;
}
```

5. 设文件 num.dat 中存放了一组整数，统计并输出文件中正整数、0、负整数的个数。

```
#include<stdio.h>
#include<stdlib.h>
int main()
{  FILE * fp;   int p=0, n=0, z=0, temp;
   fp=____________①____________;
   if(fp==NULL)
    {  printf("can not open file \n ");   exit(0);   }
   else
    {  while(!feof(fp))
        {  fscanf(____②____);
           if(temp>0)   p++;
           else
              if(temp<0)    n++;
              else  ____③____
        }
```

```
    }
    fclose(fp);
    printf("positive=%d, negtive=%d, zero=%d\n", p, n, z);
    return 0;
}
```

6. 编程计算1～10的平方值,并将它们存入二进制文件square.dat。

```
#include<stdio.h>
#include<stdlib.h>
int main()
{  FILE *fp;       int k, a[10];
   if((fp=fopen("square.dat", ____①____))==NULL)
    {   printf("Can't open file!\n");    exit(0);  }
   for(k=1; k<=10; k++)
   {  a[k]=____②____;
      fwrite(____③____, ____④____, 1, fp);
   }
   fclose(fp);
   return 0;
}
```

7. 学生信息包括姓名和成绩,从键盘输入10个学生的信息,把它们存放到二进制文件中。

```
#include <stdio.h>
#include <stdlib.h>
struct stud
{  char name[20];
   int score;
} st[10];
int main()
{  FILE  *fp;    int i;
   long len=sizeof(struct stud);
   for(i=0; i<10; i++)
    {  gets(st[i].name);    scanf("%d", &st[i].score);  }
   if((fp=fopen("student.dat", ____①____))==NULL)
    {  printf("can not open this file!\n");    exit(0);  }
   fwrite(____②____, ____③____, ____④____, fp);
   fclose(fp);
   return 0;
}
```

四、编程题

1. 从键盘输入3行字符,将其中的小写字母转换为大写字母,并将转换后的字符串保存到文本文件中。本题输入为3行字符串,每行字符数目不多于80个,输出为文本文件string.txt。测试数据如下。

输入： How are you? China vc++	输出：（文本文件 string.txt 中的内容） HOW ARE YOU? CHINA VC++

2. 在屏幕上显示文本文件的全部内容，并在每一行的前面输出行号。本题输入为文本文件 strings.txt(该文本文件可用记事本事先写好并保存)，文件中每一行字符不超过 80 个，输出为文件每一行的行号和内容，行号与内容之间使用空格分隔。测试数据如下。

输入：（文本文件 string.txt 中的内容） Hello. How are you? I'm fine.	输出： 1 Hello. 2 How are you? 3 I'm fine.

3. 已经存在两个文本文件，将两个文件连接成一个新的文本文件。本题输入为两个文件 a.txt 和 b.txt，这两个文本文件可用记事本事先写好并保存，输出为文件 c.txt。测试数据如下。

输入：（文本文件 a.txt 中的内容和文本文件 b.txt 中的内容） Java C++ BASIC Python Pascal	输出：（文本文件 c.txt 中的内容） Java C++ BASIC Python Pascal

4. 编程统计文本文件中字符的个数。本题输入为文本文件 strings.txt，输出为该文件包含的字符数目。注意，计数不包括换行符。测试数据如下。

输入：（文本文件 strings.txt 中的内容） Hello. how are you?	输出： 18

5. 设已经存在一个文本文件 file.txt，编程实现在屏幕输出该文件的第 m～n 行的内容。本题输入为 m 和 n 的值，从键盘输入，均为整型。要求输入时 m>n(m>0,n>0)，若输入的 m 值超出了文件的总行数，则应输出错误提示信息。类似地，若 n 值超出文件的总行数，也应进行适当处理。输出为第 m～n 行的内容。文本文件 file.txt 的内容和测试数据如下。

文本文件 file.txt 的内容：	测试数据 1	测试数据 2
Hello. how are you? aaa bbb ccc	输入： 2 4 输出： how are you? aaa bbb	输入： 6 7 输出： error

6. 建立一个二进制文件存放 3 本书的信息，每本书的信息包括书名和单价。本题输入为 3 本书的信息，一个信息占一行，书名和单价之间使用空格分隔，书名不包含空格，长度不

大于20,单价使用浮点数保存。输出为存储3本书信息的二进制文件books.dat。测试数据如下。

输入:	输出:
Java 程序设计 32.5 C++程序设计 65.3 数据结构 53.2	存储3本书信息的二进制文件books.dat。

7. 设有5名员工,每名员工的信息包括员工编号、姓名、年龄、工资。请定义结构体类型,要求编写main函数和以下3个函数:①从键盘输入5名员工的信息,每名员工信息占一行,其中编号、年龄使用整型,工资使用浮点型,姓名不包括空格,长度不长于20;②按工资由高到低对员工信息进行排序;③将排序后的员工信息保存在文件person.dat中。测试数据如下。

输入:	输出:
1 小王 20 2000 2 小李 30 4000 3 小张 26 3500 4 小赵 40 8000 5 小刘 31 5500	存储排序后员工信息的二进制文件person.dat。

8. 设有5名学生,每名学生的信息包括学号、姓名、总分,请定义结构体类型。要求编写main函数和以下两个函数:①输入5名学生的信息,要求每名学生信息占一行,其中学号、总分使用整型,姓名不包括空格,长度不长于20;并存入文件student.dat中;②找出总分最高的学生,并输出他的信息。测试数据如下。

功能①输入:	功能①输出:
1 小王 530 2 小李 450 3 小张 600 4 小赵 329 5 小刘 510	存储学生信息的二进制文件student.dat。
功能②输入: 无	功能②输出: 3 小张 600

9. 从键盘输入3名学生的数据,每名学生的数据包括学号、姓名、3门课的成绩和平均分。要求实现以下功能。

① 输入学生的学号、姓名和3门课成绩,计算出每名学生的平均分,然后把它们存放到二进制文件student.dat中。要求每名学生的输入信息占一行,其中学号、成绩使用整型,平均分使用浮点型,姓名不包括空格,长度不长于20。

② 从student.dat文件中读取学生数据,按平均分从高到低对学生数据进行排序,然后将排序后的数据(只包括学号、姓名和平均分)存入一个新文件sort_stud.dat中。

③ 对sort_stud.dat文件进行插入操作,输入一名学生的数据(包括学号、姓名、3门课的成绩),计算出平均分,先将该学生的全部数据添加到student.dat文件中,然后按成绩高低顺序将该学生的数据(只包括学号、姓名和平均分)插入sort_stud.dat文件中。

④ 从 sort_stud.dat 文件中读取数据，输出平均分高于 90 分的学生信息(包括学号、姓名、3 门课的成绩以及平均分，平均分保留 2 位小数)。

⑤ 对 sort_stud.dat 文件进行删除操作，输入一名学生的学号，将该学生的数据删除。

测试数据如下。

输入	输出
功能①输入： 1 小王 98 77 60 2 小李 90 85 100 3 小张 89 87 96	功能①输出： 学生信息文件 student.dat。
功能②输入： 无。	功能②输出： 排序信息文件 sort_stud.data。
功能③输入： 4 小明 99 60 82	功能③输出： 插入后的排序信息文件 sort_stud.data。
功能④输入： 无。	功能④输出： 2 小李 90 85 100 91.67 3 小张 89 87 96 90.67
功能⑤输入： 2	功能⑤输出： 删除后的排序信息文件 sort_stud.data。

8.2 参考答案

一、选择题

1. A	2. B	3. D	4. B	5. A	6. D	7. B	8. C	9. B	10. D
11. B	12. D	13. B	14. C	15. B	16. A	17. D	18. C	19. A	20. B
21. C	22. A	23. A	24. C	25. D					

二、阅读程序题

1. 文件 file.txt 内容：

   We Are Students.

2. 文件 test.txt 的内容：

   hello!

3. 程序功能：

   实现文件的复制，复制文件 file1.txt。

4. 运行结果：

   k=20,n=30

5. 运行结果：

   k=123,n=0

6. 运行结果：

   b[0]=0.00

   b[1]=3.14

   b[2]=6.28

7. 功能：将字符串的小写字母变为大写字母，并将字符串写入文件。

   文件内容：

   AB123MN

8. 运行结果：

   position=0

   position=5

三、程序填空题

1. ① "a" ② *p! = '\0' ③ p++

2. ① "r" ② !feof(fp) ③ fgetc(fp) ④n++

3. ① fname ② ch=getchar() ③ fp

4. ① "exam1.c","r" ② "exam2.c","w" ③ str,81,fp1 ④ str,fp2

5. ① fopen("num.dat","rb"); ② fp,"%d",&temp ③ z++;

6. ① "wb" ② k * k ③ &a[k] ④ sizeof(int)

7. ① "wb" ② st ③ len ④ 4

四、编程题

1. 提示：使用循环，在循环中使用 gets 输入字符串，并使用 fputs 将字符串输出到文件中。

3. 提示：使用"r"方式打开 a.txt 和 b.txt 并读取其中内容；使用"w"方式建立文件 c.txt，将内容分别写入。

4. 提示：使用循环，在循环中使用 fgets 从文件中读取一行字符串并保存在字符数组中；然后使用函数 strlen 计算字符串长度，并累加该值。

5. 提示：在使用 fgets 函数时通过对其返回值进行判断，可以知道文件是否结束。

参考程序：

```
#include<stdio.h>
#include<stdlib.h>
int main()
{  FILE * fp;     char str[81];     int i, m, n, flag=0;
   if((fp=fopen("digit.txt","r"))==NULL)
    {  printf("can not open file!\n");     exit(0);  }
   printf("输入 m, n(m>n>0):\n");
   scanf("%d%d", &m, &n);
   for(i=1; i<m; i++)
   {     if(fgets(str,81,fp)==NULL)
         {  flag=1;   break;  }
   }
   if(flag)  printf("error\n");
   else  {  for(i=m; i<=n; i++)
              if(fgets(str, 81, fp))  printf("%s", str);
              else  {  printf("文件总行数为%d.\n", i-1);  break;  }
         }
   return 0;
}
```

7. 提示：首先定义结构体数组，并使用循环输入每个员工信息，然后使用冒泡排序，最后使用 fwrite 写入文件。

8. 提示：首先定义结构体数组，并使用循环输入每个学生信息，最后使用 fwrite 写入文件。查找最高分，可参考查找数组最大值的算法。

9. 提示：删除文件中的数据，可以先删除结构体数组中的数据，然后重写该文件。该题建议使用函数逐个编写功能模块。

参考程序：

```
#include <stdio.h>
#include <stdlib.h>
struct student
{   int num;
    char name[20];
    int s[3];
    float avg;
};
int n =3;
struct student input_studnet()                    //输入学生信息并计算平均分
{   struct student t;
    scanf("%d%s%d%d%d", &t.num, t.name, &t.s[0], &t.s[1], &t.s[2]);
    t.avg =(t.s[0] +t.s[1] +t.s[2]) / 3;
    return t;
}
void sort(struct student stu[])                   //按平均分从高到低排序
{   int i, j;    struct student t;
    for(i =0; i <n -1; i++)
        for(j =0; j <n -1 -i; j++)
            if(stu[j].avg <stu[j +1].avg)
             {    t =stu[j];    stu[j] =stu[j +1];    stu[j +1] =t;    }
}
void write_file(struct student stu[])             //将学生信息存入文件
{   FILE * fp;
    if((fp =fopen("student.dat", "w")) ==NULL)
     {    printf("can not open file!\n");    exit(0);    }
    fwrite(stu, sizeof(struct student), n, fp);
    fclose(fp);
}
void write_sort_file(struct student stu[])        //将排序后的学生信息存入文件
{   FILE * fp;    int i;
    if((fp =fopen("sort_stud.dat", "w")) ==NULL)
     {    printf("can not open file!\n");    exit(0);    }
    for(i =0; i <n; i++)
     {    fwrite(&stu[i].num, sizeof(int), 1, fp);
          fwrite(stu[i].name, 1, 20, fp);
          fwrite(&stu[i].avg, sizeof(float), 1, fp);
     }
    fclose(fp);
}
void insert_student(struct student stu[])         //插入一个学生的信息
{   stu[n] =input_studnet();
    n++;        write_file(stu);
    sort(stu);    write_sort_file(stu);
}
void output_good(struct student stu[])            //输出平均分高于 90 分的学生信息
{   int i;
    for(i =0; i <n; i++)
```

```
    {   if(stu[i].avg >90)
            printf("%d %s %d %d %d %.2f\n", stu[i].num, stu[i].name, stu[i].s[0],
            stu[i].s[1], stu[i].s[2], stu[i].avg);
    }
}
void delete_student(struct student stu[])          //删除某学生的信息
{   int i, num, pos =-1;
    scanf("%d", &num);
    for(i =0; i <n; i++)
        if(stu[i].num ==num)
        {   pos =i;    break;    }
    if(pos ==-1)    printf("Can't delete\n");
    else
    {   for(i =pos; i <n -1; i++)
            stu[i] =stu[i +1];
        n--;
        write_sort_file(stu);
    }
}
int main()
{   int i;
    struct student stu[10];
    for(i =0; i <3; i++)
        stu[i] =input_studnet();
    write_file(stu);
    sort(stu);
    write_sort_file(stu);
    insert_student(stu);
    output_good(stu);
    delete_student(stu);
    return 0;
}
```

第 9 章 位运算

9.1 习　　题

一、选择题

1. 表达式 a<<8|b 的计算顺序是(　　)。

A. 先执行左移,后执行或运算　　B. 先执行或运算,后执行左移

C. 先执行右移,后执行或运算　　D. 先执行或运算,后执行右移

2. 以下不能将变量 m 清 0 的表达式是(　　)。

A. m=m&~m　　B. m=m&0　　C. m=m∧m　　D. m=m|m

3. 表达式 0x13&0x17 的值是(　　)。

A. 0x17　　B. 0x13　　C. 0xf8　　D. 0xec

4. 可以将字符变量 x 中的大小写字母进行转换(即大写变小写,小写变大写)的是(　　)。

A. x=x∧32　　B. x=x+32　　C. x=x|32　　D. x=x&32

5. 若定义: char c1=192,c2=192;,则以下表达式中值为 0 的是(　　)。

A. ~c2　　B. c1&c2　　C. c1∧c2　　D. c1|c2

6. 设有以下语句: char a=3,b=6,c; c=a∧b<<2;,则 c 的二进制值是(　　)。

A. 0001 1011　　B. 0001 0100　　C. 0001 1100　　D. 0001 1000

7. 若定义: char x=040;,则执行 printf("%d\n",x<<1);的输出结果是(　　)。

A. 100　　B. 80　　C. 64　　D. 32

8. 若定义: int b=2;,则 printf("%d",(b>>2)/(b>>1));的输出结果是(　　)。

A. 0　　B. 2　　C. 4　　D. 8

9. 若定义: int x=0.5; char z='a';,则表达式(x&1)&&(z<'z') 的结果是(　　)。

A. 0　　B. 1　　C. 2　　D. 3

10. 整型变量 x 和 y 的值相等且为非 0 值,则以下选项中结果为 0 的表达式是(　　)。

A. x||y　　B. x|y　　C. x&y　　D. x∧y

11. 在位运算中,操作数每右移一位,其结果相当于(　　)。

A. 操作数乘 2　　B. 操作数除 2　　C. 操作数除 4　　D. 操作数乘 4

12. 在位运算中,操作数每左移一位,其结果相当于(　　)。

A. 操作数乘2　　B. 操作数除2　　C. 操作数除4　　D. 操作数乘4

13. 以下程序段执行后的输出结果是(　　)。

```
char a, b;
a=7∧3;   b=~4&3;
printf("%d,%d",a,b);
```

A. 7,3　　B. 7,0　　C. 4,3　　D. 4,0

14. 若定义：int c=35;,则 printf("%d",c&c);的输出结果是(　　)。

A. 70　　B. 35　　C. 1　　D. 0

15. 以下程序段执行后的输出结果是(　　)。

```
char a, b;
a=4|3; b=4&3;
printf("%d  %d", a,b);
```

A. 7　0　　B. 0　7　　C. 1　1　　D. 43　0

16. 若定义：int x=3,y=2,z=1;,则 printf("%d ",x/y&~z);的输出结果是(　　)。

A. 3　　B. 2　　C. 1　　D. 0

17. 设 char 型变量 x 中的值为 1010 0111,则表达式(2+x)∧(~3)的值是(　　)。

A. 1010 1001　　B. 1010 1000　　C. 0101 0101　　D. 1111 1101

18. 以下程序段运行后的输出结果是(　　)。

```
char a,b,c;
a=0x3;  b=a|0x8;   c=b<<1;
printf("%d,%d", b, c);
```

A. 11,12　　B. 6,12　　C. 12,24　　D. 11,22

19. printf("%d ",12&012);的输出结果是(　　)。

A. 12　　B. 10　　C. 8　　D. 6

20. 设二进制数 a 是 00101101,若想通过 a∧b 使 a 的高4位取反,低4位不变,则二进制数 b 是(　　)。

A. 1111 0000　　B. 0000 1111　　C. 1111 1111　　D. 0000 0000

二、编程题

1. 编写程序实现 int 型整数的左移。本题输入是一个有符号整数和左移位数 n,输出为算数左移后的值。测试数据如下。

测试数据1	测试数据2
输入: 128 4 输出: 2048	输入: -128 4 输出: -2048

2. 如果不考虑有符号整数的符号位的特殊性,只把它看成普通的二进制位进行右移运算,那么这种右移运算称为"逻辑右移",编写程序实现 int 型整数的逻辑右移。本题输入为一个有符号整数和右移位数 n,输出为逻辑右移后的值。注意,无法使用 C 语言的右移运

算,VS 环境下右移运算为算数右移。测试数据如下。

测试数据 1	测试数据 2
输入: 1024 输出: 32	输入: -1024 输出: 134217696

3. 交换短整型整数高低两个字节的值,本题输入为一个有符号短整型数,输出为交换高低字节后的数。测试数据如下。

测试数据 1	测试数据 2
输入: 10000 输出: 4135	输入: -128 输出: -32513

4. 编写函数将十进制数转换为二进制数,并以二进制形式显示。本题输入为一个有符号整数,输出为转换后的二进制形式。测试数据如下。

测试数据 1	测试数据 2
输入: 12345 输出: 00000000000000000011000000111001	输入: -12345 输出: 11111111111111111100111111000111

9.2 参考答案

一、选择题

1. A	2. D	3. B	4. A	5. C	6. A	7. C	8. A	9. B	10. D
11. B	12. A	13. C	14. B	15. A	16. D	17. C	18. D	19. C	20. A

二、编程题

2. 提示:如果为正数,正常使用右移操作;如果为负数,可先将符号位变为 0,进行右移操作。然后再将移动的后的符号位改回 1。

3. 提示:可以先使用 & 运算分别取出高位和低位,然后使用|运算组合。

4. 提示:将要转换的整数与最高位是 1 而其余位均是 0 的数进行位与运算,根据与运算结果输出 1 或 0。如果输入的整数是负数,则需要对该数的绝对值进行按位取反运算,然后再加 1,最后输出的就是该负数的二进制形式。

参考程序:

```
#include<stdio.h>
#include<math.h>
void change_print(int n, int size)
```

```
{   int i, t;
    t=1<<(size-1);
    for(i=0; i<size; i++)
    {   if((n&t)==t)   printf("1");
        else  printf("0");
        n<<=1;
    }
    printf("\n");
}
int main()
{   int num, x;
    printf("输入一个十进制整数: ");
    scanf("%d",&num);
    if(num>=0)     change_print(num, sizeof(int) * 8);
    else     //如果 num 是负数,其二进制是其绝对值的原码,按位取反再加 1
    {    x=~abs(num);       x=x+1;
        change_print(x, sizeof(int) * 8);
    }
}
```

第三部分
C 语言实验平台介绍

第 1 章 希冀实验平台介绍

希冀(Course Grading,CG)实验平台是由北京航空航天大学计算机学院与郑州云海科技有限公司合作开发的一站式全自动化的交互教学实验平台。主要功能包括程序的自动评测、作业管理、考试管理、在线答疑等。教师可通过该系统布置在线实验、作业和考试;学生可通过该系统在线提交程序代码,完成实验、作业和考试。

1.1 平台介绍

1. CG 实验平台登录

CG 实验平台分为教师端和学生端,默认登录页面为学生端,登录用户名一般为学生学号,密码默认为 123456。注意,用户名和密码需教师事先添加到实验平台,学生无法自行注册。如需切换到教师端登录页面,可单击右上角"教师登录"图标,如图 1.1 所示。

图 1.1 CG 实验平台登录页面

2. GG 实验平台首页

登录 CG 实验平台后将显示首页页面,如图 1.2 所示。页面最上方工具条左边列出了学生端的 5 个功能模块:首页、课程信息、在线作业、在线考试和在线答疑。工具条右边显示当前登录用户的用户名和课程名。单击用户名右侧三角将弹出菜单,其中"个人信息"选项可更改当前用户信息,单击课程名下拉框可切换当前课程。最右边的 CG-OJ 图标为希冀 OJ 竞赛系统快捷入口。

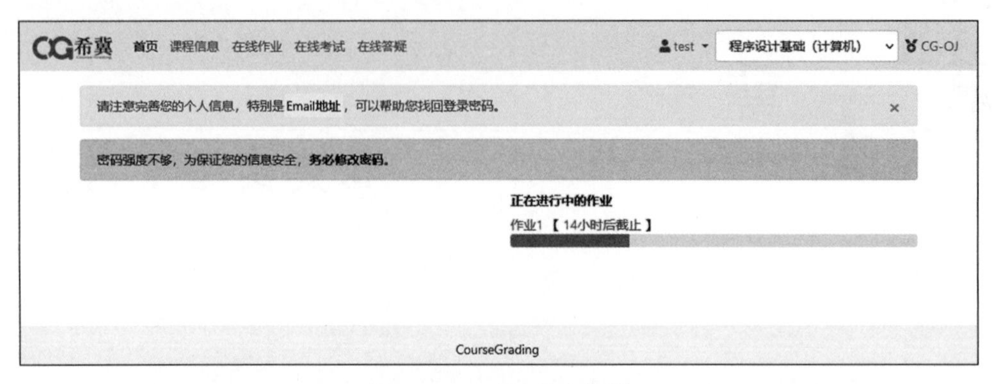

图 1.2　CG 实验平台首页

首页的作用是显示公告、作业和考试信息,图 1.2 显示了需要完成的作业"作业 1",同时标识了剩余截止时间,下方进度条显示剩余时间占全部作业完成时间的比例。

第一次登录系统会提示用户完善个人信息。进入"个人信息"页面,务必输入正确的 E-mail 地址,以保证忘记密码时能够取回。其他个人信息也要认真核对,检查学号、姓名是否正确,如错误请立即更改。所有人登录密码默认为 123456,务必修改为强密码,防止其他用户非法登录。

3. 课程信息

课程信息包括课程简介、教师简介、先导课程、教学计划、考试方式、参考书目和课件下载 7 个栏目,单击页面左边导航栏目可查看相应内容,如图 1.3 所示。

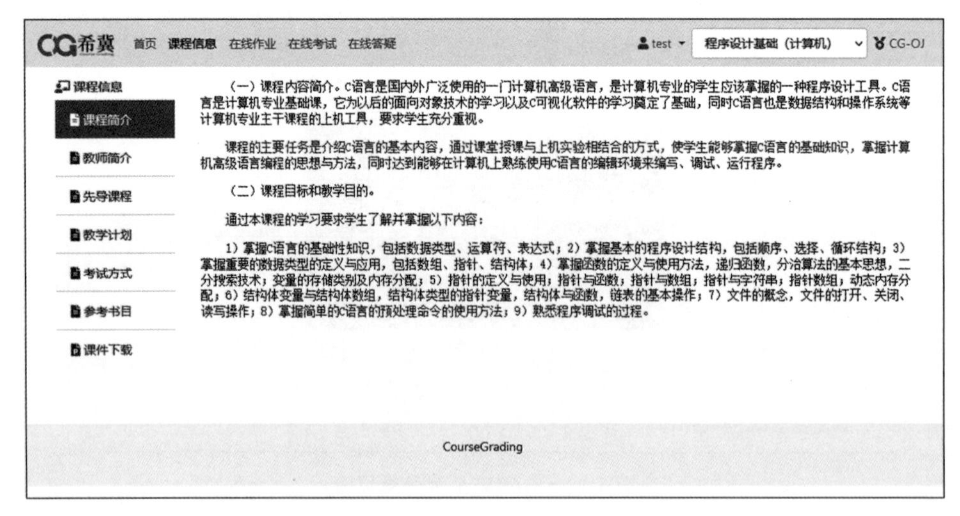

图 1.3　CG 实验平台课程信息页面

4. 在线作业

在线作业页面由左、右两部分组成:左边为导航栏,右边为内容区域。导航栏是一个目录结构,顶层包括"当前作业"和"历史作业"两个栏目,单击"当前作业"会列出当前要完成的作业列表，单击“历史作业”会列出历史作业列表。内容区域用来显示作业内容，“当前作业”的内容区为可编辑状态，可以填写答案、提交程序；“历史作业”仅能浏览，不能更改，如图1.4所示。

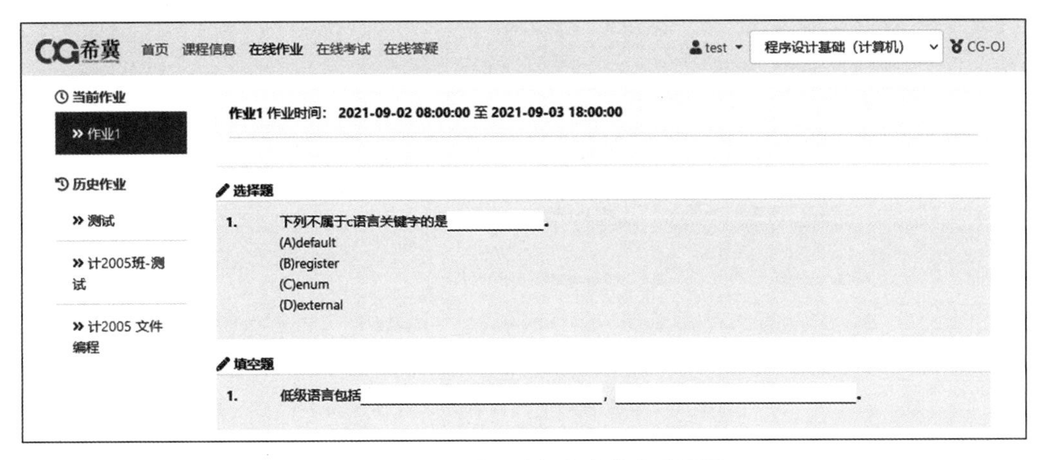

图1.4　CG实验平台课程在线作业页面

5. 在线考试

在线考试模块包括考试页面和试卷查看页面。如果考试正在进行，单击该模块后会进入在线考试答题页面，如图1.5所示。如果当前没有考试，且教师开启“试卷查阅”，则单击该模块会进入历史试卷查看页面，如图1.6所示。

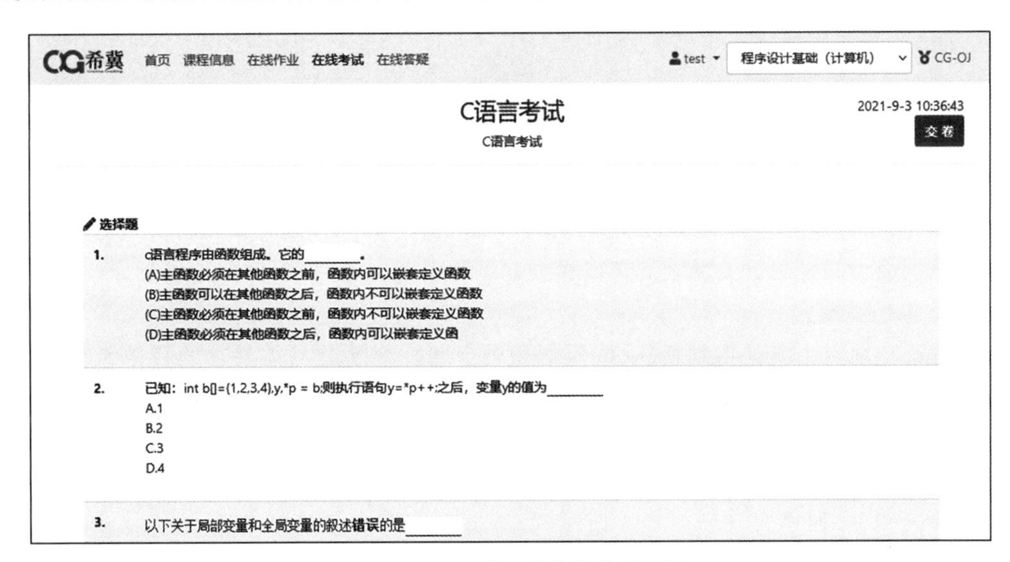

图1.5　CG实验平台在线考试页面

6. 在线答疑

在线答疑提供了教师与学生的互动场所，学生可在此发帖提问，教师可针对提问进行回答，学生之间也可在此进行交流、探讨，如图1.7所示。

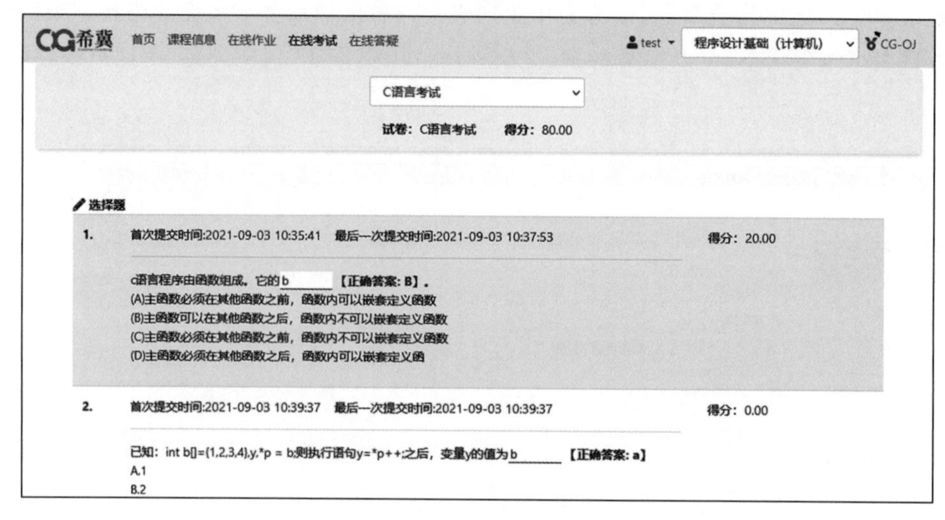

图 1.6 CG 实验平台查看历史试卷页面

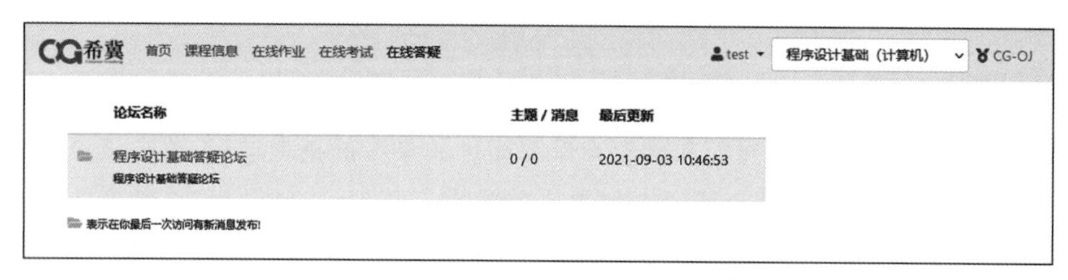

图 1.7 CG 实验平台在线答疑页面

1.2 在线答题

选择“在线作业”中“当前作业”，或者在考试状态下选择“在线考试”，即可进入在线答题页面。该页面上的题目分为两类：非编程类题目和编程类题目，下面分别进行介绍。

1. 非编程类题目

非编程类题目主要是指判断题、选择题和填空题。判断题只需要在题目单选框中选择正确、错误即可。选择题分为单项选择和多项选择，单选题直接在下画线区域输入单个选项。注意，选项字母不区分大小写，a 和 A 都表示选项 A。多选题要输入多个选项，选项之间必须用空格隔开，不可使用其他字符，如逗号、Tab，选项可为任意顺序。填空题直接在下画线上输入答案，如果题目是列举式填空题，多个空白的填写顺序任意，如图 1.8 中的填空题，机器语言、汇编语言的先后顺序不影响评判结果。此类题目作答后答案会自动保存，注意题目右边“答案成功提交!”的提示。

2. 编程类题目

编程类题目考查学生编写程序的能力，是作业、考试的主要内容，必须熟练掌握。答题时，首先单击题目链接进入答题页面，如图 1.9(a)所示。该页面包含 3 部分：一是题目内容部分，包括题目描述、输入形式、输出形式、样例输入和样例输出；二是程序提交部分，可在此

图 1.8 非编程类题目答题页面

更改编程语言,选择并提交源代码;三是运行结果部分,用来显示题目的编译、链接信息,以及程序的评判结果。

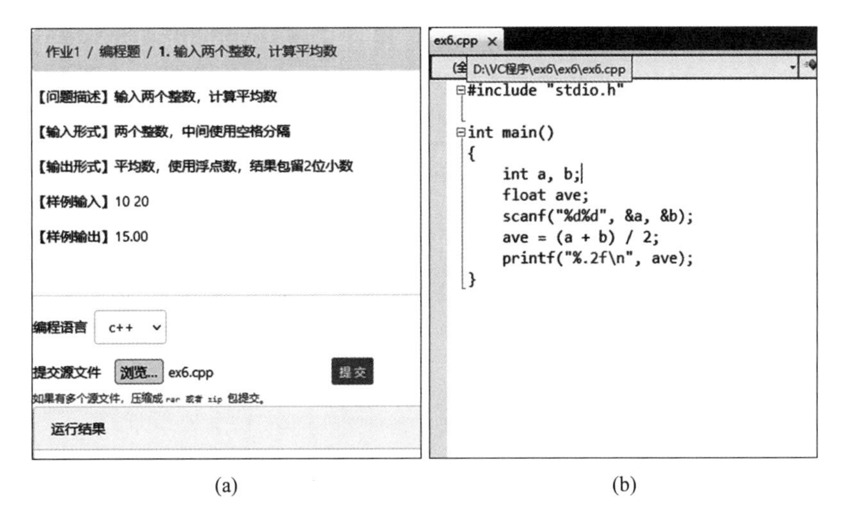

(a) (b)

图 1.9 提交答题程序

编程类题目的答题步骤如下。

(1) 编写程序。启用 Visual Studio 2013,新建项目并按题目要求编写程序,编译运行,并测试程序输出是否正确。

(2) 提交程序。首先单击“编程语言”对话框,如果源程序文件后缀是.c,请选择 C 语言;如果是.cpp,请选择 C++ 语言。然后单击“浏览”按钮,在弹出的对话框中选择已编好的源程序文件,源文件的位置可移动鼠标指针到编辑区程序代码标签上,通过弹出提示查看,如图 1.9(b)所示。如果程序涉及多个源文件,则需将源文件打包(zip 或 rar 格式),然后选择该压缩文件。文件选中后,单击“提交”按钮即可提交程序。

(3) 结果检查。程序提交后,系统会逐个检查后台测试用例,并将结果显示在“运行结果”文本框中,如图 1.10 所示。从图中可以看出,题目有两组测试用例,第一组通过,第二组未通过,说明程序存在错误。如需获得进一步的提示信息,可单击右下方的"详细评判结果"链接。在弹出的新页面中,输出错误后面会多出一个加号"+"标记,单击展开可看到程序的错误输出和测试样例的期望输出。

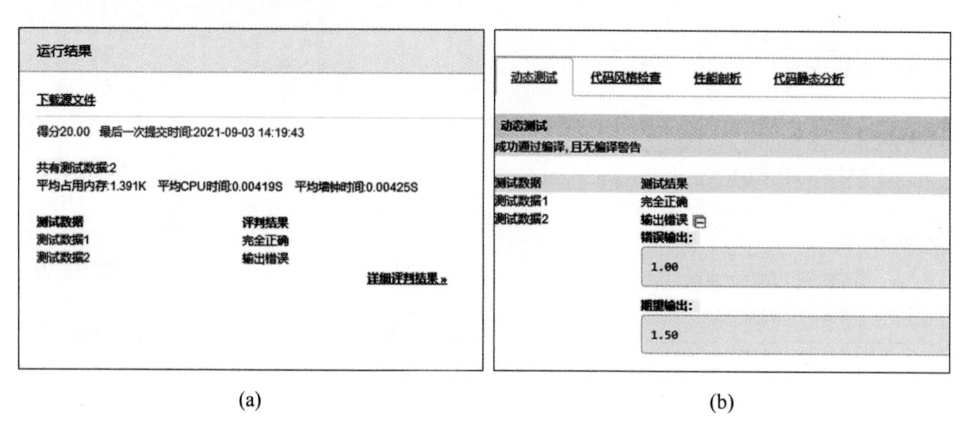

(a) (b)

图1.10 运行结果页面

(4) 重新提交。根据结果信息修改程序,重新提交源代码,反复执行该过程,直到运行结果全部正确为止。

第 2 章 在线评测平台介绍

在线评测平台(Online Judge,OJ)是一个在线的判题系统。用户可以在线提交程序源代码,系统会对源代码进行编译、链接和运行,并使用提前设计好的测试数据验证程序是否正确。OJ 平台最初用于国际大学生程序设计竞赛(International Collegiate Programming Contest,ICPC)的自动判题和排名。现在广泛应用于高校学生的程序设计、数据结构和算法课程的学习,学生可在 OJ 上完成各种编程作业和实验,还可以组织各种程序设计竞赛。比较著名的 OJ 有北京大学 poj、杭州电子科技大学 hdoj、浙江大学 zoj、PTA、Codeforces、牛客,洛谷、计蒜客等。读者可以在这些平台上自行注册,然后在上面进行练习。

2.1 国际大学生程序设计竞赛介绍

国际大学生程序设计竞赛始于 1970 年,成形于 1977 年,是一项旨在展示大学生创新能力、团队精神以及在压力下编写程序、分析和解决问题的年度竞赛,是目前公认的规模最大、水平最高的国际大学生程序设计竞赛。

ICPC 竞赛的主要目的是:考查大学生运用计算机来充分展示自己分析问题和解决问题的能力,培养参赛选手的创造力和团队合作精神,检测选手们在压力下进行开发活动的能力。它是大学计算机教育成果的直接体现,是企业与世界顶尖计算机人才对话的最好机会。

ICPC 竞赛以组队的形式代表学校参赛。每支代表队最多可以由 3 名队员组成,每位队员必须是入校 5 年内的在校学生,并且最多可以参加 2 次全球总决赛和 5 次区域预选赛(如亚洲区预选赛),其他比赛不限次数。

竞赛期间,每队使用 1 台计算机需要在 5 小时内使用 C/C++、Java 或 Python 中的一种语言编写程序解决 7~13 个问题。程序完成后提交服务器运行,运行的结果会判定为正确或错误,并实时通知参赛队伍。每队在正确完成一题后,组织者将在其位置上升起一只代表该题颜色的气球。最后的获胜者为正确解答题目最多且总用时最少的队伍。每道题目的用时将从竞赛开始到试题解答被判定为正确为止,其间每一次提交运行结果被判错误将被加罚 20 分钟的时间,未正确解答的题目不计时。例如,A、B 两队都正确完成两道题目,其中 A 队提交这两题的时间分别是比赛开始后 0:20 和 0:45,B 队为 0:20 和 0:40,但 B 队有一题提交了 2 次。这样 A 队的总用时为 0:20+0:45=1:05,而 B 队为 0:20+0:40+0:20=1:20,所以 A 队以总用时少而获胜。

选手提交程序后，服务器将运行结果(正确或出错的类型)通过网络返回给选手。返回结果的类型包括以下7类。

(1) Accepted(AC)：程序通过。表示这道题做对了，这也是唯一的正确状态。

(2) Wrong Anwser(WA)：输出结果错。可能是算法不正确，或者题目没仔细看清楚，很多时候思路是对的，只是细节处理上欠妥当。

(3) Runtime Error(RE)：运行时错误。一般是程序在运行期间执行了非法的操作造成的。这种错误说明代码在编译时是正确的，但是运行时出现了错误。运行时错误是一类错误的统称，具体细分有很多，最常见的运行错误就是程序出现死循环，即程序执行了一个无法终止的循环语句。

(4) Time Limit Exceeded(TLE)：超时。程序运行的时间已经超出了这个题目的时间限制。TLE说明代码运行效率太低，一般需要考虑新的算法，有时也有可能是忘记加程序终止的条件。

(5) Presentation Error(PE)：格式错误。虽然程序貌似输出了正确的结果，但这个结果的格式有问题。这时需检查程序的输出是否多了或少了空格(' ')、制表符('\t')或换行符('\n')。PE说明思路和代码完全是正确的，只是输出格式有点小瑕疵，实际上离AC已经很接近了。

(6) Memory Limit Exceeded(MLE)：内存超限。程序运行的内存已经超出了这个题目的内存限制。

(7) Compile Error(CE)：编译错误。程序语法有问题，编译器无法编译。具体的出错信息可以打开链接查看。一般情况下，如果代码在自己的编译器下能编译通过，是不会出现这种错误的，出错的主要原因是提交语言选错了。

2.2 竞赛题目格式

2.2.1 题目格式说明

ICPC竞赛题由Description(题目描述)、Input(输入)、Output(输出)、Sample Input(样例输入)和Sample Output(样例输出)5部分组成。

(1) Description部分：通常叙述问题的背景和问题的要求。出题者常常会在这部分中明示或暗示问题所涉及的数据范围。可以通过这部分了解问题的实质要求，并由此确定解题的策略、数据结构和相应的算法。

(2) Input和Output部分：描述对问题解决方案的测试用例，也就是数据的输入格式和程序的输出格式要求。通常会在这部分说明数据的范围。

(3) Sample Input和Sample Output部分：一方面直观表现测试用例的格式；另一方面也对输入/输出格式描述的不到之处给予补充。

2.2.2 样题示例

1. A+B

A+B Problem

Time Limit：1000ms　　Memory Limit：10000K

Total Submissions：302263　　Accepted：165768

【Description】 Calculate a+b

【Input】 Two integer a,b (0<=a,b<=10)

【Output】 Output a+b

【Sample Input】

1 2

【Sample Output】

3

【题目说明】

(1) Time Limit：时间限制，表示程序运行完所有测试数据可以使用的最长时间为1000ms(即1s)，超出则返回超时错误(TLE)。

(2) Memory Limit：内存限制，表示程序运行能使用的最大内存空间，超出则返回内存超限错误(MLE)。

(3) Total Submissions：总提交次数，即截至当前时间，该题目的总提交次数。

(4) Accepted：AC次数，即截至当前时间，该题目提交正确的次数。

【分析】 题目只有一组测试数据，在一行中给出两个[0,10]的正整数a、b，两个数之间用一个空格分隔，因此，只需编写程序读入这两个数，求和后输出即可。

参考程序：

```
#include <stdio.h>
int main()
{    int a, b;
     scanf("%d%d", &a, &b);
     printf("%d\n", a+b);
     return 0;
}
```

2. 鸡兔同笼

鸡兔同笼

Time Limit：1000ms　　Memory Limit：10000K

Total Submissions：302263　　Accepted：165768

【Description】 一个笼子里关了若干鸡和兔子，鸡有2只脚，兔子有4只脚，没有例外。已知笼中脚的总数为a，问笼子里至少有多少只动物？至多有多少只动物？

【Input】 第一行是测试数据的组数n，后面跟着n行输入。每组测试数据占一行，每行包含一个正整数a(a<32768)。

【Output】 输出包含n行，每行对应一个输入，包含两个正整数，第一个是最少的动物数,第二个是最多的动物数,两个正整数用一个空格分开。如果没有满足要求的答案,则输出两个0。

【Sample Input】

2

3

20

【Sample Output】

0 0

5 10

【分析】

(1) 对于脚的总数为奇数的情况,不可能出现,对于特殊情况,要先进行判断,若a%2==1,则说明脚为奇数,此时直接输出0 0。

(2) 对于脚为偶数的情况分为两种:

① 能被4整除,即a%4==0,动物最少则全部是兔子,此时动物数为a/4;动物最多则全部是鸡,动物数为a/2。

② 不能被4整数,即被4整除余2,如18、22等,动物最少则应该是a/4只兔子加1只鸡,即a/4+1;动物最多则全部是鸡,数量为a/2。

(3) 程序应首先读入测试数据组数n;再循环依次读入每组测试数据,判断、计算并输出结果。

参考程序:

```
#include <stdio.h>
int main()
{  int n, i, a;
   scanf("%d", &n);
   for(i=1; i<=n; i++)
   {   scanf("%d", &a);
       if(a%2==1)  printf("0 0\n");
       else  if(a%4==0)  printf("%d %d\n", a/4, a/2);
             else   printf("%d %d\n", a/4+1, a/2);
   }
   return 0;
}
```

2.3 常见输入输出格式

由于ICPC竞赛题目的输入数据和输出数据一般有多组(不定),并且格式多种多样,所以,如何处理题目的输入和输出是一项最基本的要求。这也是困扰初学者的问题。平常学习中,可能习惯了使用提示信息来提高程序的交互性,但ICPC竞赛题目不需要任何交互性,在输入和输出时不能有冗余信息,必须严格按照题目的要求读入数据和输出结果。

需要说明的是,在一般竞赛题目中给出的测试数据都是合法的,一般不需要在读入测试数据后对其进行合法性检查。如果测试数据中可能输入如越界等情况的数据,题目中会给出提示。下面分别介绍几种输入和输出格式。为了便于阅读,大部分题已译成中文。

2.3.1 数据输入格式

1. A+B(Ⅰ)

【问题描述】 计算 a+b。

【输入】 输入包含多组测试数据,每组数据包含整数 a 和 b,中间由一个空格分隔,每组数据单独占一行。

【输出】 对于每组输入数据 a 和 b,输出它们的和,输出结果单独占一行,一行输出对应一行输入。

【样例输入】

1 5

10 20

【样例输出】

6

30

【分析】 输入不说明有多少组数据,循环结束条件不好设置。但所有数据均存放在文件中,文件结束时有结束标志 EOF,因此使用循环逐个读入每组测试数据;然后计算、输出,再读下一组数据,直到 scanf 函数的返回值为 EOF,数据结束。

这里,要用到 scanf 函数的返回值,scanf 函数的返回值分为 3 种情况。

(1) 返回值>0:成功读入的数据项个数。

(2) 返回值=0:没有项被赋值。

(3) 返回值是 EOF:没有读到数据,第一个尝试输入的字符是 EOF(结束)。

在竞赛题目中,返回值为 EOF 可以用来判断输入数据已经全部读完。EOF 是一个预定义的常量,值为−1,在 C/C++ 中作为文件结束标志。

参考程序:

```
#include <stdio.h>
int main()
{  int a,b;
   while(1)
   {  if(scanf("%d%d",&a,&b)==EOF)     break;      //判断是否结束
      printf("%d\n",a+b);
   }
   return(0);
}
```

2. A+B(Ⅱ)

【问题描述】 计算 a+b。

【输入】 输入数据的第一行是整数 N,后跟 N 行数据。每行包含一对整数 a 和 b,中间由一个空格分隔,每组数据单独占一行。

【输出】 对于每组输入数据 a 和 b,在一行中输出它们的和,一行输出对应一行输入。

【样例输入】

2

1 5

10 20

【样例输出】

6

30

【分析】 输入一开始就说有N组输入数据,后面跟着这N组输入。因此,在处理时,先读入N;然后用N控制循环,每循环一次处理一组数据。在循环中读入一组数据、计算、输出,再读下一组数据。

参考程序:

```
#include <stdio.h>
int main()
{  int n, i, a, b;
   scanf("%d", &n);
   for(i=1; i<=n; i++)          //也可写成 while(n--)
   {   scanf("%d%d", &a, &b);
       printf("%d\n", a+b);
   }
   return(0);
}
```

3. A+B(Ⅲ)

【问题描述】 计算a+b。

【输入】 输入包含多组测试数据,每组测试数据包含一对整数a和b,每组单独占一行。当输入数据包含0　0时结束,该组数据不需处理。

【输出】 对于每组输入数据a和b,在一行中输出它们的和,一行输出对应一行输入。

【样例输入】

1 5

10 20

0 0

【样例输出】

6

30

【分析】 处理时,在循环体中先读入一组测试数据,再判断是否是结束标志,若是则退出循环;否则进行计算、输出,再读下一组数据。

参考程序:

```
#include <stdio.h>
int main()
{   int a, b;
    while(1)
```

```
    {  scanf("%d%d", &a, &b);
       if(a==0&&b==0)  break;          //判断是否结束
       printf("%d\n", a+b);
    }
    return(0);
}
```

注意：循环语句不能写成如下形式，请思考为什么？

```
while(scanf("%d%d", &a, &b) && (a!=0&&b!=0))
     printf("%d\n", a+b);
```

4. A+B(Ⅳ)

【问题描述】 计算一些整数的和。

【输入】 输入包含多组测试数据，每组测试数据首先包含一个整数N，在同一行中后跟N个整数。当N为0时输入结束，该组数据不需处理。

【输出】 对于每组输入数据，计算并输出它们的和，一行输出对应一行输入。

【样例输入】

4 1 2 3 4

5 1 2 3 4 5

0

【样例输出】

10

15

【分析】 在循环体中处理每组数据时，先读入第一个数N，判断N是否结束标志0，若是则结束循环；否则，再用一个循环语句读后面的N个数，每次读一个，依次累加、求和，最后输出。

参考程序：

```
#include <stdio.h>
int main()
{  int n, i, sum, x;
   while(1)
   {  scanf("%d", &n);
      if(n==0)    break;          //判断是否结束
      sum=0;
      for(i=1; i<=n; i++)
       {  scanf("%d", &x);   sum+=x;  }
      printf("%d\n", sum);
   }
   return(0);
}
```

5. A+B(Ⅴ)

【问题描述】 计算一些数的和。

【输入】 输入数据的第一行是一个正整数N,后跟N行。每行由一个正整数M开始,后跟M个整数。

【输出】 对于每组输入数据,计算并输出它们的和,一行输出对应一行输入。

【样例输入】

2

4 1 2 3 4

5 1 2 3 4 5

【样例输出】

10

15

【分析】 首先读入第一个数N,然后用N控制循环,处理N组输入数据。在循环体中处理每组数据时,先读入M,用M控制内层循环读M个数,循环中累加、求和,循环结束后输出结果。

参考程序:

```
#include <stdio.h>
int main()
{  int n, m, i, sum, x;
   scanf("%d", &n);
   while(n--)                          //循环处理 n 组数据
   {  scanf("%d", &m);     sum=0;
      for(i=1; i<=m; i++)              //循环读入 m 个数
      {  scanf("%d", &x);   sum+=x;  }
      printf("%d\n", sum);
   }
   return 0;
}
```

6. A+B(Ⅵ)

【问题描述】 计算一些数的和。

【输入】 输入包含多组测试数据,每组单独占一行。每行由一个正整数N开始,后跟N个整数。

【输出】 对于每组输入数据,计算N个整数的和并输出,一行输出对应一行输入。

【样例输入】

4 1 2 3 4

5 1 2 3 4 5

【样例输出】

10

15

【分析】 输入数据没有明显的结束标志,就只能判断文件结束标志EOF。因此,在读整数N时,判断scanf函数的返回值是否是EOF,若是则说明数据结束;否则,再用N控制内层循环,读每一个数,依次累加、求和,最后输出。

参考程序：

```
#include <stdio.h>
int main()
{  int n, i, sum, x;
   while(1)
   {  if(scanf("%d", &n)==EOF)  break;       //判断文件是否结束
      sum=0;
      for(i=1; i<=n; i++)                    //循环读 n 个数
       {  scanf("%d", &x);    sum+=x;   }
      printf("%d\n", sum);
   }
   return 0;
}
```

2.3.2 数据输出格式

1. A+B(Ⅶ)

【问题描述】 计算 a+b。

【输入】 输入包含多组测试数据，每组数据包含整数 a 和 b，中间由一个空格分隔，每组数据单独占一行。

【输出】 对于每组输入数据 a 和 b，输出它们的和，输出结果单独占一行，一行输出对应一行输入。

【样例输入】

1 5

10 20

【样例输出】

6

30

【分析】 这是最常见的输出格式，一组输入对应一组输出，各组输出数据之间没有空行。因此，输出结果后再输出一个换行符即可。

参考程序：

```
#include <stdio.h>
int main()
{  int a, b;
   while(1)
   {  if(scanf("%d%d", &a, &b)==EOF)  break;
      printf("%d\n", a+b);            //输出结果后换行
   }
   return(0);
}
```

2. A+B(Ⅷ)

【问题描述】 计算 a+b。

【输入】 输入包含多组测试数据,每组数据包含整数 a 和 b,中间由一个空格分隔,每组数据单独占一行。

【输出】 对于每组输入数据 a 和 b,输出它们的和,输出结果单独占一行,后再跟一个空行。

【样例输入】

1 5

10 20

【样例输出】

6

//空行

30

//空行

【分析】 这种格式的特点是,一组输入对应一组输出,注意每组输出之后都有空行。因此,在输出结果之后再多加一个换行即可。

参考程序:

```
#include <stdio.h>
int main()
{  int a,b;
   while(1)
   {  if(scanf("%d%d",&a,&b)==EOF)  break;
      printf("%d\n\n", a+b);          //输出多加一个换行
   }
   return(0);
}
```

3. A+B(Ⅸ)

【问题描述】 计算一些整数的和。

【输入】 输入数据的第一行是正整数 N,后跟 N 行数据。每行数据由整数 M 开始,后跟 M 个整数。

【输出】 对于每组输入数据,计算它们的和并输出,输出结果单独占一行。两组输出结果之间由空行分隔。

【样例输入】

3

4 1 2 3 4

5 1 2 3 4 5

3 1 2 3

【样例输出】

10

//空行

15

//空行

6

【分析】 这种格式的特点是，两组输出结果之间有一个空行，但最后一组输出结果之后没有空行。因此，输出时需单独处理第一组输出结果，即第一组输出结果之前没有空行，其他每组输出结果之前均有一个空行。或者单独处理最后一组输出结果。

参考程序：

```
#include <stdio.h>
int main()
{  int N, n, i, j, a, sum;
   scanf("%d", &N);
   for(i=1; i<=N; i++)                    //或写成 while(N--)
   {  scanf("%d", &n);     sum=0;
      for(j=1; j<=n; j++)
      {  scanf("%d", &a);   sum+=a;  }
      if(i==1)  printf("%d\n", sum); //第一组输出之前没有空行
      else  printf("\n%d\n", sum);    //其他每组输出之前均有空行
   }
   return(0);
}
```

第四部分 上 机 实 验

第 1 章 程序设计概述

1.1 实验内容

实验 Visual Studio 2013 的开发环境的使用

一、实验目的与要求

1. 认识 Visual Studio 2013 的开发环境。
2. 学习在 Visual Studio 2013 中编辑、编译、连接和运行一个 C 语言程序。
3. 通过运行简单的 C 语言程序，初步了解 C 语言源程序的特点。

二、实验题目

1. 熟悉 Visual Studio 2013 的开发环境的使用。

2. 创建一个控制台应用程序，输入以下代码，然后编译、连接、运行程序，并查看结果，将程序中 3 个 printf 函数中最后的\n 去掉后，再编译、连接、运行程序，看看结果如何。

```
#include<stdio.h>
int main()
{   printf("***********\n");
    printf("   Very good!\n");
    printf("***********\n");
    return 0;
}
```

3. 创建一个控制台应用程序，输入代码，然后编译、连接、运行程序，并查看结果。

```
#include<stdio.h>
int main()
{   int  x, y, z;
    x=1279;     y=2548;
    z=x+y;      printf("z=%d\n", z);
    return 0;
}
```

1.2 常见错误及其解决方法

常见的错误及其解决方法如下。

1. 采用“创建一个控制台应用程序”的方式建立一个新程序时，如果没有去掉“应用程序设置”选项卡中“预编译头”选项前面的勾选，且已删除代码中的文件包含命令：#include "stdafx.h"，会导致程序编译出现以下错误信息。

```
fatal error C1010: 在查找预编译头时遇到意外的文件结尾。是否忘记了向源中添加
"#include "stdafx.h""?
```

【解决方法】

(1) 关闭并重新创建项目，创建过程中去掉“预编译头”前面的勾选。

(2) 在“#include "stdio.h"”前面添加文件包含命令“#include "stdafx.h"”。

2. 采用“创建一个空项目”的方式建立的程序，程序运行时窗口一闪而过，无法看到运行结果。

【解决方法】 可在主函数的最后一行添加语句 system("pause");，注意需要同时引入头文件 stdlib.h。

3. 生成项目时，出现错误信息。

```
"fatal error LNK1123: 转换到 COFF 期间失败:文件无效或损坏"
```

【解决方法】

(1) 单击菜单“项目”→“属性”，在弹出的“属性页”对话框中选择导航栏中的“配置属性”选项并双击展开，选择其中的“链接器”选项，并在右边配置列表中将“启用增量链接”选项中的“是(/INCREMENTAL)”改成“否(/INCREMENTAL:NO)”。更改完成后重新生成项目即可。

(2) 打开“我的电脑”，进入目录 C:\Program Files (x86)\Microsoft Visual Studio 12.0\VC\bin，删除文件“cvtres.exe”，重新启用 Visual Studio 2013，并打开项目生成即可。

4. 关键字拼写错误。例如，将 include 写成 inclde 或 includ，将 return 写成 retun，等等。在 Visual Studio 2013 环境下，关键字一般会显示成蓝色，若出现拼写错误，则错误的关键字会显示成黑色，编译时会出现以下错误信息。

```
fatal error C1021: 无效的预处理器命令"includ"
error C2065: "retun": 未声明的标识符
```

【解决方法】 根据字体颜色判断是否出错，输入代码时要认真仔细。

5. 使用 printf 函数时，忘记写文件包含命令：#include<stdio.h>。编译时会出现以下错误信息。

```
error C3861: "printf": 找不到标识符
```

【解决方法】 每个程序都会输出数据，所以每个程序前必须加文件包含命令。

另外，如果程序中要使用一些标准的数学函数，一定要包含头文件 math.h。

6. 程序中在字符串和注释以外的地方使用全角字符，特别是全角的标点符号，如逗号、分号等与半角符号外观很像，不容易区分。例如：

```
int a,b;
a=5；          //这里使用了中文的全角分号
b=8;
```

编译时会出现以下错误信息。

```
error C2146: 语法错误: 缺少";"(在标识符";"的前面)
error C2065: ";": 未声明的标识符
error C2146: 语法错误: 缺少";"(在标识符"b"的前面)
```

虽然出现3条错误信息，实际上就是因为a=5后的分号是全角分号，将它改成英文的半角分号后，这3条错误就没有了。

【解决方法】 输入程序代码时，小心谨慎，尽量避免此问题。

第 2 章 C 语言基础

2.1 实验内容

实验 2.1 格式化输入、输出函数的应用

一、实验目的与要求

1. 掌握 C 语言的格式化输入、输出函数。
2. 掌握整型、实型数据不同格式的输出和正确输入字符型数据。

二、实验题目

1. 阅读以下程序，先写出程序的运行结果，再上机验证。

```
#include<stdio.h>
int main()
{   float x, y;    char c1, c2, c3;
    x=5/2.0;     y=1.2+5/2;
    printf("x=%f, y=%6.2f\n", x, y);
    printf("x=%e, y=%E\n", x, y);
    c1='A';    c3='0'+8;
    printf("c1=%3c, c2=%5c, c3=%-5c \n", c1, c2, c3);
    printf("c1=%4d, c2=%-4d, c3=%d \n", c1, c2, c3);
    printf("%s\n%8s\n%.3s\n%6.2s\n", "hello", "hello", "hello", "hello");
    return 0;
}
```

2. 上机输入以下两个程序，然后分别按给定的 3 种方式输入数据，看看程序的输出结果，想想为什么会有这样的输出结果。

(1) 程序 1：整型、实型数据的输入。

```
#include<stdio.h>
int main()
{   int a, b;     float x, y;
    scanf("a=%d, b=%d", &a, &b);
    scanf("%f %f", &x, &y);
    printf("a=%d, b=%d\n", a, b);
    printf("x=%f, y=%f\n", x, y);
    return 0;
}
```

输入方式 1:(注:□为空格,↙为回车) a=24, b=18↙ 5.6□9.34↙	输入方式 2: a=24, b=18↙ 5.6, 9.34↙	输入方式 3: 24□18□5.6□9.34 ↙

(2) 程序 2:字符型数据的输入。

```
#include<stdio.h>
int main()
{   char c1, c2,c3,c4;
    scanf("%c%c", &c1, &c2);
    scanf("%c,%c", &c3, &c4);
    printf("c1=%c, c2=%c\n", c1, c2);
    printf("c3=%c, c4=%c\n", c3, c4);
    return 0;
}
```

输入方式 1: H□K□M□N↙	输入方式 2: H↙ K,M,N↙	输入方式 3: HKM,N↙

3. 编程实现从键盘输入两个整数,分别计算出它们的商和余数,并分别输出,要求输出商时保留 2 位小数。测试数据如下。

输入: 5 3	输出: 1.67　2

4. 编程输入一个字母,输出与之对应的 ASCII 值,要求输入、输出都要有相应的文字提示。测试数据如下。

输入: A	输出: 65

实验 2.2　变量的使用与赋值运算

一、实验目的与要求

1. 掌握 C 语言的数据类型。
2. 掌握变量的定义与使用。
3. 掌握 C 语言的赋值运算和算术运算。

二、实验题目

1. 阅读以下程序,先写出程序的运行结果,再上机验证。

```
#include<stdio.h>
int main()
{   int a, b;
    a=5/2;    b=1/2;
    printf("a=%d, b=%d \n", a, b);
    printf("5/2.0=%f, 1.0/2=%f \n", 5/2.0, 1.0/2);
```

```
    a=5%2;   b=2%5;
    printf("a=%d, b=%d\n", a, b);
    a=-5%2;  b=5%-2;
    printf("a=%d, b=%d\n", a, b);
    return 0;
}
```

2. 输入以下程序,修改其中的错误直至程序可以正确运行。

```
#include<stdio.h>
int main
{   float r, area;
    scanf("%d", &r);
    aea=3.14159*r*r
    printf("area=%f\n", area);
    return 0;
}
```

3. 由键盘输入一个整数,计算这个数平方值和立方值,并输出结果。测试数据如下。

输入: 2	输出: 4 8

4. 由键盘输入一个长方体的长、宽、高(均为整数),计算这个长方体的表面积和体积,并输出结果。测试数据如下。

输入: 4 3 2	输出: 52 24

实验2.3　基本数据类型与类型转换

一、实验目的与要求

1. 掌握基本数据类型(整型、浮点型、字符型)的表示形式和相关运算。
2. 理解类型转换的意义。
3. 掌握强制类型转换的方法。

二、实验题目

1. 阅读以下程序,先写出程序的运行结果,再上机验证。

```
#include<stdio.h>
int main()
{   int a=100;                  float b=365.27891435;
    double c=365.27891435;      char d='A';
    printf("a=%d, a=%o, a=%x\n", a, a, a);
    printf("b=%f, b=%.3f, b=%.8f\n", b, b, b);
    printf("c=%lf, c=%.3lf, c=%.8lf\n", c, c, c);
    printf("d=%c, d=%d, d+32=%c\n", d, d, d+32);
    d=a;   printf("d=%c\n",d);
    b=a;   printf("b=%f\n",b);
```

```
    a=c;   printf("a=%d\n",a);
    return 0;
}
```

2. 输入 3 个整数 a、b、c，计算这 3 个数的平均值，输出保留 2 位小数。测试数据如下。

输入： 5 3 8	输出： 5.33

3. 有一个水缸，可以装 50 升水，现在需要去河边提水把水缸灌满，现在只有一个深 h 厘米，底面半径为 r 厘米的圆桶，h 和 r 都是整数，问至少需要提几桶水才能把水缸灌满。(提示：一个圆桶最多能装 PI×r×r×h 立方厘米的水(设 PI=3.14159)，1 升=1000 毫升，1 毫升=1 立方厘米)。测试数据如下。

输入： 20 10	输出： 8

实验 2.4　宏定义的应用

一、实验目的与要求

1. 掌握不带参数和带参数的宏定义的编程。

2. 理解文件包含的意义。

二、实验题目

1. 阅读以下程序，先写出程序的运行结果，再上机验证。

```
#include<stdio.h>
#define  X  5
#define  Y  X+1
#define  Z  Y*X/2
int main()
{   int a=Y;
    printf("%d, %d\n", Z, --a);
}
```

2. 阅读以下程序，先写出程序的运行结果，再上机验证。

```
#include<stdio.h>
#define f(x)  x%2
int main()
{   int s1=0, s2=0;
    s1=s1+f(1);    s2=s2+f(2);
    printf("s1=%d\n", s1);
    printf("s2=%d\n", s2);
    return 0;
}
```

3. 用带参数的宏定义编程实现求 3 个数的最大数。测试数据如下。

输入: 5 9 3	输出: 9

实验 2.5　ICPC 竞赛题

1. A+B Problem.

【Description】 Calculate a+b.

【Input】 Two integer a,b (0<=a,b<=10).

【Output】 Output a+b.

【Sample Input】

1 2

【Sample Output】

3

【Source】 POJ1000,ZOJ1000

【解析】 本题作为入门题,直接给出任务,计算 a+b 的值;输入部分给出输入格式和范围,输入两个整数 a 和 b,它们均在[0,10]内;输出部分给出输出格式要求,输出 a+b 的结果。

2. Fibonacci Sequence.

【Description】 The Fibonacci sequence is a sequence of natural numbers, and is defined as follows:

$$F_1 = 1;$$
$$F_2 = 1;\ \text{and}$$
$$F_n = F_{n-1} + F_{n-2} \quad \text{for } n > 2.$$

Write a program to output the first 5 numbers in the Fibonacci sequence.

【Input】 There is no input for this problem.

【Output】 Output 5 integers indicating the first 5 numbers in the Fibonacci sequence. Any two adjacent numbers in the output are separated by exactly one space and there is no extra space or symbol at the end of the line.

【Sample Input】

no input

【Sample Output】

1 1 2 3 5

【Source】 2019 ICPC Asia Yinchuan,计蒜客 A2268.

【解析】 题目给出 Fibonacci 数列的递推公式,即第 1、2 项均为 1,从第 3 项开始,每项均等于相邻的前两项之和。因此,有了第 1、2 项后,依次递推即可求出后面的各项。按照题目要求,在一行中输出该数列的前 5 项,每两个数之间用一个空格分隔。

3. Financial Management.

【Description】 Larry graduated this year and finally has a job. He's making a lot of money, but somehow never seems to have enough. Larry has decided that he needs to grab hold of his financial portfolio and solve his financing problems. The first step is to figure out what's been going on with his money. Larry has his bank account statements and wants to see how much money he has. Help Larry by writing a program to take his closing balance from each of the past twelve months and calculate his average account balance.

【Input】 The input will be twelve lines. Each line will contain the closing balance of his bank account for a particular month. Each number will be positive and displayed to the penny. No dollar sign will be included.

【Output】 The output will be a single number, the average (mean) of the closing balances for the twelve months. It will be rounded to the nearest penny, preceded immediately by a dollar sign, and followed by the end-of-line. There will be no other spaces or characters in the output.

【Sample Input】

```
100.00
489.12
12454.12
1234.10
823.05
109.20
5.27
1542.25
839.18
83.99
1295.01
1.75
```

【Sample Output】

```
$1581.42
```

【Source】 POJ1004, Mid-Atlantic 2001.

【解析】 根据题目描述，为帮助 Larry 实现财务管理，输入她过去 12 个月的银行余额，帮助她计算平均账户余额。因此，可使用循环，一边读入每个月的余额，一边累加求和，最后除以 12 即可。(在学完数组后，也可以将过去 12 个月的余额存入数组中，然后计算数组的平均值)。输出结果时，必须按照题目指定的格式，否则将会返回错误。

2.2 常见错误及其解决方法

常见的错误及其解决方法如下。

1. 定义标识符时使用了非法字符，如空格、括号、其他符号。例如，f(a)、a-b、2x 都是非法的。

【解决方法】 牢记标识符的命名规则：以字母或下画线开头，字母、数字、下画线的序列。另外，注意标识符中大小写字母的区别，特别是字母：c、k、o、p、s、u、v、w、x、z。

2. 应成对出现的符号不配对。例如,{ },[ ],( ),' ','" "应成对出现的符号不配对。

【解决方法】 每次写这些符号时就先写成一对,然后再在中间添加内容。

3. 混淆正、反斜线。例如:

```
x=5\2;                  //除号方向写反了
printf("/n ");          //换行符的斜线方向写反了
```

【解决方法】 注意除号是用正斜线'/ ',注释也是用正斜线,如"//"或"/ *   * / ";而转义字符都是以反斜线'\ '开头,换行符应为'\n '。

4. 直接使用了没有定义的变量。例如:

```
#include<stdio.h>
int main()
{   int x, y;
    x=3;  y=6;   z=x * y;
    printf("z=%d\n", z);
    return 0;
}
```

编译时将出现以下错误信息。

```
error C2065: "z": 未声明的标识符
```

【解决方法】 所有的变量都必须遵循“先定义,后使用”的原则。

5. 直接使用未初始化或未赋值的变量。例如:

```
#include<stdio.h>
int main()
{   int  x, y;
    y=x+10;
    printf("x=%d, y=%d\n", x, y);
    return 0;
}
```

以上程序编译时不会出现错误,但可能会出现以下警告信息。

```
warning C4700: 使用了未初始化的局部变量"x"
```

由于变量 x 既没有初始化,也没有赋值,还没有输入一个数据,所以会出现下面这样的输出结果:

```
x=-858993460, y=-858993450
```

变量 x 是随机数,这样计算 y=x+10; 实际上是没有意义的。

【解决方法】 在使用变量进行计算前,必须保证变量有确定的值。

6. 期望两个整数做算术运算得到浮点数的结果。例如:

```
#include<stdio.h>
int main()
{   float z;
    z=5/2;
    printf("z=%f\n", z);
    return 0;
}
```

此时没有编译错误，但程序运行后，变量 z 的值是 2.0，而不是 2.5。

【解决方法】 将参加运算的一个运算量转换为浮点数。上例可改为：z=5/2.0;。若程序中用的是变量，则可使用强制类型转换。例如：

```
int x=5,y=2;
float z;
z=x/(float) y;
```

7. 忽略了变量的类型，进行了不合法的运算。例如：

```
int main()
{   float a, b;
    printf("%d", a%b);
    return 0;
}
```

因为%是取余运算，只有整型变量才可以进行取余运算，而实型变量是不允许进行取余运算的，所以编译时会出现以下错误信息。

```
error C2296: "%": 非法,左操作数包含"float"类型
error C2296: "%": 非法,右操作数包含"float"类型
```

【解决方法】 进行运算时一定要注意变量的数据类型。

8. 输入数据时，容易出现以下几种错误。

(1) 变量前忘记写地址符"&"。例如：

```
scanf("%d%d", x, y);
```

虽然在编译时系统没有报告错误，但是在程序运行时会出错。

【解决方法】 输入数据时，变量前必须写地址符"&"。

(2) 从键盘输入数据时，输入的格式与 scanf 中格式字符串中的格式不一致。例如：

```
scanf("%d, %d", &x, &y);
```

```
输入数据：
12□36↙
```

输入时两个整数之间用空格分开，但是 scanf 格式字符串中的两个%d 是用逗号分开的，所以只有 x 能得到数据 12，而 y 还是随机数。

正确的输入方式是必须用逗号分开输入的两个整数,即

```
输入:
12,36↙
```

类似的,如果输入函数是:

```
scanf("x=%d, y=%d", &x, &y);
```

正确的输入方式是:

```
x=12, y=36↙
```

【解决方法】 输入数据的格式必须与scanf中格式字符串的格式保持完全一致。

(3) 输入字符型数据时用空格、回车符来分隔两个字符数据。例如:

```
scanf("%c%c", &ch1, &ch2);
printf("ch1=%c,ch2=%c.\n",ch1,ch2);
```

```
输入数据:
A□B↙
输出结果:
ch1=A,ch2=  .(实际上"ch2="后面是输出了一个空格)
```

因在格式字符串中两个%c之间没有空格,那么在输入数据时两个字符A和B之间也不能有空格。如果格式字符串写成"%c %c",则在输入时A和B之间可以加空格。若写成"%c,%c",则输入应该是:

```
A,B↙
```

【解决方法】 输入字符型数据时要注意不能用空格、回车符等来分隔两个字符数据,因为它们本身也是合法的字符。

9. 使用格式化输入、输出函数时,格式字符与变量的数据类型不匹配。例如,以下4个程序段。

```
(1) int x=3;
    printf("x=%f\n", x, x);            //输出x时,格式字符用f是错误的
    输出结果:
    x=0.000000                         //输出结果不对
(2) int x;
    scanf("%f", &x);                   //输入x时,格式字符用f是错误的
    printf("x=%d\n", x);
    输入数据:
    3↙
    输出结果:
    x=1077936128                       //输出结果不对
(3) float x=5.6;
    printf("x=%d\n", x, x);            //输出x时,格式字符用d是错误的
    输出结果:
    x=1610612736                       //输出结果不对
```

```
(4) float x;
    scanf("%d", &x);              //输入 x 时,格式字符用 d 是错误的
    printf("x=%f\n", x);
    输入数据:
    5.6↙
    输出结果:
    x=0.000000                    //输出结果不对
```

【解决方法】 格式字符一定要与变量的数据类型相匹配。long int 型和 double 型数据输入、输出时应在对应的格式字符 d 或 f 前加字母 L 或 l。

10. 文件包含命令书写格式错误。例如,以下文件包含命令是错误的。

```
#include<stdio.h>;
#include<stdio.h>, <math.h>
#include<stdio.h, math>
```

【解决方法】 注意编译预处理命令以 # 开头,末尾不加分号,一个 include 命令只能指定一个被包含文件,若包含多个文件,则需用多个 include 命令,且一个命令应单独占一行。

11. 使用宏定义时的常见错误。

(1) 定义了两个符号常量代表同一个常数。例如:

```
#define  M  3
#define  N  3
```

【解决方法】 只定义一个符号常量即可。

(2) 带参数的宏定义,宏名和参数之间出现多余的空格。例如:

```
#define  MAX  (a, b)  (a>b)?a:b
```

【解决方法】 宏名和参数之间不能有空格。所以上面宏定义正确的写法是:

```
#define  MAX(a, b)  (a>b)?a:b
```

(3) 将宏体写得过于复杂,如宏体中出现选择和循环结构,或宏体由 5 条以上语句组成。

【解决方法】 对于需要多条语句才能完成的功能,建议最好写成函数。

第 3 章 程序的控制结构

3.1 实验内容

实验 3.1 if 语句编程

一、实验目的与要求

1. 掌握关系运算和逻辑运算,能写出正确的关系表达式和逻辑表达式。

2. 掌握 if 语句的 3 种形式,以及 if 语句的嵌套。

二、实验题目

1. 阅读以下程序,先写出程序的运行结果,再上机验证。

```
#include<stdio.h>
int main()
{   int a=0, b=0, c=1, x=0;
    if(a)  x=5;
    else
        if(!b)
            if(!c) x=15;
            else  x=25;
    printf("x=%d\n", x);
    a=2;  b=3;  c=0;
    if(a>b) x=1;
    else
        if(a==b)  x=0;
        else  x=-1;
    if(c=1)  printf("x=%d\n", x);
    return 0;
}
```

2. 下面的程序用来计算分段函数,请找出程序中的错误并改正,使程序能正确运行。

$$y=\begin{cases} e^{-x} & x>0 \\ 1 & x=0 \\ -e^{x} & x<0 \end{cases}$$

```
#include<stdio.h>
int main()
{   int  x, y;
    scanf("%d", &x);
    if(x>0)  y=exp(-x);
    if(x<0)  y=-exp(x);
    else  y=1;
    printf("y=%f\n", y);
    return 0;
}
```

3. 用 if 语句编程实现输入三角形的 3 条边长(都是整数),判断 3 条边长是否能构成一个三角形,若能构成三角形,输出它是等腰三角形(Isosceles triangle)、等边三角形(Equilateral triangle)还是一般三角形(General triangle);若不能构成三角形,则输出信息“输入的 3 条边长不能构成三角形”。

测试数据 1	测试数据 2	测试数据 3
输入: 2 2 2 输出: Equilateral triangle	输入: 2 2 3 输出: Isosceles triangle	输入: 2 3 4 输出: General triangle

4. 编程实现从键盘输入一个整数,判断它是否分别能被 3、5 整除,并根据不同情况输出以下信息之一。

(1) 该数能同时被 3 和 5 整除,输出“2”。

(2) 该数能被其中一个数整除(即该数能被 3 整除,或该数能被 5 整除),输出“1”。

(3) 该数既不能被 3 整除也不能被 5 整除,输出“0”。

测试数据 1	测试数据 2	测试数据 3
输入: 15 输出: 2	输入: 12 输出: 1	输入: 22 输出: 0

实验 3.2 switch 语句编程

一、实验目的与要求

1. 掌握 switch 语句的形式及其使用方法。

2. 学会用 switch 语句编程解决实际问题。

二、实验题目

1. 阅读以下程序,先写出程序的运行结果,再上机验证。

```
#include<stdio.h>
int main()
{   int a=2, b=7, c=5;
    switch(a>0)
```

```
    {  case 1: switch(b<0)
          {  case 1: printf("@"); break;
             case 2: printf("&"); break;
          }
       case 0: switch(c==5)
          {  case 0: printf("*"); break;
             case 1: printf("#"); break;
             default: printf("#");
          }
       default: printf("$ ");
    }
    printf("\n");
    return 0;
}
```

2. 用switch语句编程实现一个简单的计算器程序,输入两个整数和一个运算符(设只有+、-、*、/)4个运算符,根据输入的运算符进行运算,并输出结果。注意,除法要判断除数是否为0,若除数为0则输出error;若除数不为0,则输出结果,保留2位小数。

测试数据 1	测试数据 2	测试数据 3
输入: 3+5 输出: 8	输入: 3/5 输出: 0.60	输入: 5/0 输出: error

3. 根据给出的函数关系,对输入的x值计算出相应的y值,要求用switch语句实现。

$$y=\begin{cases}0 & x<0\\ x & 0\leqslant x<10\\ 10 & 10\leqslant x<20\\ -0.5x+20 & 20\leqslant x<40\end{cases}$$

测试数据 1	测试数据 2	测试数据 3
输入: 5 输出: 5	输入: 15 输出: 10	输入: 20 输出: 5

实验 3.3 循环结构编程

一、实验目的与要求

1. 掌握while、do-while、for这3种循环语句的形式及其使用方法。
2. 掌握循环嵌套的使用方法。
3. 理解break和continue语句的区别,并能正确使用。

二、实验题目

1. 阅读以下程序,先写出程序的运行结果,再上机验证。

```c
#include<stdio.h>
int main()
{   int i, j;     float sum;
    for(i=7; i>4; i--)
    {   sum=0.0;
        for(j=i; j>3; j--)  sum=sum+i*j;
    }
    printf("sum=%f\n", sum);
    return 0;
}
```

2. 分别用 while 和 do-while 语句编程实现计算 1～200 中能被 3 整除的整数之和。测试数据如下。

输入： 无	输出： 6633

3. 编程找出 1000 以内的所有完数。所谓完数，是指如果一个数恰好等于它的真因子之和，则称该数为完数。第一个完数是 6，6＝1＋2＋3，并按以下格式输出：6＝1＋2＋3，输出时每个完数占一行。

提示：对于一个数 n，需要求出它的全部因子，其中因子 1 可以不求，从 2 开始一直到 n/2，逐一判断它们是否为 n 的因子，如果是因子就把它加起来，最后比较因子和是否等于该数，若是该数则表明该数为完数。输出时可以先输出 n＝1，然后先输出＋，再输出因子。测试数据如下。

输入： 无	输出： 6=1+2+3 28=1+2+4+7+14 496=1+2+4+8+16+31+62+124+248

4. 用 for 语句编程实现打印如下输出形式的九九乘法表。

```
1□□2□□3□□4□□5□□6□□7□□8□□9□□
      4□□6□□8□□ 10□ 12□ 14□ 16□ 18□
            9□□ 12□ 15□ 18□ 21□ 24□ 27□
                16□ 20□ 24□ 28□ 32□ 36□
                    25□ 30□ 35□ 40□ 45□
                        36□ 42□ 48□ 54□
                            49□ 56□ 63□
                                64□ 72□
                                    81□
```

提示：用嵌套的 for 循环实现，外层循环控制行，内层循环控制列。注意每个数据输出时占 3 列。

实验 3.4 ICPC 竞赛题

1. I Think I Need a Houseboat.

【Description】 Fred Mapper is considering purchasing some land in Louisiana to build his house on. In the process of investigating the land,he learned that the state of Louisiana is actually shrinking by 50 square miles each year,due to erosion caused by the Mississippi River. Since Fred is hoping to live in this house the rest of his life,he needs to know if his land is going to be lost to erosion.

After doing more research,Fred has learned that the land that is being lost forms a semicircle. This semicircle is part of a circle centered at (0,0),with the line that bisects the circle being the X axis. Locations below the X axis are in the water. The semicircle has an area of 0 at the beginning of year 1. (Semicircle illustrated in the Figure)

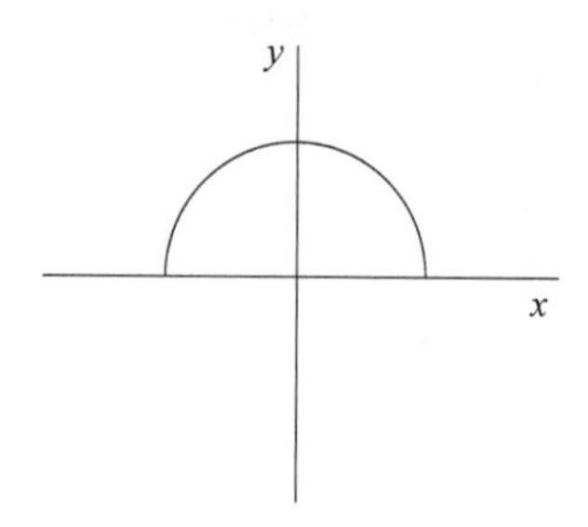

【Input】 The first line of input will be a positive integer indicating how many data sets will be included (N). Each of the next N lines will contain the X and Y Cartesian coordinates of the land Fred is considering. These will be floating point numbers measured in miles. The Y coordinate will be non-negative. (0,0) will not be given.

【Output】 For each data set,a single line of output should appear. This line should take the form of: "Property N: This property will begin eroding in year Z." Where N is the data set (counting from 1),and Z is the first year(start from 1) this property will be within the semicircle AT THE END OF YEAR Z. Z must be an integer. After the last data set,this should print out "END OF OUTPUT".

【Sample Input】

2

1.0 1.0

25.0 0.0

【Sample Output】

Property 1: This property will begin eroding in year 1.

Property 2: This property will begin eroding in year 20.

END OF OUTPUT.

【Hint】

(1) No property will appear exactly on the semicircle boundary: it will either be inside or outside.

(2) This problem will be judged automatically. Your answer must match exactly, including the capitalization, punctuation, and white-space. This includes the periods at the ends of the lines.

(3) All locations are given in miles.

【Source】 Mid-Atlantic 2001, POJ1005, UVA2363.

【解析】 这是一道简单的数学题。从坐标原点开始,每年将会有 $50km^2$ 的土地以半圆的形式被侵蚀掉。要求计算当 Fred Mapper 家的坐标为(x,y)时,他家所在的位置何时被河水侵蚀。这就需要利用数学知识,构建一个简单的数学模型,用公式直接计算。最后按要求的格式输出结果。

需要注意的是,本题中未满一年也按一年处理,即将 2.3 年看成 3 年。

2. Elevator.

【Description】 The highest building in our city has only one elevator. A request list is made up with N positive numbers. The numbers denote at which floors the elevator will stop, in specified order. It costs 6 seconds to move the elevator up one floor, and 4 seconds to move down one floor. The elevator will stay for 5 seconds at each stop.

For a given request list, you are to compute the total time spent to fulfill the requests on the list. The elevator is on the 0th floor at the beginning and does not have to return to the ground floor when the requests are fulfilled.

【Input】 There are multiple test cases. Each case contains a positive integer N, followed by N positive numbers. All the numbers in the input are less than 100. A test case with N=0 denotes the end of input. This test case is not to be processed.

【Output】 Print the total time on a single line for each test case.

【Sample Input】

```
1 2
3 2 3 1
0
```

【Sample Output】

```
17
41
```

【Source】 HDOJ1008.

【解析】 本题由于要求按给定的任务列表中的顺序来计算所需时间,所以只能按照给定的顺序逐一完成,即模拟一遍电梯的运行过程,分别计算每次运行和停留所需的时间,并累加计算总时间。该问题本身的处理方法比较简单,主要还是对电梯的运行过程进行模拟。

3. Xu Xiake in Henan Province.

【Description】 Shaolin Monastery, also known as the Shaolin Temple, is a Chan ("Zen") Buddhist temple in Dengfeng County, Henan Province. Believed to have been founded in the 5-th century CE, the Shaolin Temple is the main temple of the Shaolin school of Buddhism to this day.

Longmen Grottoes, are some of the finest examples of Chinese Buddhist art. Housing tens of thousands of statues of Buddha and his disciples, they are located 12 kilometres (7.5 mi) south of present-day Luoyang in Henan province.

White Horse Temple is, according to tradition, the first Buddhist temple in China, established in 68 AD under the patronage of Emperor Ming in the Eastern Han dynasty capital Luoyang.

The Yuntai Mountain is situated in Xiuwu County, Jiaozuo, Henan Province. The Yuntai Geo Park scenic area is classified as an AAAAA scenic area by the China National Tourism Administration. Situated within Yuntai Geo Park, with a fall of 314 metres, Yuntai Waterfall is claimed as the tallest waterfall in China.

They are the most famous local attractions in Henan Province.

Now it's time to estimate the level of some travellers. All travellers can be classified based on the number of scenic spots that have been visited by each of them.

A traveller that visited exactly 0 above-mentioned spot is a "Typically Otaku".

A traveller that visited exactly 1 above-mentioned spot is a "Eye-opener".

A traveller that visited exactly 2 above-mentioned spots is a "Young Traveller".

A traveller that visited exactly 3 above-mentioned spots is a "Excellent Traveller".

A traveller that visited all 4 above-mentioned spots is a "Contemporary Xu Xiake".

Please identify the level of a traveller.

【Input】 The input contains several test cases, and the first line contains a positive integer T indicating the number of test cases which is up to 104.

For each test case, the only one line contains four integers A1, A2, A3 and A4, where Ai is the number of times that the traveller has visited the i-th scenic spot, and 0≤A1, A2, A3, A4≤100. If Ai is zero, it means that the traveller has never been visiting the i-th spot.

【Output】 For each test case, output a line containing one string denoting the classification of the traveller which should be one of the strings "Typically Otaku", "Eye-opener", "Young Traveller", "Excellent Traveller" and "Contemporary Xu Xiake" (without quotes).

【Sample Input】

5

0 0 0 0

0 0 0 1

1 1 0 0

2 1 1 0

1 2 3 4

【Sample Output】

Typically Otaku

Eye-opener

Young Traveller

Excellent Traveller

Contemporary Xu Xiake

【Source】 2018—2019 ACM-ICPC Asia Jiaozuo Regional Contest,Gym102028A.

【解析】 这是 2018 年 ACM-ICPC 亚洲赛(焦作)的签到题。题目一共有 4 个景点,给出某个旅行者去每个景点的次数(不一定等于 0 或 1,也可能去过很多次),统计他去过的景点个数,根据去过的景点个数输出他的类型。循环读入每组测试数据,统计去过几个景点(非 0 即表示去过,统计非 0 的数字个数),使用 if 语句或 switch 语句判断并输出对应的字符串即可。

3.2 常见错误及其解决方法

常见的错误及其解决方法如下。

1. if 语句或循环语句中逻辑或关系表达式书写错误。例如:

表示"x 属于 0 到 1 的闭区间",写成 0<=x<=1。

表示"a 的平方减 b 的平方大于 0",写成 $a^2-b^2>0$。

这些都是数学表达式的写法,而不是正确的 C 语言表达式的写法。

【解决方法】 真正理解 C 语言的逻辑运算和关系运算,以上条件 C 语言表达式的正确写法是: x>=0&&x<=1,(a*a-b*b)>0。

另外,注意在关系运算符<=、>=、==和!=中,两个符号之间不允许有空格。

2. 用 if 判断数据是否相等时,将等号"=="写成赋值号"=",编译时虽不会出现语法错误,但程序运行时会出错。编写程序段,实现若 a=10,则 b=1;否则 b=0。设程序代码如下。

```
int a=5;
if(a=10)  b=1;        //if 条件中的等号"=="错写成赋值号"="
else  b=0;
```

不论原来变量 a 的值是多少,执行 if 语句时,a 就赋值为 10,所以肯定会执行 b=1;语句,这样就与题目要求不符了。

【解决方法】 C 语言中的等号一定要写两个等号。

3. 用关系运算符"=="直接比较两个浮点数是否相等。例如：

```
float x;
scanf("%f", &x);
if(x==123.456)  printf("OK!\n");
else printf("x=%f\n", x);
```

输入数据：

```
123.456↙
```

输出结果：

```
x=123.456001
```

【解决方法】 出现以上输出结果是因为浮点数在计算机中的表示方法的特殊性和浮点数的精度问题造成的，所以比较两个浮点数是否相等一般采用的方法是：比较两个浮点数之差的绝对值，如果该值小于某个精度范围，就可以认为这两个浮点数相等。

上例的if语句可改写成：

```
if(fabs(x-123.456)<=1e-6)  printf("OK!\n");
```

这里的1e－6是设定的误差精度，也可以写得更小，如1e－9。

另外，一般也不用"=="来判断浮点数是否等于0，而是采用上面的方法。例如，对一元二次方程根判别式 b^2-4ac 是否为0的判断时用：

```
if(fabs(b*b-4*a*c)<=1e-6)
```

4. 复合语句不加花括号，虽然不会出现语法错误，但会导致程序出现逻辑错误，程序在执行if语句和循环语句时将出错。例如，以下程序段想实现当a<b时，交换a和b的值。

```
int a,b,c;
scanf("%d%d", &a, &b);
if(a<b)
c=a;
a=b;
b=c;
```

这样写实际上if语句是if(a<b) c=a;，而a=b; b=c; 这两条语句与if没有关系。

若输入3 8↙，则a=3，b=8，条件a<b成立，先执行c=a;，然后再执行a=b; b=c;，最后a=8，b=3，结果看上去是正确的，但程序的逻辑结构是错误的。实际上，不论a<b是否成立，程序都会执行a=b; b=c; 这两条语句。

假设输入6 2↙，则a=6，b=2，这时if的条件不满足，不执行c=a;，但是会执行a=b; b=c; 这两条语句，所以程序运行后a=2，b=－858993460，结果出错了，因没执行c=a; 语句，变量c中是随机数，执行b=c;后，变量b也成了随机值。

【解决方法】 复合语句必须用花括号括起来。

上例的 if 语句应改成

```
if(a<b)
{   c=a;
    a=b;
    b=c;
}
```

5. 错误使用分号的几种情况如下。

(1) 在语句的末尾漏掉分号。例如:

```
int a, b;
a=5        //这里漏写了一个分号
b=a+10;
printf("b=%d\n", b);
```

编译时会出现以下错误信息。

```
error C2146: 语法错误: 缺少";"(在标识符"b"的前面)
```

(2) 在 do-while 语句的末尾漏掉分号。例如:

```
a=1;
do
{
    a++;
}while(a<5)             //这里漏写了一个分号
printf("a=%d\n", a);
```

编译时会出现以下错误信息。

```
error C2146: 语法错误: 缺少";"(在标识符"printf"的前面)
```

(3) 在 if 语句的条件表达式后多写一个分号,这个分号就是一条空语句。例如:

```
if(x>10);           //注意这里有个分号
y=1;
```

这样写,实际上 y=1;并不属于 if 语句,当 x>10 时,先执行空语句,再执行 y=1;此时编译不会出错,在程序运行时则可能出现错误:当变量 x 的值大于 10,y 能赋值为 1(没有错误);但是当变量 x 的值小于 10 时,y 也能赋值为 1。

如果是双分支的 if 语句,多加了分号后会出现语法错误。例如:

```
if(x>10);           //最后多写了一个分号
y=1;
else  y=0;
```

这样写,实际上 if 语句只是 if(x>10);,而其后的那 2 行代码是与 if 无关的,于是编译时将出现以下警告和错误信息。

```
warning C4390: ";": 找到空的受控语句;这是否是有意的?
error C2181: 没有匹配 if 的非法 else
```

(4) 在循环语句的条件表达式后多写了一个分号,那么这个分号构成的空语句就成了循环体,此时程序运行将出错。例如:

```
i=1;   sum=0;
while(i<5);       //最后多写了一个分号
    sum=sum+i;
printf("sum=%d\n ", sum);
```

执行上面程序段会出现"死循环",没有输出结果。因为在 while(i<5)后多写了一个分号,那么 while 的循环体就是一个空语句,而 i 值为 1,循环条件 i<5 永远成立,所以 while 循环无法结束,后面的赋值语句和输出根本就不会执行了。

再如:

```
sum=0;
for(i=0; i<5; i++);           //最后多写了一个分号
    sum=sum+i;
printf("sum=%d\n ", sum);
```

这个程序段的输出结果是:sum=5。因为 for 的循环体是一个分号,即空语句,而赋值语句 sum=sum+i;根本就不是循环体中的语句,它在循环结束后才执行,且只执行一次,而循环结束时 i 的值为 5,所以 sum 的值也为 5。

6. switch 语句中经常出现的错误。

(1) 在 switch 语句的各 case 分支中漏写 break 语句。例如:

```
int x;
scanf("%d", &x);
switch(x)
{  case 1: printf("spring\n");
   case 2: printf("summer\n");
   case 3: printf("autumn\n");
   case 4: printf("winter\n");
   default: printf("error\n");
}
```

以上程序段的本意是想根据输入的数字(1~4),对应输出一年中的 4 个季节,若输入的整数不在 1~4 内,则输出 error。按以上程序代码,若输入 3,则会输出:

```
autumn
winter
error
```

显然输出结果与原来的想法不符。因为 switch 语句的执行过程是:当 switch 后"表达式"的值与某个 case 后的常量表达式的值相等时就执行此 case 后面的语句,执行完后转移到下一个 case(包括 default)中的语句继续执行。

【解决方法】 在各 case 分支的输出语句后加上 break 语句，使每次执行完一个 case 分支就终止 switch 的执行。上例的 switch 语句应改为

```
switch(x)
{   case 1: printf("spring\n");   break;
    case 2: printf("summer\n");   break;
    case 3: printf("autumn\n");   break;
    case 4: printf("winter\n");   break;
    default: printf("error\n");
}
```

（2）switch 语句中不写 default 分支，程序运行时可能会产生不良影响。例如：

```
int x, y, z;
scanf("%d", &x);
switch(x)
{   case 1: y=10;  break;
    case 2: y=20;  break;
}
z=y*y;
printf("z=%d\n", z);
```

程序运行时，假设输入数据是 1 或 2 时，程序会得到正确结果，但是输入其他整数时就会出错。例如，输入 3，则不会执行 switch 中的 case 分支，这样就不会给变量 y 赋值，在执行 z=y * y;时，y 是随机值，所以 z 得到的结果是没有意义的。

【解决方法】 在 switch 语句必须提供 default 分支，如果 default 中确实没有什么可做的，就输出提示信息，以便程序调试。上例的 switch 语句应改为

```
switch(x)
{   case 1: y=10;  break;
    case 2: y=20;  break;
    default: y=0;
}
```

（3）case 后写的不是常量表达式，而是关系表达式或逻辑表达式。例如：

```
int x;    char grade;
scanf("%d", &x);
switch(x)
{   case x<=100&&>=90: grade='A';  break;
    case x<90&&x>=80: grade='B';  break;
    case x<80&&x>=60: grade='C';  break;
    case x<60&&x>=0: grade='D'; break;
    default: printf("输入数据错误,x应在0~100内\n");
}
```

【解决方法】 case 后只能写常量表达式，程序员需要根据具体情况，设计好 switch 后的表达式，使表达式的取值能用常量表示。上例的 switch 语句可改为

```
switch(x/10)
{  case 10:
   case 9: grade='A'; break;
   case 8: grade='B'; break;
   case 7:
   case 6: grade='C'; break;
   case 5:
   case 4:
   case 3:
   case 2:
   case 1:
   case 0: grade='D'; break;
   default: printf("输入数据错误,x应在0~100内\n");
}
```

7. 随意改变循环控制变量的值。例如:

```
int i, s=0;
for(i=1; i<=5; i++)
{  s=s+i;  i=i+2;  }
```

以上程序段的本意是想循环5次,但实际上只能循环2次,当i=1时,满足条件i<=5,第1次执行循环体内的语句,s=0+1=1,i=1+2=3,然后执行i++;后,i的值变为4,还是满足条件i<=5;第2次执行循环体内的语句,s=1+4=5,i=4+2=6,再执行i++;后,i的值变为7,这时不满足条件i<=5,for循环结束。

【解决方法】 在循环体内不要随意使用或重新给循环控制变量赋值。

8. 嵌套循环中,内、外层循环使用同一个循环控制变量。例如:

```
int i, k=0;
for(i=0; i<3; i++)
    for(i=0; i<4; i++)
        k++;
printf("k=%d\n ", k);
```

程序执行后的输出结果是:k=4,说明语句k++;执行了4次,当外层循环i=0时执行内层的循环,由于还是使用i作为循环控制变量,i的值由0变化到4后,内层循环结束,再执行外层循环的i++;语句后i的值变为5,不满足i<3的条件,所以外层循环也结束了。

【解决方法】 对于嵌套循环,内、外层循环必须使用不同的循环控制变量。以上程序段应改为如下形式,则输出结果是:k=12。

```
int i, j, k=0;
for(i=0; i<3; i++)
   for(j=0; j<4; j++)
      k++;
printf("k=%d\n", k);
```

第4章 数组

4.1 实验内容

实验 4.1 一维数组编程

一、实验目的与要求

1. 掌握一维数组的定义、初始化与使用。
2. 掌握一维数组的输入、输出方法。
3. 学会应用一维数组编程求解问题。

二、实验题目

1. 阅读以下程序，先写出程序的运行结果，再上机验证。

```
#include<stdio.h>
int main()
{   int n, i, j, pos, a[11]={3, 5, 8, 10, 12, 16, 19, 24, 28, 37};
    scanf("%d", &n);
    if(n>a[9])  a[10]=n;
    else
     {   for(pos=0; pos<10; pos++)
           {  if(a[pos]>n)  break;  }
         for(j=10; j>pos; j--)  a[j]=a[j-1];
         a[pos]=n;
      }
    for(i=0; i<11; i++)  printf("%4d", a[i]);
    printf("\n");
    return 0;
}
```

2. 冒泡排序可能出现以下情况：设有 10 个数按从小到大顺序排序，按照冒泡排序算法需要 9 趟比较，但是由于输入的原始数据具有一定的顺序，所以可能进行 3 趟比较后 10 个数就已经排好了，而后面的比较其实没有进行任何的数据交换，改进的目的就是要减少后面无意义的比较，提高排序的效率。编程对冒泡排序方法进行改进，输出排序进行了几趟比较。输入分两行：第 1 行输入一个整数 n，表示数组中的元素个数，数组可定义为 a[100]，n＜100；第 2 行依次输入 n 个整数。输出一个整数，表示排序执行了几趟。（注意，如果直接

输入排好序的数据,程序也要执行一趟排序,才能确定这些数据是已经排好的)

测试数据 1	测试数据 2	测试数据 3
输入: 5 8 7 6 5 4 输出: 4	输入: 5 7 2 3 6 9 输出: 2	输入: 5 1 2 3 4 5 输出: 1

3. 编程实现两个有序数组的合并,合并后的数据存放在第3个数组中,并保持其有序性。例如,数组a和数组b中已有以下数据:a[5]={1,3,6,9,12},b[5]={2,5,7,10,15}。合并后数据存放在数组c中,c[10]={1,2,3,5,6,7,9,10,12,15}。注意,数组a和数组b最大长度为100,而数组c的最大长度为200。输入分两行:第1行先输入一个整数n,表示数组a的元素个数,再依次输入n个整数;第2行先输入一个整数m,表示数组b的元素个数,再依次输入m个整数。输出为一行,输出数组c中的元素,元素之间用一个空格分隔。

测试数据 1	测试数据 2	测试数据 3
输入: 3 2 5 8 5 1 4 6 7 9 输出: 1 2 4 5 6 7 8 9	输入: 2 1 3 3 5 6 7 输出: 1 3 5 6 7	输入: 4 2 4 6 8 2 0 1 输出: 0 1 2 4 6 8

4. 找出下面程序中的逻辑错误,该程序要实现的功能是:输入10个数存放到数组a中,找出其中最小的数与数组的a[0]交换,找出最大的数与数组的a[9]交换,最后输出交换后的结果。

```
#include<stdio.h>
int main()
{   int i, max, min, temp, a[10];
    for(i=0; i<10; i++)  scanf("%d", &a[i]);
    max=min=0;                //max、min 记录最大数、最小数在数组中的下标
    for(i=1; i<10; i++)
    {   if(a[i]>a[max])  max=i;
        if(a[i]<a[min])  min=i;
    }
    temp=a[0];   a[0]=a[min];   a[min]=temp;   //最小数与数组的 a[0]交换
    temp=a[9];   a[9]=a[max];   a[max]=temp;  //最大数与数组的 a[9]交换
    for(i=0; i<10; i++)  printf("%3d", a[i]);
    return 0;
}
```

若输入:

```
3  5  1  6  9  8  0  7  2  4↙
```

则输出:

```
0  5  1  6  4  8  3  7  2  9        //结果正确
```

若输入：

```
9  2  4  6  1  3  8  0  7  5
```

则输出：

```
5  2  4  6  1  3  8  9  7  0        //结果错误
```

要求：运用前面介绍的程序调试方法，找出错误原因，并将程序改为在任何输入情况下结果都是正确的。

实验 4.2　二维数组编程

一、实验目的与要求

1. 掌握二维数组的定义、初始化与使用。

2. 掌握二维数组的输入、输出方法。

3. 学会应用二维数组编程求解问题。

二、实验题目

1. 阅读以下程序，先写出程序的运行结果，再上机验证。

```
#include<stdio.h>
int main()
{   int a[3][3], i, j;
    for(i=0; i<3; i++)
    {   for(j=0; j<3; j++)   a[i][j]=i+j;   }
    for(i=0; i<3; i++)
    {  for(j=0; j<3; j++)  printf("%3d", a[i][j]);
       printf("\n");
    }
    return 0;
}
```

2.编程将一个 n×n 二维数组 a 中的每一列元素向右移动一列，而原来最右边的那一列元素移到最左边，分别用两种方式实现：①用数组 b 存放移动后的数据；②在数组 a 原有的空间上实现移动。输入有 n+1 行，第 1 行输入整数 n，其后 n 行为二维数组的元素；输出为 n 行，输出移动后的二维数组。测试数据如下。

输入： 3 1 2 3 4 5 6 7 8 9	输出： 3 1 2 6 4 5 9 7 8

3. 编程检查一个 n×n 的二维数组是否对称，即对所有的 i、j，都有 a[i][j]=a[j][i]，其中 n 的值和数组元素都由键盘输入。输入有 n+1 行，第 1 行输入整数 n，其后 n 行为二维数组的元素，如果对称，则输出 yes；如果不对称，则输出 no。

测试数据1	测试数据2
输入: 3 1 2 3 4 5 6 7 8 9 输出: no	输入: 3 1 2 3 2 1 4 3 4 1 输出: yes

4. 编程计算两个矩阵的和。矩阵相加就是两个矩阵中对应的元素相加,要求两个矩阵的大小相同,假设有 m×n 的矩阵 A 和 B,C=A+B,用公式表示为:$c_{ij}=a_{ij}+b_{ij}$。输入有 2×m+1 行,第1行输入两个整数 m 和 n,接下来 m 行是输入矩阵 A 的数据,再下来的 m 行是输入矩阵 B 的数据;输出有 m 行,即矩阵 C。例如:

$$\begin{bmatrix}1 & 2\\3 & 4\end{bmatrix}+\begin{bmatrix}3 & 1\\4 & 2\end{bmatrix}=\begin{bmatrix}4 & 3\\7 & 6\end{bmatrix}$$

测试数据如下。

输入:	输出:
2 2 1 2 3 4 3 1 4 2	4 3 7 6

实验 4.3　字符数组编程

一、实验目的与要求

1. 掌握字符数组的定义、初始化与使用。
2. 掌握字符数组及字符串的输入、输出方法。
3. 掌握字符串处理函数的使用。
4. 学会应用字符数组编程求解问题。

二、实验题目

1. 阅读以下程序,先写出程序的运行结果,再上机验证。

```
#include<stdio.h>
int main()
{   char s[80];    int i, j;
    gets(s);
    for(i=0, j=0; s[i]!='\0'; i++)
       if(s[i]!='a')  {  s[j]=s[i];  j++;  }
    s[j]='\0';
    puts(s);
    return 0;
}
```

2. 编程实现输入一个字符串(不含空格),将其中的数字字符全部移到字符串的末尾。测试数据如下。

输入:	输出:
abc1hmn78xyz45	abchmnxyz45178

3. 编程实现输入一个字符串(不含空格),将其中重复出现的字符全部删除。测试数据如下。

输入:	输出:
abcdabghakdmncdgkp	abcdghkmnp

4. 编程实现输入5个字符串,在每个字符串中找出ASCII值最大的字符并输出。要求5个字符串用二维字符数组存放,找出的5个字符存放在另一个一维字符数组中。输入分5行,每行输入一个字符串;输出为1行,5个字符之间用一个空格分隔。测试数据如下。

输入:	输出:
switch While continue const return	w l u t u

实验 4.4 ICPC 竞赛题

1. Who's in the Middle.

【Description】 FJ is surveying his herd to find the most average cow. He wants to know how much milk this 'median' cow gives: half of the cows give as much or more than the median; half give as much or less.

Given an odd number of cows N ($1 \leqslant N < 10000$) and their milk output (1…1000000), find the median amount of milk given such that at least half the cows give the same amount of milk or more and at least half give the same or less.

【Input】 Line 1: A single integer N.

Lines 2…N+1: Each line contains a single integer that is the milk output of one cow.

【Output】 Line 1: A single integer that is the median milk output.

【Sample Input】

5
2
4
1
3
5

【Sample Output】

3

【Source】 USACO 2004 November,POJ2388.

【解析】 题目首先给出一个奇数N,表示有N头奶牛;然后给出N个整数,表示每头奶牛的产奶量;最后要求输出中间的数(即中位数)。这就需要先把N个数用一维数组存起来,再对数组进行排序后,输出中间的数即可。

由于本题数据量不算大,排序时可以使用冒泡排序或选择排序等效率较低的排序算法,但随着后续内容的深入学习,尽量使用效率更高的排序算法,如快速排序或sort等排序函数。

2. Digit Counting.

【Description】 Trung is bored with his mathematics homework. He takes a piece of chalk and starts writing a sequence of consecutive integers starting with 1 to N (1<N<10000). After that, he counts the number of times each digit (0 to 9) appears in the sequence. For example, with N=13, the sequence is: 12345678910111213.

In this sequence, 0 appears once, 1 appears 6 times, 2 appears 2 times, 3 appears 3 times, and each digit from 4 to 9 appears once. After playing for a while, Trung gets bored again. He now wants to write a program to do this for him. Your task is to help him with writing this program.

【Input】 The input file consists of several data sets. The first line of the input file contains the number of data sets which is a positive integer and is not bigger than 20. The following lines describe the data sets. For each test case, there is one single line containing the number N.

【Output】 For each test case, write sequentially in one line the number of digit 0, 1,…,9 separated by a space.

【Sample Input】

```
2
3
13
```

【Sample Output】

```
0 1 1 1 0 0 0 0 0 0
1 6 2 2 1 1 1 1 1 1
```

【Source】 UVA1225,ACM/ICPC Danang 2007.

【解析】 本题要求把前N(N≤10000)个整数顺次写在一起:123456789101112…,然后数一数0~9各出现多少次,分别输出每个数字出现的次数。

首先可以用for语句依次循环取1−N,然后考虑如何处理各个数据,即对于每个整数i,依次取出它的每一位,并将对应的数字计数。如何保存每位数的出现次数呢?因为十进制下一共有10个数,如果要设置10个变量太过烦琐,可以采用定义一个整型数组的方法,数组的下标0~9代表数字0~9,对应下标的元素存放该数字的出现次数。这样,既可以不用定义这么多变量,还可以把数组下标跟要统计的数字对应,方便了以后的输出。

3. WERTYU.

【Description】 A common typing error is to place the hands on the keyboard one row to the right of the correct position. So "Q" is typed as "W" and "J" is typed as "K" and so on. You are to decode a message typed in this manner.

【Input】 Input consists of several lines of text. Each line may contain digits, spaces, upper case letters (except Q, A, Z), or punctuation shown above [except back-quote (`)]. Keys labelled with words [Tab, BackSpace, Control, etc.] are not represented in the input.

【Output】 You are to replace each letter or punctuation symbol by the one immediately to its left on the QWERTY keyboard shown above. Spaces in the input should be echoed in the output.

【Sample Input】

O S, GOMR YPFSU/

【Sample Output】

I AM FINE TODAY.

【Source】 Waterloo local 2001, POJ2538.

【解析】 本题的难点是对于错位字符的处理，即对于每个错位的字符，如何输出其对应的正确字符。很容易想到的一个办法是用 if 或 switch 来判断，例如：

```
if(c =='W') putchar('Q');
```

但很明显，这样做太麻烦，字符非常多，程序代码复杂。

另一个办法是预定义一个常量数组，将所有字符按顺序存放在数组中，例如：

```
char s[ ] ="`1234567890-=QWERTYUIOP[]\\ASDFGHJKL;'ZXCVBNM,./";
```

每读入一个字符后，先查找它在 s 中的位置。若找到，则输出它的前一个字符；若未找到，则直接输出。

4. The Hardest Problem Ever.

【Description】 Julius Caesar lived in a time of danger and intrigue. The hardest situation Caesar ever faced was keeping himself alive. In order for him to survive, he decided to create one of the first ciphers. This cipher was so incredibly sound, that no one could figure it out without knowing how it worked.

You are a sub captain of Caesar's army. It is your job to decipher the messages sent by Caesar and provide to your general. The code is simple. For each letter in a plaintext message, you shift it five places to the right to create the secure message (i.e., if the letter is 'A', the cipher text would be 'F'). Since you are creating plain text out of Caesar's messages, you will do the opposite:

Cipher text

A B C D E F G H I J K L M N O P Q R S T U V W X Y Z

Plain text

V W X Y Z A B C D E F G H I J K L M N O P Q R S T U

Only letters are shifted in this cipher. Any non-alphabetical character should remain the same, and all alphabetical characters will be upper case.

【Input】 Input to this problem will consist of a (non-empty) series of up to 100 data sets. Each data set will be formatted according to the following description, and there will be no blank lines separating data sets. All characters will be uppercase.

A single data set has 3 components:

Start line - A single line, "START"

Cipher message - A single line containing from one to two hundred characters, inclusive, comprising a single message from Caesar

End line - A single line, "END"

Following the final data set will be a single line, "ENDOFINPUT".

【Output】 For each data set, there will be exactly one line of output. This is the original message by Caesar.

【Sample Input】

START

NS BFW,JAJSYX TK NRUTWYFSHJ FWJ YMJ WJXZQY TK YWNANFQ HFZXJX

END

START

N BTZQI WFYMJW GJ KNWXY NS F QNYYQJ NGJWNFS ANQQFLJ YMFS XJHTSI NS WTRJ

END

START

IFSLJW PSTBX KZQQ BJQQ YMFY HFJXFW NX RTWJ IFSLJWTZX YMFS MJ

END

ENDOFINPUT

【Sample Output】

IN WAR ,EVENTS OF IMPORTANCE ARE THE RESULT OF TRIVIAL CAUSES

I WOULD RATHER BE FIRST IN A LITTLE IBERIAN VILLAGE THAN SECOND IN ROME

DANGER KNOWS FULL WELL THAT CAESAR IS MORE DANGEROUS THAN HE

【Source】 South Central USA 2002, POJ1298, HDOJ1048.

【解析】 本题的任务是帮助 Caesar 解密,即将密文中的每一个字符解密为原字符,对于字符 F~Z,直接减 5 即可;但对于字符 A~E,减 5 后需要再加 26(或直接加 21),以实现字符的循环变换。

本题的关键是对字符串的读入和处理。测试数据有多组,循环完成:读取每组数据的第一个字符串,判断是不是结束标记,若不是结束标记,则继续读取密文,循环处理每个英文字母,解密并输出;若是结束标记,则循环结束。循环的最后读取每组数据的标记字符串,该字符串没有用,读取后不需处理。

4.2 常见错误及其解决方法

常见的错误及其解决方法如下。

1. 错误定义数组。例如:

```
int n=10, a[n];
```

编译时将出现以下错误信息。

```
error C2057: 应输入常量表达式
error C2466: 不能分配常量大小为 0 的数组
error C2133: "a": 未知的大小
```

定义数组时,方括号内必须是常量表达式,上面定义中 n 是一个变量,这是不允许的。

另外,以下数组定义也是错误的。

```
int a[x];          //x 根本没有定义
int a[ ];          //不写数组长度是错误的
```

【解决方法】 定义数组时保证方括号内是常量表达式。

2. 错误地使用数组元素下标,一般编译时不会报错,但程序运行时会出错。例如:

```
int a[5]={2, 4, 6, 8, 10}, i;
for(i=1; i<=5; i++)
    printf("%d,", a[i]);
```

输出结果:

```
4,6,8,10,1245120
```

数组元素的下标是从 0 开始的,即数组 a 的 5 个元素是: a[0],a[1],a[2],a[3],a[4]。上面 for 循环中控制变量 i 是从 1 开始的,所以输出数据也是从 a[1]开始的,没有 a[0];而循环条件写成 i<=5,这样当 i=5 时也要执行循环体中输出语句,输出元素 a[5],但实际上是没有 a[5]这个元素的,计算机是将元素 a[4]后面的存储单元的数据输出,所以最后输出了一个随机数。

【解决方法】 牢记数组元素的下标是从 0 开始的,且数组最后一个元素的下标是:数组长度−1。

3. 在引用数组元素之前没对其赋初值。例如:

```
int main()
{  int a[10], b;
   b=a[5];
   printf("b=%d\n", b);
   …
}
```

这样写编译时虽然不会出现错误,但因数组 a 没有初始化,也没有输入数据,a 中的 10 个元素全部是随机数,所以输出变量 b 时会输出一个随机数。

【解决方法】 在引用数组元素之前要确保数组已经进行初始化、赋值或输入。

另外,在引用数组元素时用圆括号也是错误的。注意,定义数组和引用数组元素只能用方括号。

4. 一维数组的输入、输出有错误。例如:

```
int i, a[10];
scanf("%d ", &a[10]);        //用这种方式输入数组 a 的全部元素都是错误的
```

以上语句只能输入一个元素,但又不存在元素 a[10],所以这样写是错误的。

再如:

```
for(i=1; i<=10; i++)         //循环控制变量 i 的值不正确
   scanf("%d ", &a[10]);     //输入项写 &a[10]是错误的
```

以上语句变量 i 的值从 1 变到 10,意味着输入的元素是从 a[1]到 a[10]的,而数组 a 的元素是 a[0]到 a[9] 的;scanf 中写 &a[10],则执行 10 次循环都是将输入的数据存放到 a[10]的存储单元,后输入的数据会依次覆盖前一次的数据,最后 a[10]存放的是第 10 个数据,何况 a[10] 根本不是数组 a 的元素,所以这样写是完全错误的。

另外,企图用 printf("%d",a); 这种方式输出数组 a 的全部元素也是错误的。数组名 a 表示了数组在内存中的起始地址,它并不代表所有的数组元素。

【解决方法】 一维数组的输入、输出是通过循环对数组元素进行的。正确写法如下。

```
for(i=0; i<10; i++)
   scanf("%d ", &a[i]);     //输入数组元素,不要忘记写地址符
for(i=0; i<10; i++)
   printf("%d ", a[i]);     //输出数组元素
```

5. 使用单层的 for 循环实现二维数组的输入、输出。例如:

```
int i, j, a[3][3]={1, 2, 3, 4, 5, 6, 7, 8, 9};
for(i=0, j=0; i<3, j<3; i++, j++)
  printf("%d  ", a[i][j]);
```

输出结果:

```
1  5  9
```

以上 for 循环实际上执行了 3 次，循环条件写成：i<3,j<3，这是一个逗号表达式，先计算 i<3，再计算 j<3，而 j<3 的结果作为整个逗号表达式的结果，所以 for 循环输出的是：a[0][0],a[1][1],a[2][2]，并没有输出完整的二维数组。

【解决方法】 二维数组的输入、输出用双层的嵌套循环实现。正确写法如下。

```
for(i=0; i<3; i++)
{   for(j=0; j<3; j++)
        printf("%d  ", a[i][j]);
    printf("\n ");
}
```

6. 使用字符串时经常出现的错误。

(1) 混淆字符和字符串。例如：

```
char ch="A";              //这里使用双引号是错误的
```

【解决方法】 字符常量是由一对单引号括起来的单个字符；而字符串常量是用一对双引号括起来的字符序列。

以上字符型变量的初始化应改为

```
char ch='A';              //应该使用单引号
```

(2) 对字符串进行赋值操作。例如：

```
char name[10];
name="Alex";
```

因 C 语言中用字符数组来存放字符串，规定可以对字符数组进行初始化，如写成 char name[10]="Alex";是正确的，但是不能直接进行赋值操作。

【解决方法】 使用字符串拷贝函数实现"赋值"操作。正确写法为

```
strcpy (name,"Alex");
```

(3) 使用字符串处理函数时，忘记包含头文件 string.h，编译时会出现错误，提示某字符串处理函数名是未声明的标识符。

【解决方法】 使用字符串处理函数时，如 strcpy、strcmp、strcat、strlen 等，必须在程序开头加文件包含命令：#include<string.h>。

(4) 在使用 scanf 或 gets 函数输入字符串时加地址运算符。例如：

```
char name[10];
scanf(" %s", &name);     //或写成 gets(&name);
```

【解决方法】 因字符串是存放在字符数组中的，而数组名就表示数组的起始地址，所以在使用输入函数时，不能在数组名再加一个地址运算符，直接写数组名即可。

(5) 对字符串的处理中，不能写出正确的循环条件。例如：

```
char str[20];
gets(str);
for(int i=0; i<20; i++)
  str[i]=str[i]+32;
```

由于输入的字符串 str 的长度不是固定的,循环条件写成 i<20 是有问题的,这样写实际上是对字符数组 str 中的每一个元素都进行了处理。

【解决方法】 对字符串进行处理时,一般将循环条件写为 str[i]!= '\0';或 i<strlen(str)。

第 5 章 函数

5.1 实验内容

实验 5.1 简单函数编程

一、实验目的与要求

1. 掌握函数的定义与调用方法。
2. 理解形式参数和实际参数的含义。
3. 掌握参数的“值传递”。
4. 学会应用函数编程。

二、实验题目

1. 阅读以下程序，先写出程序的运行结果，再上机验证。

```
#include <stdio.h>
int fun(int n);
int main()
{   int x=101100110, z;
    printf("x=%d\n", x);
    z=fun(x);
    printf("zero=%d\n", z);
    return 0;
}
int fun(int n)
{   int a=0, b=0, t;
    do
    {   t=n%10;
        if(t==0)  a++;
        else  b++;
        n=n/10;
    }while(n);
    printf("one=%d,", b);
    return a;
}
```

2. 编写函数计算两个整数的所有公约数。要求在 main 函数中输入两个数，在函数中输出结果,数据间用空格分隔。测试数据如下。

测试数据 1	测试数据 2
输入: 12 36 输出: 1 2 3 4 6 12	输入: 3 5 输出: 1

3. 编写函数实现将输入的一个偶数写成两个素数之和的形式。要求在 main 函数中输入一个偶数,并把该数以参数形式传给函数,最后在函数中输出结果。测试数据如下。

输入:	输出:
8	8=3+5

实验 5.2 综合运用一维数组和函数编程

一、实验目的与要求

1. 掌握一维数组名作为函数参数的方法。
2. 理解“地址传递”。
3. 学会综合运用一维数组和函数编程。

二、实验题目

1. 阅读以下程序,先写出程序的运行结果,再上机验证。

```
#include <stdio.h>
int fun(int a[], int x, int n)
{   int i, t=0;
    if(x<a[0]||x>a[n-1])   return(n);
    while(x>=a[t] && t<n)  t++;
    for(i=t-1; i<n; i++)   a[i]=a[i+1];
    return(n-1);
}
int main()
{   int i, n, m, x, a[20]={0};
    printf("输入数组元素的个数(n<=20):");   scanf("%d", &n);
    printf("按从小到大的顺序输入数组元素:");
    for(i=0; i<n; i++)  scanf("%d", &a[i]);
    printf("输入元素 x:");   scanf("%d", &x);
    m=fun(a, x, n);
    if(m!=n)
    {   printf("数组元素的个数为: m=%d\n", m);
        printf("数组元素:");
        for(i=0; i<m; i++)  printf("%d ", a[i]);
        printf("\n");
    }
    else  printf("数组没发生变化。\n");
    return 0;
}
```

2. 编写函数实现将数组 a[10]中的后 n 个元素移到数组的前面,成为前 n 个元素。要求在 main 函数中输入 n,并将 n 作为参数,最后在 main 中输出结果。输入分两行,第 1 行输入 10 个数组元素,第 2 行输入一个整数 n;输出移动后的数组元素,元素间用一个空格分隔。测试数据如下。

输入: 1 2 3 4 5 6 7 8 9 10 3	输出: 8 9 10 1 2 3 4 5 6 7

3. 编写函数实现将数组 a[10]中的后 n 个元素插入到数组的第 m 个位置,其中要求 m<(数组长度−n)。要求在 main 函数中输入 n 和 m ,如果 m 的值不满足要求,则不能进行插入操作,输出 error;将 n 和 m 作为函数参数,最后在 main 中输出结果。输入分两行,第 1 行输入 10 个数组元素,第 2 行依次输入 n 和 m 两个整数;输出插入后的数组元素,元素间用一个空格分隔。测试数据如下。

输入: 1 2 3 4 5 6 7 8 9 10 3 2	输出: 1 2 8 9 10 3 4 5 6 7

4. 请改正程序中的错误,使程序能得出正确的结果。

程序的功能是:在 score 数组存放有 m 个成绩,在函数 fun 中计算平均分,再将低于平均分的人数作为函数值返回,并将低于平均分的分数存放在 below 数组中,最后在 main 函数中输出 below 数组。

例如,score 数组的数据为 85、78、64、90、70、82 时,函数返回的人数应该是 3,below 数组中的数据应为 78、64、70。

```
#include <stdio.h>
int fun (int score[], int m, int below[])
{   int i, k=0;     float aver;
    for(i=0; i<m; i++)  aver=aver+score[i];
    aver=aver/m;
    printf("平均分=%.2f\n", aver);
    for(i=0; i<m; i++)
        if(score[i]<aver)
            below[k]=score[i];
    k++;
    return k;
}
int main()
{   int i, n, below[6], score[6]={ 85, 78, 64, 90, 70, 82};
    n=fun(score[6], 6, below[6]);
    printf("低于平均分的人数: n=%d\n", n);
    printf("低于平均分的成绩: ");
    for(i=0; i<n; i++)  printf("%d", below[i]);
    printf("\n");
    return 0;
}
```

实验5.3　综合运用二维数组和函数编程

一、实验目的与要求

1. 掌握二维数组名作为函数参数的方法。

2. 学会综合运用二维数组和函数编程。

二、实验题目

1. 阅读以下程序,先写出程序的运行结果,再上机验证。

```
#include <stdio.h>
int fun(int a[3][3]);
void output(int a[3][3]);
int main()
{   int sum, a[3][3]={1, 2, 3, 4, 5, 6, 7, 8, 9};
    output(a);    sum=fun(a);
    output(a);    printf("sum=%d\n", sum);
    return 0;
}
int fun(int a[3][3])
{   int i, j, s=0;
    for(i=0; i<3; i++)
          for(j=0; j<3; j++)
          {   a[i][j]=i+j;
              if(i==j)  s=s+a[i][j];
          }
    return(s);
}
void output(int a[3][3])
{   int i, j;
    for(i=0; i<3; i++)
    {   for(j=0; j<3; j++)  printf("%3d",a[i][j]);
        printf("\n");
    }
    printf("\n");
}
```

2. 编程求n×n矩阵的主对角线与次对角线元素之和。要求在main函数中输入n和矩阵,在函数中进行计算,结果作为返回值,最后在main函数中输出结果。输入有n+1行,第1行输入整数n,其后n行为矩阵元素;输出一个整数。测试数据如下。

输入:	输出:
3 1　2　3 4　5　6 7　8　9	25 (说明:计算1+5+9+3+7=25,注意元素5只能加1次)

3. 编程实现矩阵加法,编写3个函数分别实现:①输入矩阵;②两个矩阵相加;③输出矩阵。要求在main中输入两个矩阵,并输出计算结果。测试数据如下。

输入:	输出:
2 2 1 2 3 4 3 1 4 2	4 3 7 6

实验 5.4 递归函数与分治算法编程

一、实验目的与要求

1. 理解递归思想,学会编写递归函数。

2. 理解分治算法的思想,掌握二分搜索技术。

二、实验题目

1. 阅读以下程序,先写出程序的运行结果,再上机验证。

```
#include<stdio.h>
#define N 5
void fun(int a[N], int i)
{   int temp;
    if(i==N/2)  return;
    else
     {  temp=a[i];          a[i]=a[N-i-1];
        a[N-i-1]=temp;      fun(a, i+1);
     }
}
int main()
{   int i, x[N]={1, 3, 5, 7, 9};
    fun(x, 0);
    for(i=0; i<N; i++)  printf("%2d", x[i]);
    return 0;
}
```

2. 编写递归函数计算 1～n 的和,要求在 main 中输入 n,最后的计算结果也在 main 函数中输出。测试数据如下。

输入:	输出:
10	55

3. 编程用递归法求两个整数的最大公约数。要求用以下两种方法实现。

(1) 方法 1:用递归实现辗转相除法。

(2) 方法 2:设两个整数为 x、y,

如果 x＝y,则最大公约数与 x 值(y 值)相同;

如果 x＞y,则最大公约数与 x－y 和 y 的最大公约数相同;

如果 x＜y,则最大公约数与 x 和 y－x 的最大公约数相同。

测试数据如下。

输入: 12 30	输出:6

实验5.5 变量的存储类别、内部与外部函数编程

一、实验目的与要求

1. 掌握变量的作用域,理解局部变量和全局变量。
2. 掌握静态局部变量的使用方法。
3. 掌握内部、外部函数的定义与调用。

二、实验题目

1. 阅读以下两个程序,先写出程序的运行结果,再上机验证。

(1) 程序1:局部变量和全局变量及函数的嵌套调用。

```
#include<stdio.h>
int z;
int fun1(int x)
{   if(x>0)  return (1);
    else  if(x<0)  return(-1);
          else  return (0);
}
int fun2(int x)
{   z=z-x;
    return(fun1(x));
}
int main()
{   int a1, a2;
    z=10;    a1=fun2(10) * fun2(z);
    printf("a1=%d, z=%d\n", a1, z);
    z=10;    a2=fun2(z) * fun2(10);
    printf("a2=%d, z=%d\n", a2, z);
    return 0;
}
```

(2) 程序2:静态局部变量。

```
#include<stdio.h>
int fun(int a);
int main()
{   int, t, n=1;
    for(i=0; i<3; i++)
    {   t=fun(n);
        printf("i=%d, t=%d\n", i, t);
    }
    return 0;
}
```

```
int fun(int a)
{   static int b=2;
    a++;    b=a+b;
    return(b);
}
```

2. 编程实现输入一个字符串(含空格),分别统计其中字母、数字和其他字符的个数。要求在 main 函数中输入一行字符,在函数中进行统计,最后在 main 函数中输出统计结果,用全局变量实现。依次输出字母的个数、数字字符的个数和其他字符的个数,数据间用一个空格分隔。测试数据如下。

输入: abd 356# kfc	输出: 6 3 2

3. 编程计算 1+1/2!+1/3!+…+1/n!。要求:编写 3 个函数:①fun1 函数求阶乘;②fun2 函数求和;③main 函数,在 main 中输入 n,(0<n<20,阶乘值需要用 double 型变量存储),调用 fun1 函数,而 fun1 函数又调用 fun2 函数,最后在 main 中输出计算结果,注意输出结果保留 2 位小数。测试数据如下。

输入: 10	输出: 1.72

实验 5.6 ICPC 竞赛题

1. Sum of Consecutive Prime Numbers.

【Description】 Some positive integers can be represented by a sum of one or more consecutive prime numbers. How many such representations does a given positive integer have? For example, the integer 53 has two representations 5+7+11+13+17 and 53. The integer 41 has three representations 2+3+5+7+11+13, 11+13+17, and 41. The integer 3 has only one representation, which is 3. The integer 20 has no such representations. Note that summands must be consecutive prime numbers, so neither 7+13 nor 3+5+5+7 is a valid representation for the integer 20. Your mission is to write a program that reports the number of representations for the given positive integer.

【Input】 The input is a sequence of positive integers each in a separate line. The integers are between 2 and 10 000, inclusive. The end of the input is indicated by a zero.

【Output】 The output should be composed of lines each corresponding to an input line except the last zero. An output line includes the number of representations for the input integer as the sum of one or more consecutive prime numbers. No other characters should be inserted in the output.

【Sample Input】

2

3

17

41
20
666
12
53
0

【Sample Output】

1
1
2
3
0
0
1
2

【Source】 UVA3399,POJ2739,Japan 2005.

【解析】 本题的任务是,给出一个2～10000的数,求有多少种方案,该数可以由一至多个连续素数之和相加而成。由于该数不大,可以采用枚举的方法,即从小到大依次遍历各种可能的组合方案,强力求解。

由于只能用素数来组合,因此最好先求出2～10000的所有素数,存放在一个一维数组中,再对该数组进行枚举求解。生成素数表时,可写一个函数,依次判断2～10000内的每个数,若是素数则存入数组中,并计数。

使用函数来完成某个功能的写法较为常见,函数作为一个独立的功能模块,对输入的参数进行计算,完成指定功能,并返回计算结果。

2. Goldbach's Conjecture.

【Description】 For any even number n greater than or equal to 4,there exists at least one pair of prime numbers p1 and p2 such that n=p1+p2. This conjecture has not been proved nor refused yet. No one is sure whether this conjecture actually holds. However, one can find such a pair of prime numbers,if any,for a given even number. The problem here is to write a program that reports the number of all the pairs of prime numbers satisfying the condition in the conjecture for a given even number.

A sequence of even numbers is given as input. There can be many such numbers. Corresponding to each number,the program should output the number of pairs mentioned above. Notice that we are interested in the number of essentially different pairs and therefore you should not count (p1,p2) and (p2,p1) separately as two different pairs.

【Input】 An integer is given in each input line. You may assume that each integer is even,and is greater than or equal to 4 and less than 215. The end of the input is indicated by a number 0.

【Output】 Each output line should contain an integer number. No other characters should appear in the output.

【Sample Input】

6

10

12

0

【Sample Output】

1

2

1

【Source】 Svenskt Mästerskap i Programmering/Norgesmesterskapet 2002,POJ2909.

【解析】 本题的任务是验证哥德巴赫猜想,对于一个大于或等于4的偶数,找出符合条件的素数对的个数,但素数对中两个素数不能通过交换位置得到。因此,求素数对时,只需要枚举 2～n/2 的数 i,判断 i 和 n－i 是否都为素数,若是素数则计数即可。

判断素数,可以通过定义一个函数来实现,调用两次函数分别判断 i 和 n－i 是否均为素数,这样效率略低。也可以先定义一个函数,求出该范围的所有素数,存放在一维数组中,判断素数时,从一维数组中查找即可。

3. Kindergarten Counting Game.

【Description】 Everybody sit down in a circle. Ok. Listen to me carefully."Woooooo, you scwewy wabbit!" Now,could someone tell me how many words I just said?

【Input】 Input to your program will consist of a series of lines,each line containing multiple words (at least one). A "word" is defined as a consecutive sequence of letters (upper and/or lower case).

【Output】 Your program should output a word count for each line of input. Each word count should be printed on a separate line.

【Sample Input】

Meep Meep!

I tot I taw a putty tat.

I did! I did! I did taw a putty tat.

Shsssssssssh … I am hunting wabbits. Heh Heh Heh Heh …

【Sample Output】

2

7

10

9

【Source】 UVA494.

【解析】 本题背景是一个幼儿园小朋友数单词的游戏。输入若干句话,数一下每句话包含有几个单词,输出单词数量。

判断单词的数量是C语言中的一个经典问题,可以依据前一个字符是空格而当前字符不是空格的方法,来判断一个新的单词的开始,从而对单词计数。对单词计数的实现,可以作为一个独立的功能模块,通过定义一个函数来实现。

通过本章的学习,尽量学会使用函数来实现独立的功能模块,一个功能模块定义为一个函数,需要处理的数据由参数传入,计算结果通过返回值返回。

4. Digit Number.

【Description】 Write a program which computes the digit number of sum of two integers a and b.

【Input】 There are several test cases. Each test case consists of two non-negative integers a and b which are separated by a space in a line. The input terminates with EOF. 0≤a,b≤1000000. The number of datasets≤200.

【Output】 Print the number of digits of a + b for each data set.

【Sample Input】

5 7

1 99

1000 999

【Sample Output】

2

3

4

【Source】 AOJ0002.

【解析】 本题要求对于输入的两个数,计算其和是几位数。可以定义一个函数,将输入的数据作为参数传递过去,在函数中完成求和及计算位数。计算位数的方法,是对其不断整除10,直到变为0为止,记录循环的次数即是该数的位数。

5.2 常见错误及其解决方法

常见的错误及其解决方法如下。

1. 错误定义函数返回值类型。

(1) 函数无返回值,却定义了函数返回值类型。例如:

```
int list(void)
{
    printf("Welcome!\n ");
}
```

list函数只是输出一行信息,并不需要返回值,在定义函数时,却在函数名前写了int,而在函数体内又没写return语句,编译时会出现以下错误信息。

```
error C4716: "list": 必须返回一个值
```

【解决方法】 将函数首部返回值类型int改写为void。

(2) 函数需要返回值，却将函数定义成无返回值。例如：

```
void add(int x, int y)
{   int z;
    z=x+y;
    return(z);
}
```

add 函数是计算两个数的和并返回结果，在函数体内明明写了 return 语句，却将函数返回值类型写成了 void，编译时会出现以下错误信息。

```
error C2562: "add":"void"函数返回值
```

【解决方法】 如果需要将函数的计算结果带回，供主调函数使用，则该函数必须定义返回值类型。add 函数首部的正确写法是：int add(int x,int y)。

(3) 定义的函数返回值类型与实际返回的数据的类型不一致。例如：

```
int fun(float x)
{   float y;
    y=x/2;
    return(y);
}
```

fun 函数要返回 y 的值，虽然在函数内将 y 定义为 float 型，但是在函数首部却将函数返回值类型定义为 int 型，编译时会出现以下警告信息。

```
warning C4244: "return": 从"float"转换到"int",可能丢失数据
```

设函数调用时，实参为 8.6，则执行 fun 函数后，返回值是整数 4，而不是实数 4.3。这是因为 C 语言规定，若定义函数时指定的函数返回值类型与 return 语句中的表达式的类型不一致，则以定义的函数返回值类型为准，对于数值型的数据，系统会自动进行类型转换。

【解决方法】 函数返回值类型与 return 语句中的表达式的类型应保持一致。

(4)企图返回数组的全部元素值。例如：

```
int input(int a[10])
{   int i;
    for(i=0;i<10;i++)
        scanf("%d", &a[i]);
    return(a[10]);
}
```

input 函数的功能输入数组 a 的全部元素，这里企图用 return(a[10]);语句返回数组 a 的全部元素，这是错误的，因为语句 return(a[10])；实际返回了数组元素 a[10]的值，但是对数组 a 来说，它的元素是 a[0]～a[9]，而 a[10]是一个非法元素，a[10]的值是不确定的。

【解决方法】 用数组名作为函数参数时，因为形参数组和实参数组实际上使用的是同一块存储空间，所以一般不需要定义返回值。

以上 input 函数的正确写法如下。

```
void input(int a[10])
{   int i;
    for(i=0;i<10;i++)
        scanf("%d", &a[i]);
}
```

2. 函数参数定义与使用方面的错误。

(1) 定义函数时,多个形式参数类型相同时,只写一个数据类型。例如:

```
int add(int x, y)
{   int z;
    z=x+y;
    return(z);
}
```

编译时会出现以下错误信息。

```
error C2061: 语法错误: 标识符"y"
error C2065: "y": 未声明的标识符
```

【解决方法】 每个形式参数前都必须写数据类型,即使两个形式参数的类型相同也不能省略其中一个不写。

(2) 定义函数时,只写形式参数类型不写参数名,或者只写形式参数名不写参数类型。例如:

```
float fun(float)
{   float y;
    y=x/2;
    return(y);
}
```

或

```
float fun(x)
{   float y;
    y=x/2;
    return(y);
}
```

不写参数名编译时会出现以下错误信息。

```
error C2065: "x": 未声明的标识符
```

不写参数类型编译时会出现以下错误信息。

```
error C2065: "x": 未声明的标识符
error C2448: "fun": 函数样式初始值设定项类似函数定义
```

【解决方法】 在函数声明时允许只写参数类型不写参数名,但是在函数定义时,每个形式参数都必须写出参数类型和参数名。

(3) 调用函数时,实参的个数、类型、顺序与形参不一致。例如:

```
void fun(int x, float y[]);            //函数声明
int main()
{   float a, b[10];
    …
    fun(6);                            //实参个数少一个
    fun(a, b);                         //实参 a 的类型与形参 x 不一致
    fun(b, a);                         //实参的书写顺序与形参不一致
…
}
```

【解决方法】 调用函数时,实参的个数、类型、顺序必须与形参一一对应。

3. 定义函数时,在函数体内定义的局部变量与参数重名。例如:

```
void fun(int a[], int n)
{   int a[10], i;
    …
}
```

编译时会出现以下错误信息。

```
error C2082: 形参"a"的重定义
```

【解决方法】 函数内部定义的局部变量不能和形式参数重名,因为形参也是函数的局部变量。

4. 设函数原型是:void fun(int a[10]);,则以下 3 种函数调用都是错误的。

```
(1) void fun(int a[10]);          //把函数调用写的和函数声明一样
(2) fun(int a[10]);               //函数调用时实参前面不能写数据类型 int
(3) fun(a[10]);                   //数组名作为函数参数时,不能写上数组长度
```

【解决方法】 用数组作为函数参数时,函数调用的正确写法是:函数名(数组名);。以上 fun 函数的正确调用应是:fun(a);。

5. 函数声明和函数定义常出现的问题。

(1)函数调用出现函数定义之前,且没有进行函数声明。例如:

```
#include<stdio.h>
int main()
{  float a, b;
   scanf("%d", &a);
   b=fun(a);
   printf("b=%f\n", b);
}
```

```
float fun(float x)
{   float y;
    y=x/2;
    return(y);
}
```

编译时会出现以下错误信息。

```
error C3861: "fun": 找不到标识符
```

【解决方法】

① 将fun函数的定义写在main函数定义之前,这种方法适用于源程序文件中函数很少的情况,且各个函数之间没有太多的调用关系,用户完全能够按照函数的调用关系对函数排序,依次写出各函数定义。上例可改写如下。

```
#include<stdio.h>
float fun(float x)
{   float y;
    …
}
int main()
{   float a, b;
    …
}
```

② 在主调函数对被调函数进行声明。例如:

```
#include<stdio.h>
int main()
{   float a, b;
    float fun(float x);          //在main函数中进行函数声明
    …
}
float fun(float x)
{   float y;
    …
}
```

③ 如果函数数量很多,且函数间存在复杂的调用关系,最好在所有函数的外面,在程序的开头集中进行函数声明。例如:

```
#include<stdio.h>
float fun(float x);              //在所有函数外进行函数声明
int main()
{   float a, b;
    …
    }
float fun(float x)
{   float y;
    …
}
```

(2) 在函数定义时，函数首部加分号，或是在函数声明时末尾不加分号。

【解决方法】 函数定义时其后不加分号，函数声明时末尾必须加分号。

(3) 函数声明和函数定义不一致。例如，函数定义如下。

```
float fun(float x)
{   float y;
    ...
}
```

以下是错误的函数声明。

```
fun(float x);                          //没写函数返回值类型
int fun(float x);                      //函数返回值类型与函数定义中的不一致
float fun(int x);                      //参数 x 的类型与函数定义中的不一致
float fun(float x,float y);            //参数个数与函数定义中的不一致
```

【解决方法】 可先定义函数，然后复制函数首部，其后加上分号即为函数声明。

6. 定义函数时经常出现几种不良情况。

(1)未理解函数参数的作用，设置过多的函数参数。例如：

```
int maxfun(int a[10], int i, int max)
{  max=a[0];
   for(i=1; i<10; i++)
    {  if(a[i]>max)  max=a[i];  }
   return(max);
}
```

【解决方法】 maxfun 函数定义了 3 个参数，因为 i 是用作循环控制变量，而 max 是用来存放最大元素，这两个变量的数据并不需要从主调函数中获得，所以 i 和 max 都应该作为函数的局部变量而非参数。

(2) 定义较多的全局变量来传递数据，因为全局变量可以被多个函数使用，在程序运行过程中，全局变量的值可能会经常发生变化，程序的可读性较差。

【解决方法】 能设置函数参数的尽量定义参数，而不要定义全局变量。

(3) 函数代码过长。经验表明，超过 500 行的函数出错的可能性较高，而小于 143 行的函数更容易维护。

【解决方法】 当一个函数的代码太长时，建议继续细分函数。

(4) 定义一个函数能够完成两个以上的功能。这样做出错率高且不易维护，不符合模块化的程序设计准则。

【解决方法】 一个函数只完成一个功能即可。

7. 编写递归函数时出现错误。

(1) 没有对输入的数据进行合法性检查，当输入非法数据时也执行递归，导致递归不能结束。例如，计算 n 的阶乘，输入的 n 应该大于 0，若 $n<0$ 则不应该进行计算。

【解决方法】 对输入的 n 进行判断，当 $n<0$ 时直接结束递归函数。

(2) 没有设置递归的结束条件，导致递归不能结束。例如，递归求 a 的 n 次幂，$a^n=a*a^{n-1}$，其中 a 和 n 为非负整数。下面这个递归函数就没有设置结束条件，所以这种写法是错

误的。

```
double fun( int a, int n)
{ return a * fun(a, n-1);  }
```

【解决方法】 计算 a^n，当 $n=0$ 时，$a^0=1$，这就是递归的结束条件，函数应写成如下形式。

```
double fun(int a, int n)
{   if(n==0)  return 1;
    else return a * fun(a, n-1);
}
```

第 6 章 指针

6.1 实验内容

实验 6.1 指向变量的指针变量编程

一、实验目的与要求

1. 理解指针的概念。
2. 掌握指针变量的定义与使用。
3. 掌握指针变量作为函数参数的使用方法。

二、实验题目

1. 阅读以下程序,设输入为 1 3 5↙,写出程序的运行结果,再上机验证。

```
#include <stdio.h>
int fun(int *p)
{   int s=10;
    s=s+*p;
    return(s);
}
int main()
{   int i, a, b, *p;
    for(i=0; i<3; i++)
    {   p=&a;       scanf("%d", p);
        b=fun(p);    printf("b=%d\n", b);
    }
    return 0;
}
```

2. 用指针变量编程,求数组 a[100]中的最大元素和最小元素。输入分两行,第 1 行输入一个整数 n,表示数组元素个数,第 2 行输入 n 个数组元素,元素间用一个空格分隔;输出为两个整数,先输出最大元素,再输出最小元素。测试数据如下。

输入:	输出:
6 12 34 5 76 28 49	76 5

3. 编写函数实现两个整数的交换,必须用指针变量作为函数参数,利用该函数交换数组 a[100]和 b[100]中对应元素的值(注意:调用函数时实参应为什么值)。输入分3行,第1行输入一个整数 n,表示数组元素个数,第2行输入 n 个数组 a 的元素,第3行输入 n 个数组 b 的元素,元素间用一个空格分隔;输出分两行,第1行输出数组 a,第2行输出数组 b。测试数据如下。

输入:	输出:
5 1 2 3 4 5 6 7 8 9 10	6 7 8 9 10 1 2 3 4 5

实验 6.2　字符指针编程

一、实验目的与要求

1. 理解字符指针的概念。

2. 掌握字符指针的定义与使用。

二、实验题目

1. 阅读以下程序,先写出程序的运行结果,再上机验证。

```
#include <stdio.h>
#include <string.h>
int main()
{   char *p1, *p2, a[20]="language", b[20]="programme";
    int k, len;
    p1=a;    p2=b;
    len=strlen(b);
    for(k=0; k<len; k++)
    {   if(*p1==*p2)  putchar(*p1);
        p1++;   p2++;
    }
    return 0;
}
```

2. 请改正程序中的错误,使程序能得出正确的结果。下列给定程序中,函数 fun 的功能是分别统计字符串中大写字母和小写字母的个数。

例如,若字符串为"ABcdBC#2cdEFghab",则应输出:upper=6,lower=8。

```
#include <stdio.h>
void fun (char *s, int a, int b)
{   while(*s)
    {   if(*s>='A' && *s<='Z')   a++;
        if(*s>='a' && *s<='z')   b++;
        s++;
    }
}
int main()
```

```
{   int upper=0, lower=0;     char s[80];
    gets(s);     fun(s, &upper, &lower);
    printf("\n upper=%d, lower=%d\n", upper, lower);
    return 0;
}
```

3. 用字符指针编程求出字符串中指定字符的个数。要求从 main 函数输入字符串和指定字符,输入分两行,第 1 行输入一个字符串,第 2 行输入指定的一个字符;输出结果为一个整数。测试数据如下。

输入: abcdaghckpamn a	输出: 3

4. 编程实现输入一个字符串,将其中连续的数字作为一个整数,依次存放到数组 a[100]中。例如,若字符串为"ab123&gh6741kpen589",则将 123 存在 a[0]中,6741 存在 a[1]中,589 存在 a[2]中。输入一个字符串,保证字符串中连续数字构成的整数在 int 型的范围内,且整数均为正数,个数不超过 100 个;输出若干整数,整数间用一个空格分隔。测试数据如下。

输入: ab123&gh6741kpen589	输出: 123 6741 589

实验 6.3 指向一维数组的指针变量编程

一、实验目的与要求

1. 理解指针与数组之间的关系。
2. 掌握用指针变量引用数组元素的方法。
3. 掌握用指向一维数组的指针变量编程。

二、实验题目

1. 阅读以下程序,先写出程序的运行结果,再上机验证。

```
#include<stdio.h>
int main()
{   int a[10]={0, 1, 2, 3, 4, 5, 6, 7, 8, 9};     int i, n, temp, * p;
    printf("输入 n(n<10):");   scanf("%d", &n);
    for(i=1; i<=n; i++)
    {   temp= * (a+9);
        for(p=a+9; p>a; p--)   * p= * (p-1);
        * a=temp;
    }
    for(i=0;i<10;i++)   printf("%3d", * (a+i));
    printf("\n");
    return 0;
}
```

2. 已知一个整型数组 a[100],编程将其数组元素的值改为当前元素与相邻的下一个元素的乘积,数组的最后一个元素改为它与第0个元素的乘积,要求用指针变量实现。输入分两行,第1行输入一个整数n表示数组元素个数,第2行输入n个数组元素,且元素间用一个空格分隔;输出为一行计算后的数组元素。测试数据如下。

输入:	输出:
5 1 2 3 4 5	2 6 12 20 10

3. 编程实现找出数组a[10]中的最大数和最小数,然后将最小数与元素a[0]交换,将最大数与元素a[9]交换,要求用指针变量实现。输入只有一行,输入10个整数,10个数互不相同;输出也是一行,输出交换后的数组元素,元素间用一个空格分隔。测试数据如下。

测试数据1	测试数据2	测试数据3
输入: 3 5 1 6 9 8 0 7 2 4 输出: 0 5 1 6 4 8 3 7 2 9	输入: 9 3 6 1 0 5 2 8 4 7 输出: 0 3 6 1 7 5 2 8 4 9	输入: 2 9 1 6 8 5 3 7 1 0 输出: 0 2 1 6 8 5 3 7 1 9

实验6.4 指向二维数组的指针变量编程

一、实验目的与要求

1. 理解二维数组的地址表示方法。
2. 掌握用指针变量表示二维数组的元素和元素的地址。
3. 掌握用指向二维数组的指针变量的使用。

二、实验题目

1. 阅读以下程序,先写出程序的运行结果,再上机验证。

假设输入数据:

2　5　7　0↙

1　−4　3　8↙

9　6　−2　5↙

```
#include<stdio.h>
#define N 3
#define M 4
void input(int a[N][M]);
void output(int (*p)[M]);
int main()
{   int num[N][M], i, j, flag;
    printf("输入二维数组 num[%d][%d]的数据: \n", N, M);
    input(num);
    printf("二维数组的数据: \n");
    output(num);
    flag=0;
    for(i=0; i<N && !flag; i++)
     {   for(j=0; j<M && !flag; j++)
           flag= *(num[i]+j)<0;
     }
```

```
    if(flag)   printf("num[%d][%d]=%d\n",i-1,j-1,num[i-1][j-1]);
    else printf("查找失败!\n");
    return 0;
}
void input(int a[N][M])
{   int i, j;
    for(i=0; i<N; i++)
       for(j=0; j<M; j++)
           scanf("%d", a[i]+j);
}
void output(int (*p)[M])
{   int i, j;
    printf("\n");
    for(i=0; i<N; i++)
    {  for(j=0; j<M; j++)
           printf("%3d", *(*(p+i)+j));
       printf("\n");
    }
}
```

2. 用一个二维数组 score[4][3]来存放 4 个学生 3 门课的成绩,编程实现以下功能。

(1) 输入学生成绩。

(2) 求出每个学生的平均分,将其保存在数组 a[4]中。

(3) 求出每门课程的平均成绩,将其保存在数组 b[3]中。

(4) 分两行分别输出数组 a 和数组 b 中成绩。

要求用指向二维数组元素的指针变量实现。输入有 4 行,每行输入一个学生的 3 门课的成绩,成绩为正整数;输出有两行,第 1 行输出 4 个学生的平均分,第 2 行输出 3 门课程的平均分,平均分均保留 2 位小数,数据间用一个空格分隔。测试数据如下。

输入:	输出:
67 89 90 74 81 83 80 90 95 88 86 75	82.00 79.33 88.33 83.00 77.25 86.50 85.75

3. 编写函数求出 m×n 二维数组中指定第 x 行和第 y 列的元素,x 和 y 从 0 开始数,与二维数组下标对应,即数组的第 1 个元素是第 0 行第 0 列的元素。要求在 main 函数中输入数组元素,并输出结果,必须用指向二维数组的指针变量作为函数参数实现。输入有 m+2 行,第 1 行依次输入 m 和 n 两个整数,接下来 m 行输入二维数组的元素,最后一行依次输入 x 和 y;输出为第 x 行第 y 列的元素。测试数据如下。

输入:	输出:
3 4 1 3 5 7 2 4 6 8 7 8 9 5 1 2	6

实验6.5　动态内存分配的应用

一、实验目的与要求

1. 掌握返回指针值的函数的定义与使用。
2. 掌握动态内存分配函数的调用方法。
3. 掌握动态一维数组的使用。

二、实验题目

1. 阅读以下程序,先写出程序的运行结果,再上机验证。

```
#include<stdio.h>
#include<string.h>
char * fun(char * s);
int main()
{   char * cp, str[ ]="china * * * * * ";
    puts(str);
    cp=fun(str);
    puts(cp);
    return 0;
}
char * fun(char * s)
{   char * p;     int len=strlen(s);
    p=s+len-1;
    while(p-s>=0 && * p=='*')  p--;
    * (p+1)='\0';
    return(s);
}
```

2. 用动态一维数组编程实现将输入的任意位数的整数转换成字符串输出。

提示:①输入整数后应先计算出它的位数;②根据位数动态定义字符数组的大小;③设法取该整数的个位数,将其转换成对应的字符,并把它存放在字符数组中,然后使原整数改变,再重复前面的操作。

测试数据如下。

输入:	输出:
12345	12345

3. 用动态二维数组编程实现计算n×n矩阵的主对角线元素之和。输入有n+1行,第1行输入整数n,其后n行为二维数组的元素;输出为一个整数。测试数据如下。

输入:	输出:
3 1 2 3 4 5 6 7 8 9	15

6.2 常见错误及其解决方法

常见的错误及其解决方法如下。

1. 混淆变量声明中的星号 * 和使用指针变量时的 *。例如：

```
int *p, x=10;
*p=&x;                          //赋值语句错误
```

【解决方法】 变量声明中的 * 表示该变量是指针类型的变量，而在指针变量时的 * 表示是“指针运算符”，它的作用是取指针变量所指向的存储单元的内容(即取指针变量所指向的变量)。上例正确写法如下。

```
p=&x;                           //令指针变量 p 指向变量 x
*p=20;                          //令 p 指向的存储单元赋值为 20,等价于 x=20;
```

2. 在指针变量进行指针运算之前没有给它赋值。例如：

```
int *p;
*p=10;                          //赋值错误
```

指针变量 p 指向一个随机的内存地址，执行 *p=10;时，程序则会在 p 所指向的随机位置处写入一个 10，这时程序有可能立即崩溃，也可能等上半小时然后崩溃，或者破坏程序另一部分的数据。编译时会出现以下警告信息。

```
warning C4700: 使用了未初始化的局部变量"p"
```

【解决方法】 必须先对指针变量进行赋值，令指针变量指向一个明确的存储空间，再对指针变量进行指针运算。上例正确写法如下。

```
int *p, x;
p=&x;                         //对指针变量 p 进行赋值,令 p 指向 x
*p=10;                        //对指针变量 p 进行指针运算
```

另外，直接使用空指针也是错误的。例如：

```
int *p=NULL;                  //p 不指向任何内存地址
*p=10;                        //错误,无效的空指针引用
```

3. 不同类型的指针混用。例如：

```
int a=3, *p1;               //float b=1.5, *p2;
p1=&a;                      //正确赋值
p2=p1;                      //错误赋值,p2 和 p1 的类型不同,不能进行赋值
```

【解决方法】 相同类型的指针变量之间才能进行赋值。

4. 不明确指针变量的当前指向时使用了该指针变量。例如：

```
#include<stdio.h>
int main()
{   int *p, a[3], i, n=1;
    for(p=a; p<a+3; p++)   *p=n++;
    for(i=0; i<3; i++, p++)   printf("%d ", *p);
}
```

程序的输出结果不是1　2　3，而是1245052　1245120　4198713。这是因为在第1个for循环结束时，指针变量p已经指向数组a的末尾；在执行第2个for循环时，p的起始值是a+3，依次输出a+3、a+4、a+5中的内容，即输出了3个随机数。

【解决方法】 使用指针变量时，必须明确指针变量当前所指向的位置。

上例中要想正确输出数组a的元素，第2个for循环应该改为

```
for(i=0, p=a; i<3; i++, p++)
    printf("%d ", *p);
```

5. 混淆数组名与指针变量的区别。例如：

```
#include<stdio.h>
int main()
{   int i, *p, a[5]={3, 5, 6, 8, 9};
    for(i=0; i<5; i++)  printff("%d ", a++);     //用a++错误
    p=a;
    for(i=0; i<5; i++)  printff("%d ", p++);     //用p++正确
}
```

【解决方法】 必须牢记数组名是一个地址常量，它的值是不可以改变的；指针变量的值是可以变化的。因此，对指针变量可以进行自加运算，对数组名则不行。

6. 使用字符指针时可能出现错误。例如：

```
char *p1, *p2, *p3="hello ";        //对p3初始化是正确的
p1="good";                          //对p1赋值是正确的
gets(p2);                           //或用scanf("%s ", p2); 输入都是错误的
```

使用字符指针变量时，没对指针变量进行赋值就执行输入操作是错误的，因为字符指针变量指向一个随机的内存地址，程序无法将输入的数据存放到内存中的一个随机位置，编译时会出现警告，程序执行时也会出现运行错误。

【解决方法】 对字符指针变量进行输入时，要确保该指针变量指向确定的内存单元。

字符指针变量正确的使用方法是：

```
char *p, a[10];
p=a;         //令p指向字符数组a
gets(p);     //或scanf("%s", p);
```

7. 用指向数组元素的指针变量指向一个二维数组。例如：

```
int a[3], b[2][3];
int *p;
p=a;          //令 p 指向一维数组是正确的
p=b;          //错误,因为二维数组名表示数组第 0 行的地址
```

【解决方法】 指向数组元素的指针变量不能直接赋值为一个二维数组名,必须定义一个指向一维数组的指针变量。

正确方法是：

```
int b[2][3];
int (*p)[3];
p=b;
```

8. 使用动态内存分配函数时经常出现的错误。

(1) 使用 malloc 或 calloc 函数时,忘记进行强制类型转换。例如：

```
int *p;
p=malloc(sizeof(int));
```

【解决方法】 使用 malloc 函数或 calloc 函数必须使用强制类型转换。

上例应改为：

```
p=(int *)malloc(sizeof(int));
```

(2) 忘记使用 free 函数释放 malloc 或 calloc 函数申请的内存空间。

【解决方法】 如果不需要继续使用动态分配的内存空间,一定要用 free 函数将该内存空间释放。

(3) 使用 free 函数释放系统分配给变量的内存空间。例如：

```
int a, *p;
p=&a;
free(p);          //错误
```

以上代码编译时不会提示错误,但在运行时会出现错误。

【解决方法】 free 函数中的参数 p 的值不是任意的地址,必须是程序中执行了动态分配函数(malloc 或 calloc)所返回的内存地址。

第 7 章 结构体与链表

7.1 实验内容

实验 7.1 结构体变量与结构体数组编程

一、实验目的与要求

1. 掌握结构体类型的定义与应用。
2. 掌握结构体变量的定义与应用。
3. 掌握结构体数组的定义与应用。

二、实验题目

1. 阅读以下程序，先写出程序的运行结果，再上机验证。

```
#include<stdio.h>
#define N 5
struct
{   int num;
    int con;
}a[N];
int main()
{   int i, j;
    for(i=0; i<N; i++)
     {   scanf("%d",&a[i].num);    a[i].con=0;   }
    for(i=0; i<N-1; i++)
      for(j=i+1; j<N; j++)
       {     if(a[i].num>a[j].num)   a[i].con++;
             else   a[j].con++;
       }
    for(i=0; i<N; i++)  printf("%d,%d\n", a[i].num, a[i].con);
    return 0;
}
```

2. 找出以下程序的错误并改正。

```
#include<stdio.h>
#include<string.h>
```

```
struct student
{   int num;
    char name[ ];
    float score;
};
int main()
{   struct student stu, *p;
    p=stu;
    stu.num=1001;    (*p).name="Mary ";
    scanf("%f ", p->score);
    printf("%6d%10s%6.2f\n ", p.num, p->name, p->score);
    return 0;
}
```

3. 定义一个复数结构体类型，分别编写函数实现复数的加、减运算，在主函数中调用这些函数进行计算并输出计算结果。输入有两行，分别输入两个复数的实部和虚部，中间用一个空格分隔；输出有两行，第1行是两个复数相加的结果，第2行是两个复数相减的结果。测试数据如下。

输入：	输出：
2 5 1 3	3+8i 1+2i

4. 有5本图书，每本图书的信息包括书号、书名、作者、价格，定义一个图书的结构体类型，编写函数完成以下功能。

① 从键盘输入数据，将其存放在结构体数组中，然后输出每本图书的书名和价格。

② 输入书名（含空格的字符串），在数组中查找是否存在此书，有此书则输出此书的全部信息，无此书则输出error。

③ 输入一个价格，将高于此价格的图书的全部信息输出，如果没有高于该价格的图书则输出nothing。

测试数据如下。

功能①的输入：	功能①的输出：
20301 Java programming Mike 68.9 20302 Python programming Alex 72.5 20303 Database John 55.8 20304 Data structure Mary 66.7 20305 Artificial Intelligence Smith 86.0	Java programming 68.9 Python programming 72.5 Database 55.8 Data structure 66.7 Artificial Intelligence 86.0
功能②的输入： Database	功能②的输出： 20303 Database John 55.8
功能③的输入： 70	功能③的输出： 20302 Python programming Alex 72.5 20305 Artificial Intelligence Smith 86.0

实验 7.2　链表基本操作编程

一、实验目的与要求

1. 掌握结点类型的定义和结点指针变量的应用。
2. 掌握链表的建立与输出操作。
3. 掌握链表结点的插入与删除操作。

二、实验题目

1. 阅读以下程序,先写出程序的运行结果,再上机验证。

假设输入数据:

0　4　10↙

```
#include<stdio.h>
#include<stdlib.h>
struct node
{   int data;
    struct node *next;
};
struct node * fun1 (void);
void fun2(struct node * head);
struct node * fun3(struct node * head, int n);
int main()
{   struct node *h;
    h=fun1();       fun2(h);
    h=fun3(h, 0);   fun2(h);
    h=fun3(h, 4);   fun2(h);
    h=fun3(h, 8);   fun2(h);
    return 0;
}
struct node * fun1 (void)
{   struct node *p1, *p2, *q=NULL;     int i, j=1;
    for(i=0; i<5; i++)
    {   p1=(struct node *)malloc(sizeof(struct node));
        p1->data=j;    j=j+2;
        if(q==NULL)  q=p1;
        else  p2->next=p1;
        p2=p1;
    }
    p2->next=NULL;
    return(q);
}
void fun2(struct node * head)
{   struct node *p;
    p=head;
    while(p!=NULL)
    {  printf("%d ", p->data);     p=p->next;  }
    printf("\n");
```

```
}
struct node * fun3(struct node * head, int n)
{   struct node * p, * q, * s;       int k;
    p=head;
    s=(struct node * )malloc(sizeof(struct node));
    scanf("%d", &s->data);
    for(k=1; k<n && p!=NULL; k++)
    {  q=p;   p=p->next;  }
    if(p==head)  head=s;
    else  q->next=s;
    s->next=p;
    return(head);
}
```

2. 编写函数用表首添加法建立链表，在 main 函数中调用该函数并输出链表，链表结点的数据信息包括学号、姓名、年龄。输入有多行，每行输入一个学生的信息，最后一行输入 0 0 0 时结束；输出时，也是一行输出一个学生的信息。测试数据如下。

输入：	输出：
2022001 Lihua 19 2022002 Wangmei 18 2022003 Xiaohong 19 0 0 0	2022003 Xiaohong 19 2022002 Wangmei 18 2022001 Lihua 19

3. 编程实现两个链表的连接，即令链表 a 的最后一个结点指向链表 b 的第 1 个结点，如图 7.1 所示。要求用表尾添加法建立两个链表，输入有两行，第 1 行输入链表 a 的数据，第 2 行输入链表 b 的数据，输入 0 时结束；输出只有一行，输出两个链表连接后的数据。测试数据如下。

输入：	输出：
1 3 5 0 2 4 6 0	1 3 5 2 4 6

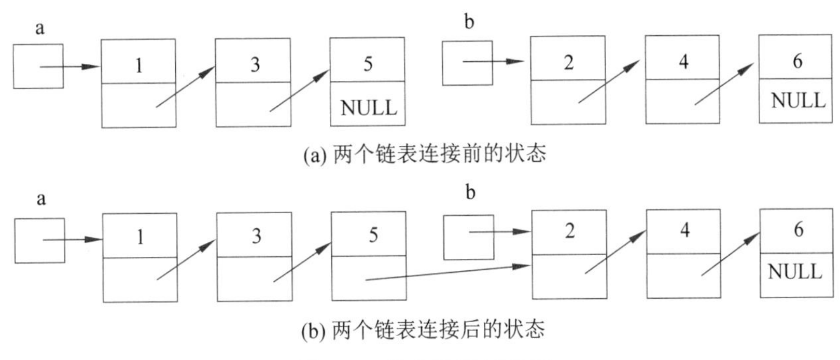

图 7.1　链表连接示意图

实验7.3 链表复杂应用编程

一、实验目的与要求

1. 熟练使用结点指针变量。

2. 能够建立一些其他形式的链表。

二、实验题目

1. 编程建立一个带头结点的单链表,如图7.2所示。用表首添加法建立链表,输入0时结束,头结点的数据成员存放该链表的结点个数;输出有一行,输出链表全部结点的数据信息。测试数据如下。

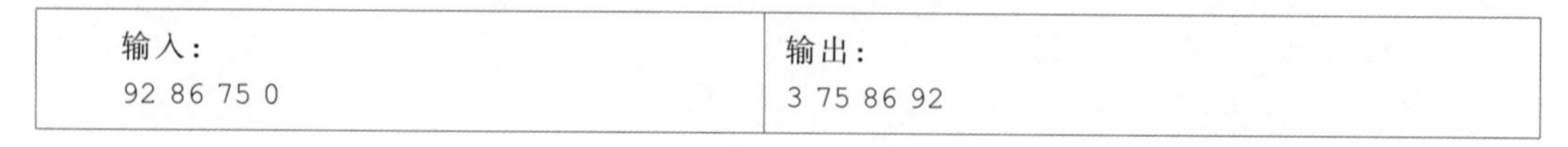

输入:	输出:
92 86 75 0	3 75 86 92

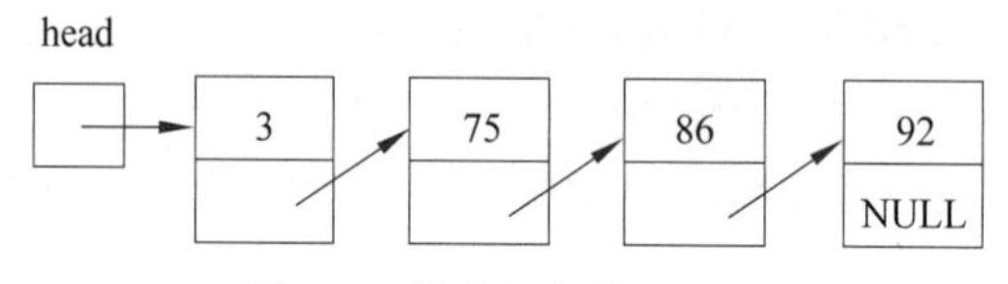

图7.2 带头结点的单链表

2. 编程实现循环链表的建立和输出。循环链表是指表尾结点的指针成员指向表头结点,整个链表形成一个环,而循环链表一般不设头指针,而设尾指针,如图7.3所示。要求用表尾添加法建立循环链表,输入0时结束;输出时,从表尾结点开始。测试数据如下。

输入:	输出:
60 75 86 92 0	92 60 75 86

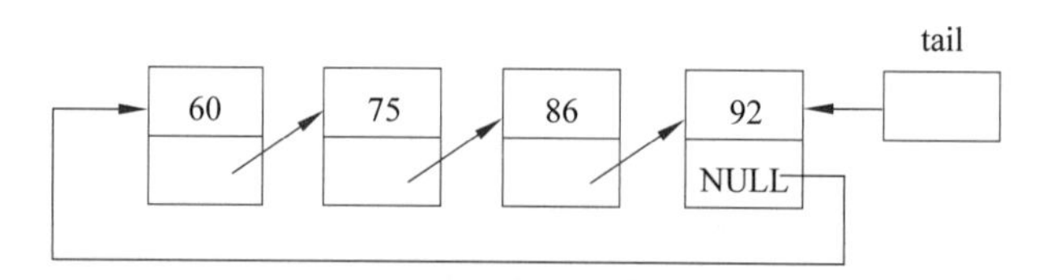

图7.3 带尾指针的循环链表

3. 编程实现双向链表的建立和输出。双向链表的每个结点有两个指针成员,分别指向其前驱结点和后继结点,如图7.4所示。要求用表尾添加法建立循环链表,输入0时结束;输出时,先从表首到表尾输出每个结点的数据,再从表尾到表首输出结点的数据,注意表尾结点不要重复输出。测试数据如下。

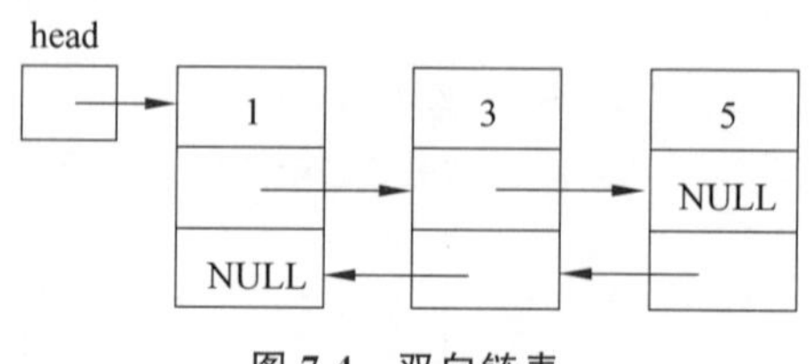

图7.4 双向链表

输入: 1 3 5 0	输出: 1 3 5 3 1

实验 7.4 ICPC 竞赛题

1. The Happy Worm.

【Description】 The Happy Worm lives in an m×n rectangular field. There are k stones placed in certain locations of the field. (Each square of the field is either empty, or contains a stone.) Whenever the worm sleeps, it lies either horizontally or vertically, and stretches so that its length increases as much as possible. The worm will not go in a square with a stone or out of the field. The happy worm can not be shorter than 2 squares. The question you are to answer is how many different positions this worm could be in while sleeping.

【Input】 The first line of the input contains a single integer t (1≤t≤11), the number of test cases, followed by the input data for each test case. The first line of each test case contains three integers m, n, and k (1≤m, n, k≤131072). The input for this test case will be followed by k lines. Each line contains two integers which specify the row and column of a stone. No stone will be given twice.

【Output】 There should be one line per test case containing the number of positions the happy worm can be in.

【Sample Input】

```
1
5 5 6
1 5
2 3
2 4
4 2
4 3
5 1
```

【Sample Output】

```
9
```

【Source】 Tehran Sharif 2004 Preliminary, POJ1974.

【解析】 按照题意,有一只蠕虫居住在一个 m×n 大小的网格中,在网格的某些位置放置了 k 块石头(给出了每块石头的坐标)。当蠕虫睡觉时,它在水平方向或垂直方向上躺着,把身体尽可能伸展开来,蠕虫的身体既不能进入到放有石块的方格中,也不能伸出网格外,而且蠕虫的长度不会小于两个方格的大小。现给定一个网格,要求计算蠕虫可以在多少个不同的位置躺下睡觉。

题目中有两点需要注意:一是当蠕虫睡觉时,它在水平方向或垂直方向上躺着,把身体尽可能伸展开来;二是蠕虫的长度不会小于两个方格的大小。

根据题意,先找出在有石块的行方向上可以睡觉的位置,以及在有石块的列方向上可以睡觉的位置,然后再找出那些没有石块的行和列位置上可以睡觉的位置。

本题首先需要使用结构体定义点,每个点有两个分量,即行坐标 x 和列坐标 y。直观的做法,分别考虑虫子横躺和竖躺两种情况,每种情况之前都先将石头按相应的坐标分量排序。

例如,考虑横躺的情况,可用的位置有 4 种可能:

(1) 连续两个石头之间有空行,且列数≥2。

(2) 两个连续的石头在同一行,中间的空隙≥2。

(3) 一个石头所在的行,右边没有其他石头,到最右端的距离≥2。

(4) 一个石头所在的行,左边没有其他石头,到最左端的距离≥2。

竖躺的情况类似。

2. DNA Sorting.

【Description】 One measure of "unsortedness" in a sequence is the number of pairs of entries that are out of order with respect to each other. For instance, in the letter sequence "DAABEC", this measure is 5, since D is greater than four letters to its right and E is greater than one letter to its right. This measure is called the number of inversions in the sequence. The sequence "AACEDGG" has only one inversion (E and D) — it is nearly sorted — while the sequence "ZWQM" has 6 inversions (it is as unsorted as can be — exactly the reverse of sorted).

You are responsible for cataloguing a sequence of DNA strings (sequences containing only the four letters A, C, G, and T). However, you want to catalog them, not in alphabetical order, but rather in order of "sortedness", from "most sorted" to "least sorted". All the strings are of the same length.

【Input】 The first line contains two integers: a positive integer n (0<n≤50) giving the length of the strings; and a positive integer m (0<m≤100) giving the number of strings. These are followed by m lines, each containing a string of length n.

【Output】 Output the list of input strings, arranged from "most sorted" to "least sorted". Since two strings can be equally sorted, then output them according to the orginal order.

【Sample Input】

```
10 6
AACATGAAGG
TTTTGGCCAA
TTTGGCCAAA
GATCAGATTT
CCCGGGGGGA
```

ATCGATGCAT

【Sample Output】

CCCGGGGGGA

AACATGAAGG

GATCAGATTT

ATCGATGCAT

TTTTGGCCAA

TTTGGCCAAA

【Source】 East Central North America 1998,POJ1007.

【解析】 题目给定若干 DNA 序列,每个 DNA 序列只包含 A、C、G 和 T 4 个字母,按各自出现的逆序度由小到大输出 DNA 序列串。例如,DNA 序列 AGCAGT,其逆序对有 GC、GA、CA,所以该串的逆序度为 3。因此,需求出每个串的逆序数,然后排序输出相应串。注意,如果逆序度一样,则按原来的相对顺序输出串。

为实现排序,可定义一个结构体,一个成员是该串本身,另一个成员是该串的逆序数。以逆序数为关键字排序,当逆序数相等时不交换。

3. Maya Calendar.

【Description】 During his last sabbatical, professor M. A. Ya made a surprising discovery about the old Maya calendar. From an old knotted message, professor discovered that the Maya civilization used a 365 day long year, called Haab, which had 19 months. Each of the first 18 months was 20 days long, and the names of the months were pop, no, zip, zotz, tzec, xul, yoxkin, mol, chen, yax, zac, ceh, mac, kankin, muan, pax, koyab, cumhu. Instead of having names, the days of the months were denoted by numbers starting from 0 to 19. The last month of Haab was called uayet and had 5 days denoted by numbers 0,1,2,3,4. The Maya believed that this month was unlucky, the court of justice was not in session, the trade stopped, people did not even sweep the floor.

For religious purposes, the Maya used another calendar in which the year was called Tzolkin (holly year). The year was divided into thirteen periods, each 20 days long. Each day was denoted by a pair consisting of a number and the name of the day. They used 20 names: imix, ik, akbal, kan, chicchan, cimi, manik, lamat, muluk, ok, chuen, eb, ben, ix, mem, cib, caban, eznab, canac, ahau and 13 numbers; both in cycles.

Notice that each day has an unambiguous description. For example, at the beginning of the year the days were described as follows:

1 imix, 2 ik, 3 akbal, 4 kan, 5 chicchan, 6 cimi, 7 manik, 8 lamat, 9 muluk, 10 ok, 11 chuen, 12 eb, 13 ben, 1 ix, 2 mem, 3 cib, 4 caban, 5 eznab, 6 canac, 7 ahau, and again in the next period 8 imix, 9 ik, 10 akbal …

Years (both Haab and Tzolkin) were denoted by numbers 0, 1, : : :, where the number 0 was the beginning of the world. Thus, the first day was:

Haab: 0. pop 0

Tzolkin: 1 imix 0

Help professor M. A. Ya and write a program for him to convert the dates from the Haab calendar to the Tzolkin calendar.

【Input】 The date in Haab is given in the following format:

Number Of The Day. Month Year

The first line of the input file contains the number of the input dates in the file. The next n lines contain n dates in the Haab calendar format, each in separate line. The year is smaller then 5000.

【Output】 The date in Tzolkin should be in the following format:

Number Name Of The Day Year

The first line of the output file contains the number of the output dates. In the next n lines, there are dates in the Tzolkin calendar format, in the order corresponding to the input dates.

【Sample Input】

3

10. zac 0

0. pop 0

10. zac 1995

【Sample Output】

3

3 chuen 0

1 imix 0

9 cimi 2801

【Source】 Central Europe 1995, POJ1008, UVA300.

【解析】 这是一道经典的历法转换问题。根据题目描述,有两种历法:Haab 历法和 Tzolkin 历法。

Haab 历法一年有 365 天。每年有 19 个月,在前 18 个月,每月有 20 天,月份的名字分别是 pop、no、zip、zotz、tzec、xul、yoxkin、mol、chen、yax、zac、ceh、mac、kankin、muan、pax、koyab、cumhu。这些月份中的日期用 0～19 表示;Haab 历的最后一个月(第 19 个月)称为 uayet,它只有 5 天,用 0～4 表示。

Tzolkin 历法一年被分成 13 个不同的时期,每个时期有 20 天,每一天用一个数字和一个单词相组合的形式来表示。使用的数字是 1～13,使用的单词共有 20 个:imix、ik、akbal、kan、chicchan、cimi、manik、lamat、muluk、ok、chuen、eb、ben、ix、mem、cib、caban、eznab、canac、ahau。注意,年中的每一天都有着明确唯一的描述,例如,在一年的开始,日期如下描述:1 imix, 2 ik, 3 akbal, 4 kan, 5 chicchan, 6 cimi, 7 manik, 8 lamat, 9 muluk, 10 ok, 11 chuen, 12 eb, 13 ben, 1 ix, 2 mem, 3 cib, 4 caban, 5 eznab, 6 canac, 7 ahau, 8 imix, 9 ik, 10 akbal ……也就是说,数字和单词各自独立循环使用。

总结起来,Haab 历法的月份用特定的字母表示,天数用数字表示。Tzolkin 历法的月份用数字1～13表示，天数用20个单词表示。

问题求解的思路是：求出Haab日历中的天数，因为两个日历唯一的共同点是都是从世界开始的那一天算起的。按照这个思路，先求年%260(求余)，再求月、求天数，并且求出数字代表的特定的单词。

表示日期时，可定义一个结构体，成员包括年、月、日。19个月份名和20个日期名也分别定义成结构体，通过下标来表示具体的月份和天数。这种使用结构体的表示方法简便、易懂。

4. The Blocks Problem.

【Description】 Many areas of Computer Science use simple, abstract domains for both analytical and empirical studies. For example, an early AI study of planning and robotics (STRIPS) used a block world in which a robot arm performed tasks involving the manipulation of blocks.

In this problem you will model a simple block world under certain rules and constraints. Rather than determine how to achieve a specified state, you will "program" a robotic arm to respond to a limited set of commands.

The problem is to parse a series of commands that instruct a robot arm in how to manipulate blocks that lie on a flat table. Initially there are n blocks on the table (numbered from 0 to n−1) with block bi adjacent to block bi+1 for all $0 \leqslant i < n-1$ as shown in the diagram below:

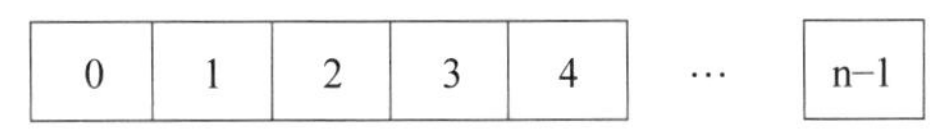

Figure:Initial Blocks World

The valid commands for the robot arm that manipulates blocks are:

move a onto b

where a and b are block numbers, puts block a onto block b after returning any blocks that are stacked on top of blocks a and b to their initial positions.

move a over b

where a and b are block numbers, puts block a onto the top of the stack containing block b, after returning any blocks that are stacked on top of block a to their initial positions.

pile a onto b

where a and b are block numbers, moves the pile of blocks consisting of block a, and any blocks that are stacked above block a, onto block b. All blocks on top of block b are moved to their initial positions prior to the pile taking place. The blocks stacked above block a retain their order when moved.

pile a over b

where a and b are block numbers, puts the pile of blocks consisting of block a, and any blocks that are stacked above block a, onto the top of the stack containing block b. The blocks stacked above block a retain their original order when moved.

quit

terminates manipulations in the block world.

Any command in which a=b or in which a and b are in the same stack of blocks is an illegal command. All illegal commands should be ignored and should have no affect on the configuration of blocks.

【Input】 The input begins with an integer n on a line by itself representing the number of blocks in the block world. You may assume that 0<n<25. The number of blocks is followed by a sequence of block commands,one command per line. Your program should process all commands until the quit command is encountered. You may assume that all commands will be of the form specified above. There will be no syntactically incorrect commands.

【Output】 The output should consist of the final state of the blocks world. Each original block position numbered i(0≤i<n where n is the number of blocks) should appear followed immediately by a colon. If there is at least a block on it,the colon must be followed by one space,followed by a list of blocks that appear stacked in that position with each block number separated from other block numbers by a space. Don't put any trailing spaces on a line. There should be one line of output for each block position (i.e.,n lines of output where n is the integer on the first line of input).

【Sample Input】

```
10
move 9 onto 1
move 8 over 1
move 7 over 1
move 6 over 1
pile 8 over 6
pile 8 over 5
move 2 over 1
move 4 over 9
quit
```

【Sample Output】

```
0: 0
1: 1 9 2 4
2:
3: 3
4:
5: 5 8 7 6
6:
7:
8:
```

9:

【**Source**】 Duke Internet Programming Contest 1990,uva 101,POJ1208.

【**解析**】 本题是解析一系列命令,指示机器人手臂如何操纵位于平台上的块。

本题较为典型,使用多个链表来解决。链表的每个结点的数据类型为一个结构体node,结构体内有两个成员:一个是整型data(用来存放木块的编号),另一个是指向node的指针next(用来存放下一个木块的地址)。然后,在每个木块初始位置上都设置一个链表(一个链表就表示为这个位置上的木块放置情况,结点表示木块,假设靠近链表头结点的结点是较下方的木块)。一共有n个链表。

例如,对于输入样例,程序就会生成10个链表。每个链表的初始化为:链表中只有一个结点,这个结点的data为这个位置的编号,这个结点的next为NULL。例如,位置3上的链表初始化后只有一个结点,data为3,next为NULL。并且认为靠近链表头结点的结点是较下方的木块。

对于命令:move a onto b,根据题意,先将a和b木块上面木块都归位。也就是说,将a结点的后面的结点都去掉,并放回编号为它们各自本身的位置的链表。具体操作方法是:首先,先将a木块上方木块归位,从a结点往后遍历这条链表,对每个遍历到的结点:next设为NULL,并将编号为"该结点的data"的链表的链表头结点设置为该结点。然后将a结点的next设为NULL。a木块上面木块就归位完毕了。对b结点同理完成相应的操作。此时已经将a、b木块上面的木块放回了初始位置,接下来只需将b结点的next指向a结点(意为将a木块放在b木块上),并且将指向b结点的结点next设为NULL(如果没有指向b结点的结点,就将初始时所在的那条链表头结点设置为NULL,即设为空链表)(这个操作的意义为更新链表的尾结点),完成。其他命令操作类似。

7.2 常见错误及其解决方法

常见的错误及其解决方法如下。

1. 将结构体类型当结构体变量使用。例如:

```
struct atype
{   int x;
    float y;
};
atype.x=10;         //赋值语句错误,atype 不是变量,它是结构体类型名
```

【**解决方法**】 注意区分什么是结构体类型,什么是结构体变量。一般来说,在关键字struct后出现的标识符是结构体类型名,不能将它当成变量使用,而是应该用它来定义结构体变量。正确的写法如下。

```
struct atype
{   int x;
    float y;
}m;                 //定义结构体变量 m
m.x=10;             //对变量 m 的成员 x 进行赋值
```

2. 当结构体类型中有嵌套定义时,经常出现的错误。

(1) 在结构体内只定义了嵌套的结构体类型,却忘记声明成员变量。例如:

```
struct person
{   char name[10];
    struct date                    //定义嵌套的结构体类型 date
    {   short year;
        short month;
        short day;
    };                             //这里没有声明成员变量 birthday
};
```

【解决方法】 定义结构体类型后还必须声明成员变量。

(2) 对嵌套定义的结构体成员引用不正确。例如:

```
struct person
{   char name[10];
    struct date
    {   short year;
        short month;
        short day;
    } birthday;                    //声明成员变量 birthday
}x;
x.year=1998;                       //错误引用成员 year
```

编译时会出现以下错误信息。

```
error C2039: "year": 不是"main::person"的成员
```

【解决方法】 对于嵌套结构体成员的引用,应按从外到内的顺序逐层引用成员,只能对最内层的成员进行操作。正确的写法如下。

```
x.birthday.year=1998;
```

3. 对结构体变量进行整体输入或整体输出。例如:

```
struct  atype
{   int x;
    float y;
}m;
scanf("%d%f ", &m);                //整体输入结构体变量 m 是错误的
```

【解决方法】 结构体变量的输入、输出只能对成员进行。

正确的写法是:

```
scanf("%d%f ", &m.x, &m.y);
```

另外,具有相同类型的结构体变量可以进行整体赋值。例如:

```
struct atype m, n;                   //声明结构体变量 m、n
m.x=25;  m.y=12.6;                   //给结构体变量 m 的成员赋值
n=m;                                 //结构体变量整体赋值
printf("%d,%f\n ", n.x, n.y);        //输出结构体变量 n
```

4. 用结构体指针变量引用结构体成员的形式书写错误。例如：

```
struct atype
{   int x;
    float y;
}m, * p;
p=&m;
 * p.x=25;                //错误,* p 应用小括号括起来
 * p->y=12.6;             //错误,p 前多了 *
```

【解决方法】 结构体指针变量引用结构体成员的两种正确形式：①(* p).成员名；②p->成员名。

上面赋值语句的正确写法为

```
( * p) .x=25;   p->y=12.6;
```

5. 链表操作中经常出现的错误。

(1) 建立链表时,最后一个结点的指针成员忘记赋空值(即 NULL)。

(2) 不能正确写出判断链表是否结束的关系表达式。

(3) 不能正确写出令指针变量指向下一个结点的赋值语句。

(4) 对于插入和删除结点操作,忘记考虑可能会插入和删除表头结点的特殊情况,这种情况将改变链表头指针的值。

【解决方法】 理解结点指针变量赋值操作的真正含义,掌握插入和删除结点的正确方法及步骤。

第 8 章 文件

8.1 实验内容

实验 8.1 文件顺序读写编程

一、实验目的与要求

1. 掌握文件的打开、关闭及字符读写操作。

2. 掌握文件的字符串读写、数据块读写、格式化读写操作。

3. 学会综合运用结构体数组和文件编程。

二、实验题目

1. 阅读以下程序，先写出程序运行后文件中的内容，再上机验证。

```
#include<stdio.h>
#include<stdlib.h>
int main()
{   FILE * fp;    int i, j, k;
    if((fp=fopen("file1.txt","w"))==NULL)
     {   printf("Can not open this file!\n");    exit(0);    }
    for(i=1; i<=9; i++)
    {   for(j=1; j<=i; j++)
        {   k=i * j;
            fprintf(fp,"%d * %d=%-3d", j, i, k);
        }
        fprintf(fp,"\n");
    }
    fclose(fp);
    return 0;
}
```

2. 建立一个二进制文件 employee.dat，用来存放 6 名职工的信息，每名职工的信息编号、姓名、工资。其中，编号和工资可以用整数，姓名为不含空格的字符串。测试数据如下。

输入： 202201 Mike 5678 202202 Alex 6548 202203 John 8790 202204 David 7626 202205 Bob 7478 202206 Tracy 8256	输出： 无

3. 从实验 8.1 中第 2 题创建的 employee.dat 文件中读出职工信息，将其输出到屏幕上，每个职工的信息占一行，输出格式：编号，姓名，工资。测试数据如下。

输入： 无	输出： 202201, Mike, 5678 202202, Alex, 6548 202203, John, 8790 202204, David, 7626 202205, Bob, 7478 202206, Tracy, 8256

4. 从实验 8.1 中第 2 题创建的 employee.dat 文件中读出职工信息，将姓名和工资信息提取出来，另建一个文本文件 wage.txt 保存此信息，信息写入文件的格式：姓名□□工资（□表示空格），每个职工的信息占一行。测试数据如下。

输入： 无	输出：（文件 wage.txt 中的内容） Mike□□5678 Alex□□6548 John□□8790 David□□7626 Bob□□7478 Tracy□□8256

5. 输入一个职工的编号，从实验 8.1 中第 2 题创建的 employee.dat 文件中删除该职工的信息，再将剩余职工的信息存回到原文件 employee.dat 中，然后再将文件中的信息全部输出到屏幕上。如果输入的编号没有找到，则输出 This employee does not exist.。测试数据如下。

输入： 202203	输出： 202201, Mike, 5678 202202, Alex, 6548 202204, David, 7626 202205, Bob, 7478 202206, Tracy, 8256

实验 8.2　文件随机读写编程

一、实验目的与要求

1. 掌握文件的定位函数的使用。

2. 学会灵活运用随机读写对文件中的特定数据进行操作。

二、实验题目

1. 阅读以下程序,先写出程序的运行结果,再上机验证。

```
#include<stdio.h>
#include<stdlib.h>
int main()
{   FILE * fp;    int i, x, a[10];
    if((fp=fopen("data.txt","wb+"))==NULL)
     {   printf("Can not open this file!\n");    exit(0);  }
    for(i=1; i<=10; i++)
    {   x=i * i;
        fwrite(&x, sizeof(int), 1, fp);
    }
    rewind(fp);
    for(i=1; i<=5; i++)
    {  fseek(fp, sizeof(int), 1);
       fread(&x, sizeof(int), 1, fp);
       printf("%4d", x);
    }
    printf("\n");    fclose(fp);
    return 0;
}
```

2. 对实验8.1中第2题建立的文件employee.dat进行以下操作:输入一个1~6的整数n,然后用随机读写将文件中第n个职工的信息读取出来,并输出到显示器上,输出格式:编号,姓名,工资。测试数据如下。

输入:	输出:
2	202202, Alex, 6548

3. 对实验8.1中第2题建立的文件employee.dat进行以下操作:输入一名职工的编号,修改该职工的工资,然后用随机读写将该职工的信息重新写入文件。注意,程序不要重写全部职工的信息,而是只重写这名职工的信息。测试数据如下。

输入:	输出:
202204 9000	文件employee.dat

8.2 常见错误及其解决方法

常见的错误及其解决方法如下。

1. 文件指针变量定义出错。例如:

```
FILE fp;            //fp前未加 *,错误
File * fp;          //File后3个字母小写是错误的
file * fp;          //file小写是错误的
```

【解决方法】 定义文件指针变量时必须用大写的 FILE,变量名前必须加 * 。

2. 程序中忘记用 fclose 函数关闭文件。

【解决方法】 对文件进行读写操作后,不关闭文件可能会丢失数据,使用完文件后必须用 fclose 函数关闭文件。

3. 文件打开方式与文件使用情况不一致。

(1) 想向文件中写入数据,却用只读方式"r"或"rb"打开文件。

(2) 想从文件中读取数据,却用只写方式"w"或"wb"打开文件。

(3) 想向文件末尾添加数据,却用只写或读写方式"w"、"wb"或"w+"、"wb+"打开文件。

【解决方法】 应该根据文件的具体使用情况选择相应的文件打开方式。特别注意,若用"w"或"wb"方式打开一个已经存在的文件,会将原文件的数据清空。

4. 使用文件读写函数时经常出现的错误。

(1) 单字符读写函数中的错误。例如:

```
fputc('A');                //少写一个文件指针变量参数
fgetc(fp);                 //从文件中读取一个字符,却没有进行赋值操作
```

以上读写函数的正确形式是:

```
fputc('A', fp);            //加上参数 fp
char ch;
ch=fgetc(fp);              //将文件中读取的字符赋值给一个字符型变量
```

(2) 字符串读写函数中的错误。例如:

```
char str[40];
fgets(str, fp);            //少写一个控制读取字符个数的参数
fputs(abcd, fp);           //字符串常量忘记写双引号
```

以上读写函数的正确形式是:

```
fgets(str, 10, fp);        //加上参数 10,表示要读取 9 个字符
fputs("abcd", fp);         //字符串常量必须加双引号
```

(3) 数据块读写函数中的错误。例如:

```
int i, x, a[10];
fread(x, sizeof(int), 1, fp);        //x 前未写地址符 &
for(i=0; i<10; i++)
fread(a[i], sizeof(int), 1, fp);     //a[i]前未写地址符 &
fread(a, sizeof(int), 1, fp);        //数据项个数写 1,只能将 a[0]一个元素写入文件
```

以上读写函数的正确形式是:

```
fread(&x, sizeof(int), 1, fp);     //在 x 前加 &
for(int i=0; i<10; i++)
fread(&a[i], sizeof(int), 1, fp); //在 a[i]前加 &
fread(a, sizeof(int), 10, fp);     //数据项个数写 10 才能将数组 a 的全部元素写入文件
```

【解决方法】 使用文件读写函数时,一定要严格遵照函数的调用方式。注意参数的正确使用方法。

5. 在不确定文件的读写位置时,对文件进行错误的读或写操作。例如:

```
#include<stdio.h>
int main()
{   FILE * fp;   char ch1, ch2;
    if((fp=fopen("file.txt ", "w+"))==NULL)
     {   printf("cannot open this file\n ");     exit(0);  }
    while((ch1=getchar())!='\n ')
        fputc(ch1, fp);              //向文件中写入字符
    while(!feof(fp))
     { ch2=fgetc(fp);                //从文件中读取一个字符
       putchar(ch2);
     }
    return 0;
}
```

以上程序虽然不会出现编译错误,但会出现运行错误。因为在第1个while循环执行完后,文件的读写位置指针指向文件末尾,这时再从文件尾读取数据是错误的。

若想读取前面写入文件中的字符,应先将文件位置指针重新指向文件的开头,再进行读操作,以上程序的正确形式是:

```
#include<stdio.h>
int main()
{   FILE * fp;   char ch1, ch2;
    if((fp=fopen("file.txt ", "w+"))==NULL)
    {   printf("cannot open this file\n ");     exit(0);  }
    while((ch1=getchar())!='\n ')
      fputc(ch1, fp);
    rewind(fp);                    //令文件位置指针重新指向文件开头
    while(!feof(fp))
    {   ch2=fgetc(fp);
        putchar(ch2);
    }
    return 0;
}
```

【解决方法】 对文件进行读写操作时,必须明确文件位置指针当前的指向。

第 9 章 位运算

9.1 实验内容

实验 9.1 位运算编程

一、实验目的与要求

1. 掌握 6 种位运算：~、&、|、∧、<<、>>。

2. 学会应用基本的位运算解决问题。

二、实验题目

1. 阅读以下程序，先写出程序的运行结果，再上机验证。

```
#include<stdio.h>
int main()
{   int a, b, c, d, n1, n2, n;
    a=0x0abf89de;
    n1=5;   n2=8;    n=sizeof(int) * 8;    b=~0;
    c1=~ (b<<(n-n1+1));  printf("c1=%x\n ", c1);
    c2=(b<<(n-n2));      printf("c2=%x\n ", c2);
    c=c1&c2;             printf("c=%x\n ", c);
    d=a&c;      d=d>>(n-n2);
    printf("d=%x\n ", d);
    return 0;
}
```

2. 编写程序，对一个无符号整数 a 实现循环左移 n 位。用十六进制形式输入 a，用十进制形式输入 n；也按十六进制形式输出移位后的整数。测试数据如下。

输入： ff1234ab 8	输出： 1234abff

3. 编写程序，无符号整型变量存放一个整数（以十六进制形式输入），对该整数的二进制形式取出它的奇数位（即从左边起的第 1,3,5,…,31 位），存放到一个整型数组中，然后输出这个数组（数组中的元素就只有 0 或 1）。

说明：1 字节有 8 位，若无符号整型有 4 字节，则有 32 位，从左边开始对位进行编号，分别为 0,1,2,…,31。

测试数据如下。

输入：	输出：
ff1234ab	1111010001100001

实验 9.2 ICPC 竞赛题

1. Splitting Numbers.

【Description】 We define the operation of splitting a binary number n into two numbers a(n), b(n) as follows. Let $0 \leqslant i_1 < i_2 < \cdots < i_k$ be the indices of the bits (with the least significant bit having index 0) in n that are 1. Then the indices of the bits of a(n) that are 1 are $i_1, i_3, i_5, \cdots$ and the indices of the bits of b(n) that are 1 are $i_2, i_4, i_6, \cdots$

For example, if n is 110110101 in binary then, again in binary, we have a=010010001 and b=100100100.

【Input】 Each test case consists of a single integer n between 1 and $2^{31}-1$ written in standard decimal (base 10) format on a single line. Input is terminated by a line containing '0' which should not be processed.

【Output】 The output for each test case consists of a single line, containing the integers a(n) and b(n) separated by a single space. Both a(n) and b(n) should be written in decimal format.

【Sample Input】

6

7

13

0

【Sample Output】

2 4

5 2

9 4

【Source】 UVA11933.

【解析】 根据题目要求，对于给定的整数 n，将其二进制形式中出现在奇、偶位置上的数字 1 分开，组成两个数字。很显然，使用位运算可以简单地解决该问题。可将整数 1 分别左移，只要统计出偶数的 1 的出现位置，累加即可生成 b，然后 n－b 即可得到 a。

2. Simple Adjacency Maximization.

【Description】 Find the smallest integer N that has both of the following properties:

① The binary representation of N has exactly P 1's & exactly Q 0's. (Leading Zeroes are allowed).

② The number of 1's adjacent to one or more 0 in the binary representation is maximized.

【**Input**】 The first line of the input file contains a single integer C, the number of test cases in the input file. Each of the next C lines contains two non-negative integers P & Q ($1 \leqslant P+Q \leqslant 50$).

【**Output**】 For each test case a print the value of N, as explained in the statement, in a line by itself.

【**Sample Input**】

3

4 3

1 1

3 2

【**Sample Output**】

45

1

13

【**Source**】 UVA11532.

【**解析**】 根据题目要求,求满足下列两个条件的最小整数 N。

(1) N 的二进制形式里,包含 p 个 1 和 q 个 0(0 可以是前导 0)。

(2) N 的二进制形式中与 0 相邻的 1 数量最多(也就是让尽量多的 1 与 0 挨着)。

为达到第(2)条的要求,即在 N 的二进制形式中,应尽量多地从右至左加入多组 101。例如,101101,加入了 2 组 101,每一组中包含了 2 个 1 和 1 个 0。重复加,直到 $p<2$ 或 $q=0$。

如果 $p=1$ 且 $q \geqslant 1$,即还有 1 个 1 和多个 0,将 1 放在最右边即可;把 0 放在最左边,0 放在最左边不影响数的大小,即不用管它。

如果 $p>0$ 且 $q=0$,即还有多个 1 但没有 0,则将多余的 1 放在最右边。

显然,使用位运算可以很容易地实现以上操作。另外,存放结果的数需要定义为 long long int。

9.2 常见错误及其解决方法

常见的错误及其解决方法如下。

1. 将位运算的 &(与)、|(或)同逻辑运算中的 &&(与)、||(或)用错。

【**解决方法**】 记清楚位运算中与、或运算符是单个的 &、|。

2. 对浮点型数据进行位运算。

【**解决方法**】 一定注意位运算的操作数必须是整型数据。

3. 设有一整型变量 a(16 位),如果想将其最低位置 0,而其余位保持不变,如采用 a & 0xfffe 进行运算,在移植程序时可能会出现问题。

【**解决方法**】 采用更健壮的代码实现上述功能,即 a & (—1)。

4. 分析以下程序的输出结果。

```
#include<stdio.h>
int main()
{   int a=32, b=0xffffffff;
    printf("%d\n",0xffffffff>>32);
    printf("%d\n",b>>a);
    printf("%d\n",0xffffffff>>a);
    return 0;
}
```

输出结果：

```
0
-1
-1
```

这样的输出结果很令人迷惑,其原因是：①所有的位移操作的右操作数必须小于左操作数的位长度,否则结果是不确定的；②右移操作对于 unsigned 型整数来说应高位一直补 0,而对于 signed 型整数来说则高位补符号位；③在位运算过程中,有整数提升问题,该问题比较复杂,这里不详细解释了。

【解决方法】 当对变量进行移位运算时,逻辑上应该尽可能地使用无符号数,移位长度应严格控制在字长以内。

第10章 综合程序设计

本章的实验题目相对来说难度较大，综合性较强，需要较多的实验课时才能完成，建议将这些实验作为课程设计题目，用一周左右的时间完成。

根据系统功能描述，首先进行系统总体设计，画出系统功能模块图，然后对各个功能模块进行详细设计，确定模块间的调用关系，最后进行程序代码设计。

实验10.1　通讯录管理系统

通讯录中的联系人包含以下信息项：姓名、手机（号码为11位）、办公电话、家庭电话、电子邮箱、所在省市、工作单位、家庭住址，群组分类（亲属、同事、同学、朋友、其他）。

系统的主要功能包括：

(1) 输入联系人的信息。要求：至少输入10个联系人的数据（手机号码不可以重复），且注意数据的多样性。

(2) 按姓名对联系人信息进行排序，并将排序后信息存放到一个文本文件中。

(3) 添加联系人的信息。在已经存在的通讯录文件中添加若干联系人。要求：添加后仍按联系人的姓名排序，并保存至原文件。

(4) 删除联系人的信息。输入一个姓名，若通讯录中已有该联系人的信息，则删除该联系人，否则输出提示信息，并提示用户选择是否继续进行删除操作。

(5) 修改联系人的信息。输入一个姓名，根据具体需要修改该联系人的某一项信息，将修改后的信息重新保存到通讯录文件中，并提示用户选择是否继续进行修改操作。

(6) 按不同条件对通讯录进行查询操作，输出满足条件的联系人的信息。

① 按姓名查询，包括精确查询（输入全名）、模糊查询（输入姓名中的任意一个字）。

② 按手机号码查询，输入全部号码或号码位段（如输入130、133、139等）。

③ 按群组分类查询，输入分类名称，输出该群组的全部联系人信息。

(7) 输出联系人的信息。按一定格式输出信息，保证信息排列整齐美观。

实验10.2 学生成绩管理系统

学生包含以下信息项：学号(任意两名学生的学号不可以重复)、姓名、学院、班级、信息技术应用基础成绩、程序设计基础成绩、高等数学成绩、大学英语成绩、总分、平均分。

系统的主要功能包括：

(1) 创建学生成绩信息文件。根据提示输入学生的各项信息，计算出总分和平均分，然后按姓名对学生信息进行排序，并将排序后的学生成绩信息存储到一个文件中。

(2) 增加学生信息。在原有学生信息文件的基础上增加新的学生成绩信息，要求：增加后的学生信息仍按姓名排序，并继续保存至原文件。

(3) 删除学生信息。提示用户输入要进行删除操作的学号，如果在文件中有该信息存在，则将该学号所对应的学生信息删除，否则输出提示信息，并提示用户选择是否继续进行删除操作。

(4) 修改学生信息。提示用户输入要进行修改操作的姓名，如果在文件中该学生信息存在，则提示用户输入该学号对应的要修改的选项，结果保存至原文件中，并提示用户选择是否继续进行修改操作。

(5) 显示全部学生的信息。

(6) 按不同条件对学生信息进行查询操作，输出满足条件的学生信息。

① 按学号查询，输入一个学号，输出对应的学生信息。

② 按姓名查询，包括精确查询(输入全名)、模糊查询(输入姓)。

③ 按班级查询，输入班级名称，输出该学院的全部学生的信息。

(7) 按不同条件对学生成绩进行统计。

① 让用户输入任一课程名，按课程成绩对学生信息由高到低进行排序，输出排序后的信息，并将排序后的学生信息存放到一个新的以课程名为文件名的文件中。

② 按平均分统计各个分数段的学生人数(不及格，60～69，70～79，80～89，90～100)。

③ 分别找出4门课程成绩最高的学生，并输出他们的信息。

④ 分别统计出4门课程的不及格率并输出。

实验10.3 高校教师人事管理系统

教师包含以下信息项：教师编号(任意两教师的编号不可以重复)、姓名、性别、出生日期(年、月、日中间用合适的分隔符)、参加工作时间、工资、学院、职称(助教、讲师、副教授、教授)、学位(学士、硕士、博士)。

系统的主要功能包括：

(1) 创建教师信息文件。根据提示输入教师的各项信息，按教师姓名对教师信息进行排序，并将排序后的教师信息存储到文件中。

(2) 增加教师信息。在原有教师信息文件的基础上增加新的教师信息，要求：增加后的教师信息仍按姓名排序，并继续保存至文件。

(3) 删除教师信息。首先用户输入要删除的教师姓名，如果该教师的信息存在，则将其信息输出到屏幕上，然后询问用户是否确定要删除该教师的信息，若确定删除则将该教师信息删除，并将删除后的结果保存至原文件，否则取消删除操作。最后提示用户是否选择继续进行删除操作，选“是”则重复以上的删除过程，选“否”则退出删除功能。

(4) 修改教师信息。提示用户输入要进行修改操作的教师姓名，如果该教师信息存在，则将其信息输出到屏幕上，然后提示用户输入想要修改的选项，并将修改后的结果保存至原文件中。最后提示用户是否选择继续进行修改操作，选“是”则重复以上的修改过程，选“否”则退出修改功能。

(5) 输出所有教师信息。

(6) 按不同条件对教师信息进行查询操作，输出满足条件的教师信息。

① 按姓名查询，包括精确查询(输入全名)、模糊查询(输入姓)。

② 按学院查询，输入学院名称，输出该学院的全部教师的信息。

③ 按职称查询，输入职称名称，输出相应职称的教师信息。

④ 按参加工作时间查询，输入一个日期，输出在该日期以前参加工作的所有教师信息。

(7) 按不同条件对教师信息进行统计工作。

① 统计 1980 年以后出生的教师的人数，以及 1980 年后出生的教师占教师总数的比例。

② 统计各职称岗位的教师人数，计算高级职称(包括副教授和教授)的比例。

③ 统计各学位的教师人数，计算拥有博士学位的教师占教师总数的比例。

④ 计算教师的平均工资并输出。

实验 10.4　企业职工工资管理系统

工资管理需要和人事管理相联系，生成企业每个职工的实际发放工资。

企业职工人事基本信息包括：职工编号(任意两职工的编号不可以重复)、姓名、性别、出生日期、职称(助工、工程师、高级工程师)、任职年限。

企业职工的工资信息包括：职工编号、姓名、职务工资、职务补贴、住房补贴、应发工资、个人所得税、养老保险、住房公积金、实发工资。

系统的主要功能包括：

(1) 创建职工人事基本信息文件，根据提示输入职工的各项信息，按职工编号对职工信息进行排序，并将排序后的职工信息存储到一个文件中。

(2) 创建职工的工资信息文件(每个月创建一个文件)，其中职工编号和姓名从人事信息文件中复制，其他工资组成项目按下面方法计算。

助工职务工资＝1270×(1＋任职年限×2％)

工程师职务工资＝2360×(1＋任职年限×3％)

高级工程师职务工资＝3450×(1＋任职年限×5％)

职务补贴＝职务工资×25％

住房补贴＝(职务工资＋职务补贴)×15％

应发工资＝职务工资＋职务补贴＋住房补贴

个人所得税＝(应发工资－5000)×3％

养老保险=(职务工资+职务补贴)×10%

住房公积金=应发工资×5%

实发工资=应发工资-个人所得税-养老保险-住房公积金

(3) 增加职工人事基本信息。在原有职工人事基本信息文件的基础上增加新的职工信息,要求:增加后的职工信息仍按编号排序,并继续保存至原文件。

(4) 删除职工人事基本信息。提示用户输入要进行删除操作的职工编号,如果在文件中有该职工信息存在,则将其信息输出到屏幕上,然后询问用户是否确定要删除该职工的信息,若确定删除则将该信息删除,并将删除后的结果保存至原文件,否则取消删除操作。最后可以提示用户是否选择继续进行删除操作,选"是"则重复以上删除过程,选"否"则退出删除功能。

(5) 修改职工人事基本信息。提示用户输入要进行修改操作的职工编号,如果在文件中该职工信息存在,则将其信息输出到屏幕上,然后提示用户输入要修改的选项(职称、任现职年限),并将修改后的结果保存至原文件。最后提示用户是否选择继续进行修改操作,选"是"则重复以上的修改过程,选"否"则退出修改功能。

(6) 输出所有职工的所有信息。

(7) 按不同条件进行查询操作,输出满足条件的职工工资信息。

① 按职工编号查询,输入一个编号,输出对应的职工工资信息。

② 按姓名查询,包括精确查询(输入全名)、模糊查询(输入姓)。

③ 按职称查询,输入职称名称,输出相应职称的职工信息。

(8) 按不同条件对职工工资信息进行统计。

① 统计各职称岗位的职工人数,计算高级工程师的比例。

② 计算企业职工的平均实发工资并输出。

③ 统计职工工资低于平均工资的人数,并输出他们的姓名和实发工资。

实验10.5 仓库物资管理系统

仓库物资管理涉及3方面的记录:库存记录、入库记录和出库记录。

假设仓库中存放的物资为家用电器,库存记录应包括:电器名称、品牌名称(或厂商)、库存数量。

入库记录应包括:批次号、电器名称、品牌名称、入库数量、入库价格、入库时间(年、月、日)、送货人姓名。每一条入库记录的批次号一定不一样。

出库记录应包括:批次号(和入库记录的批次号对应)、电器名称、品牌名称、出库数量、出库价格、出库时间(年、月、日)、提货人姓名。

系统的主要功能包括:

(1) 创建库存记录文件。根据提示输入若干电器的信息,并将信息保存至一个文件中。

(2) 物资入库管理,创建一个入库记录文件。每次有物资入库,则按入库记录要求输入各项信息,并将该次的入库信息添加到文件中,同时修改相应的库存记录文件。

(3) 显示所有入库记录。

(4) 物资出库管理,创建一个出库记录文件。每次有物资出库,则按出库记录要求输入各项信息,并将该次的出库信息添加到文件中,同时修改相应的库存记录文件。注意,物资出库时要检查出库数量的合法性,即出库数量必须小于库存数量,另外一种电器如果跨批次则应建立两条或多条出库记录,因为入库价格可能不一样。

(5) 显示所有出库记录。

(6) 按不同条件进行查询操作,输出满足条件的物资信息。

① 输入电器名称,在库存记录文件中查找相应的物资信息并输出。

② 输入品牌名称,在库存记录文件中查找该品牌的所有电器信息并输出。

③ 输入提货人姓名,输出该提货人对应的出库记录。

④ 输入送货人姓名,输出该送货人对应的入库记录。

(7) 按不同条件对物资信息进行统计。

① 输入一个日期(年、月),统计该月每种电器的出库数目并输出。

② 输入一个日期(年、月),统计该月每种品牌的电器的出库数目并输出。

③ 统计该仓库的商品总价值(所有入库记录中入库价格×入库数量)。

④ 计算该出库电器的总利润。按批次累加,对于同一批次入库的电器,所有出库电器的总利润=(出库价格-入库价格)×出库数量,对于不同批次的电器,入库价格可能不一样,同样,对于同一批次电器,出库价格也可能不一样,则应按批次分别计算利润,然后累加。

(8) 按不同条件对信息进行排序并输出。

① 根据电器名称,对库存信息从小到大顺序进行排序(注意电器名称使用字符串比较函数 strcmp 比较大小),并输出排序后的电器名称。

② 根据库存数量,对库存信息进行排序,并按库存量从高到低的顺序输出电器信息。

实验 10.6　便携式计算机销售管理系统

便携式计算机产品信息包括:产品编号(ID)、型号、品牌(或厂商)、进价、数量。

便携式计算机销售信息包括:产品编号(ID)、型号、品牌(或厂商)、售价、数量、销售日期(年、月、日)、客户名称。

系统的主要功能包括:

(1) 创建便携式计算机产品信息文件。根据提示输入若干便携式计算机的信息,并将这些信息保存至一个文件中。

(2) 增加便携式计算机信息。在原有便携式计算机产品信息文件的基础上增加新的便携式计算机信息,并保存至原产品信息文件中。

(3) 删除便携式计算机信息。提示用户输入要进行删除操作的产品序列号,如果在产品信息文件中有该信息存在,则将对应的便携式计算机信息删除,否则输出提示信息,并提示用户选择是否继续进行删除操作。

(4) 修改便携式计算机信息。提示用户输入要进行修改操作的产品序列号,如果在产品信息文件中该便携式计算机信息存在,则提示用户输入要修改的选项,将结果保存至原产品信息文件中,并提示用户选择是否继续进行修改操作。

(5) 便携式计算机销售管理。创建一个销售记录文件,每完成一次销售,就按销售信息的要求输入各项数据,并将该次的销售信息添加到文件中。

(6) 按不同条件进行查询操作,输出满足条件的便携式计算机信息。

① 输入型号,在便携式计算机产品信息文件中查找相应的便携式计算机信息并输出。

② 输入品牌,在销售记录文件中进行查找,输出该品牌便携式计算机的所有销售信息。

③ 输入一个日期,输出该日期的所有便携式计算机的销售信息。

④ 输入客户名称,输出与该客户有关的所有销售信息。

(7) 按不同条件进行统计。

① 输入一个品牌,在销售记录文件中统计该品牌便携式计算机的总销售量,总销售金额。

② 输入一个日期(年、月),在销售记录文件中统计该月不同品牌的便携式计算机的销售量和销售金额,并由此制作该月的便携式计算机销售排行榜(销量前10名)。

③ 根据全部的销售记录,按总销量从小到大对便携式计算机的销售信息进行排序,并输出排序后的信息。(注意,同品牌同型号的便携式计算机的销售记录可能有多条)

实验10.7 计算机配件销售管理系统

计算机主要配件包括:主板、CPU、硬盘、内存、显示器、机箱、刻录机。

计算机配件信息包括:配件编号(ID)、配件名称、型号、品牌(或厂商)、进价、数量。

计算机配件销售信息包括:配件编号(ID)、配件名称、型号、品牌(或厂商)、售价、数量、销售日期(年、月、日)、客户名称、客户联系电话。

系统的主要功能包括:

(1) 创建计算机配件信息文件。根据提示输入若干计算机配件的信息,将这些信息保存至一个文件中。

(2) 增加计算机配件信息。在原有计算机配件信息文件的基础上增加新的计算机配件信息,保存至原信息文件中。

(3) 删除计算机配件信息。提示用户输入要进行删除操作的配件编号,如果在计算机配件信息文件中有该信息存在,则将对应的计算机配件信息删除,否则输出提示信息,并提示用户选择是否继续进行删除操作。

(4) 修改计算机配件信息。提示用户输入要进行修改操作的配件编号,如果在计算机配件信息文件中有该计算机配件信息存在,则提示用户输入要修改的选项,并将结果保存至原信息文件中,并提示用户选择是否继续进行修改操作。

(5) 输出全部计算机配件信息。

(6) 计算机配件销售管理,创建一个销售记录文件。每完成一次销售,就按销售信息的要求输入各项数据,并将该次的销售信息添加到文件中。

(7) 输出全部销售信息。

(8) 按不同条件进行查询操作,输出满足条件的计算机配件信息。

① 输入配件的名称和型号,在计算机配件信息文件中查找相应的计算机配件信息并输出。

② 输入品牌名称,在销售信息文件中查找并输出该品牌的所有计算机配件的销售信息。

③ 输入客户名称,输出与该客户有关的所有销售信息。

(9) 按不同条件进行统计。

① 输入日期(年、月、日),在销售文件中统计该日期计算机配件的销售情况及销售金额。

② 输入日期(年、月),在销售文件中统计该月计算机配件的销售情况及销售金额,并由此制作该月的计算机配件销售排行榜(销售金额前10名)。

③ 根据计算机配件信息文件统计缺货信息并输出(自己定义一个警戒值,如10,即配件的数量小于10即认定为缺货)。

实验10.8　手机销售管理系统

手机基本信息包括:手机编号(ID)(任意两种手机的编号不可以重复)、型号、品牌、进价、数量。

手机销售信息包括:手机编号(ID)、型号、品牌、售价、数量、销售日期(年、月、日)。销售信息的型号和品牌输入编号后,可从手机基本信息中获取。

系统的主要功能包括:

(1) 创建手机基本信息文件。根据提示输入若干手机的信息,并将这些信息保存至一个文件中。

(2) 增加手机信息。在原有手机基本信息文件的基础上增加新的手机信息,并保存至原手机基本信息文件中。

(3) 删除手机信息。提示用户输入要进行删除操作的手机编号,如果在手机基本信息文件中有该信息存在,则将对应的手机信息删除,否则输出提示信息,并提示用户选择是否继续进行删除操作。

(4) 修改手机信息。提示用户输入要进行修改操作的手机编号,如果在手机基本信息文件中有该手机信息存在,则将提示用户输入要修改的选项,并将结果保存至原手机基本信息文件中,并提示用户选择是否继续进行修改操作。

(5) 显示所有手机基本信息。

(6) 手机销售管理,创建一个手机销售记录文件。每完成一次销售,就按销售信息的要求输入各项数据,并将该次的销售信息添加到文件中。

(7) 显示所有手机销售信息。

(8) 按不同条件进行查询操作,输出满足条件的手机信息。

① 输入手机编号,在手机产品信息文件中查找相应的手机信息并输出。

② 输入品牌,在手机销售记录文件中进行查找,输出该品牌手机的所有销售信息。

③ 输入一个日期,输出该日期的所有手机销售信息。

(9) 按不同条件进行统计。

① 输入一个品牌,在手机销售记录文件中统计该品牌手机的不同型号的销量及销售金额,计算该品牌手机的总销售量和总销售金额。

② 输入一个日期(年、月),在销售记录文件中统计该月手机的总销售量,总销售金额,并由此制作本月销售排行榜(销量前10名)。

③ 根据手机的进价,从小到大对手机信息进行排序,并输出排序后的信息。

实验 10.9　二手房销售信息管理系统

二手房信息包括：房屋编号(任意两套房屋的编号不可以重复)、房屋地址、建筑面积、房屋户型、建设时间、楼层、配套设施、销售价格、销售状况(未售、已售、签约中)、销售时间。

系统的主要功能包括：

(1) 创建二手房信息文件。根据提示输入二手房的各项信息，按二手房编号对二手房信息进行排序，并将排序后的二手房信息存储到一个二进制文件中。

(2) 增加二手房信息。在原有二手房信息文件的基础上增加新的二手房信息，要求：增加后的二手房信息仍按编号排序，并继续保存至文件中。

(3) 删除二手房信息。提示用户输入要进行删除操作的二手房编号，如果在文件中有该信息存在，则将该编号所对应的二手房信息删除，否则输出提示信息，提示用户选择是否继续进行删除操作。

(4) 修改二手房信息。提示用户输入要进行修改操作的二手房编号，如果在文件中该二手房信息存在，则将提示用户输入该编号对应的要修改的选项，结果保存至原文件中，并提示用户选择是否继续进行修改操作。

(5) 显示所有二手房信息。

(6) 按不同条件对二手房信息进行查询操作，输出满足条件的二手房信息。

① 按二手房编号查询，输入一个编号，输出对应的二手房信息。

② 按房屋地址查询，包括精确查询(输入全部地址)、模糊查询(输入部分地址)。

③ 按建筑面积查询，输入建筑面积，输出大于此建筑面积的所有二手房信息。

④ 按户型查询，输入户型条件，输出满足此条件的所有二手房信息。

(7) 按不同条件对二手房信息进行统计。

① 按月、按季度分别统计销售二手房的数量和成交额。

② 统计各种户型的销售数量和比例。

③ 分类汇总显示所有未售、签约中和已售房屋信息。

实验 10.10　药店药品信息管理系统

药店药品信息包括：药品编号、药品名称、药品库存数量、药品厂家、药品生产日期、药品进货价格、药品保质期(年、月)。

药品销售信息包括：药品编号、药品名称、药品销售数量、药品销售价格。

系统的主要功能包括：

(1) 创建药品信息文件。根据提示输入药品的各项信息，按药品编号对药品信息进行排序，并将排序后的药品信息存储到一个二进制文件中。

(2) 增加药品信息。在原有药品信息文件的基础上增加新的药品信息，要求：增加后的药品信息仍按编号排序，并继续保存至文件中。

(3) 删除药品信息。提示用户输入要进行删除操作的药品编号，如果在文件中有该信息存在，则将该编号所对应的药品信息删除，否则输出提示信息，并提示用户选择是否继续进行删除操作。

(4) 修改药品信息。提示用户输入要进行修改操作的药品编号,如果在文件中该药品信息存在,则将提示用户输入该编号对应的要修改的选项,结果保存至原文件中,并提示用户选择是否继续进行修改操作。

(5) 显示所有药品信息。

(6) 销售药品,把销售的信息写入药品销售信息表。提示用户输入要进行销售操作的药品编号,如果在药品信息文件中有该信息存在,则提示用户输入要销售的数量,检查输入数量是否大于库存数量,如果输入数量大于库存数量则让用户重新输入;然后将该编号所对应的药品库存数量减去销售数量后,再重新存入药品信息文件中与该药品对应的库存数量中,并把相应销售信息写入销售文件中,完成销售操作。如果在药品信息文件中没有该信息存在,则输出提示信息,提示用户选择是否继续进行销售操作。

(7) 显示所有药品销售信息。

(8) 按不同条件对药品信息进行查询操作,输出满足条件的药品信息。

① 按药品编号查询,输入一个编号,输出对应的药品信息。

② 按药品名称查询,包括精确查询(输入全名)、模糊查询(输入部分名称)。

③ 按药品厂家查询,输入药品厂家名称,输出此厂家的所有药品信息。

(9) 按不同条件对药品信息进行统计。

① 统计当月各药品销售的数量和成交额。

② 当某药品库存数量小于 20 时,进行库存警示,提示进行补货处理。

③ 计算各药品距离保质期的月数,对月数少于 3 个月的药品进行销售警示。

实验 10.11　汽车租赁管理系统

车辆基本信息包括:车辆编号(任意两辆车的车牌编号不可以重复)、车牌号、车型(如奥迪 A6、本田雅阁、金龙大巴等)、数量、座位数、日租价格、包月价格、已出租数量。

租车客户基本信息包括:客户姓名、身份证、驾驶证、联系电话、单位名称及地址。

系统的主要功能包括:

(1) 车辆信息管理。

① 创建车辆基本信息文件。输入若干车辆的信息,并将其保存至一个文件中。

② 增加车辆信息。增加新的车辆信息,并保存至原车辆基本信息文件中。

③ 删除车辆信息。提示用户输入要进行删除的车辆编号,如果在车辆基本信息文件中有该车辆存在,则将对应的车辆信息删除,否则输出提示信息,并提示用户选择是否继续进行删除操作。

④ 修改车辆信息。提示用户输入要进行修改的车辆编号,如果在车辆基本信息文件中有该车辆信息存在,则提示用户输入要修改的选项,并将结果保存至原车辆基本信息文件中,并提示用户选择是否继续进行修改操作。

⑤ 车辆查询。可以根据车辆编号、车牌号、车型、座位数分别进行查询或多个条件组合进行车辆查询。

⑥ 显示所有车辆信息。

(2) 租车客户信息管理。

① 创建客户信息文件。输入若干客户的信息,并将其保存至一个文件中。

② 增加、修改和删除客户信息。注意,信息变化后要对文件进行更新。

③ 租车客户查询。可根据姓名、身份证、驾驶证、电话分别进行查询或多个条件组合进行查询。

④ 显示所有客户信息。

(3) 租车业务管理,创建一个车辆出租记录文件。每项租车业务包括:租车客户姓名(必须能在客户基本信息中查得到该客户的信息)、身份证(来自客户基本信息)、出租车辆编号(必须能在车辆基本信息文件中查得到)、车牌号(来自车辆基本信息)、数量、出租类型(日租或包月)、租期(天数或月数)、出租时间(年、月、日)、押金、应交租金、归还时间(年、月、日)、实收租金。最后两项(归还时间和实收租金)在还车时记录,前面各项在租车时记录(归还时间和实收租金可先置为0)。

① 车辆出租时,需要修改车辆基本信息中相应车辆的已出租数量,如果租车的是一位新客户,则需要在租车客户信息文件中增加新的租车客户信息。

② 车辆归还时,也要修改车辆基本信息中相应车辆的已出租数量,如果提前还车,需要计算退还的租金金额,实收租金=应交租金-退款金额;如果过期归还,则需要补交租金,实收租金=应交租金+补交金额。

③ 车辆出租情况查询,在车辆出租记录文件可以根据客户姓名、车牌号、出租时间等进行查询。

④ 输入一个日期(年、月),根据归还时间统计该月已完成的出租业务的租金收入。

⑤ 输入一个日期(年、月),统计该月各个车型的车辆出租的数量。

实验10.12 社区车辆信息管理系统

车辆基本信息包括:车辆编号(任意两辆车的编号不可以重复)、车辆名称、车辆厂家名称、车辆牌号、车主姓名、车主电话、车辆类型、车辆价值、车位号。

系统的主要功能包括:

(1) 创建车辆信息文件。根据提示输入车辆的各项信息,按车辆编号对车辆信息进行排序,并将排序后的车辆信息存储到一个二进制文件中。

(2) 增加车辆信息。在原有车辆信息文件的基础上增加新的车辆信息,要求:增加后的车辆信息仍按编号排序,并继续保存至文件中。

(3) 删除车辆信息。提示用户输入要进行删除操作的车辆编号,如果在文件中有该车辆信息存在,则将该编号所对应的车辆信息删除,否则输出提示信息,并提示用户选择是否继续进行删除操作。

(4) 修改车辆信息。提示用户输入要进行修改操作的车辆编号,如果在文件中有该车辆信息存在,则将提示用户输入编号对应的要修改的选项,结果保存至原文件中,并提示用户选择是否继续进行修改操作。

(5) 按不同条件对车辆信息进行查询操作,输出满足条件的车辆信息。

① 按车辆牌号查询,输入一个编号,输出对应的车辆信息。

② 按车主姓名查询,包括精确查询(输入全名)、模糊查询(输入姓氏)。

③ 按车辆名称查询,输入车辆名称,输出该类车辆的全部信息。

④ 按车位号查询,输入车位号,输出相应车辆的信息。

(6) 按不同条件对车辆信息进行统计。

① 统计各车辆类型的个数及所占比例。

② 统计各价位的车辆的个数及所占比例。

③ 统计各车辆厂家的车辆的个数及所占比例。

(7) 显示所有车辆信息。

实验 10.13　小区物业管理系统

小区房产信息包括：房产编号(楼号-单元号-层号房屋号,如 2-1-501)(任意两处房产的房产编号不可以重复)、建筑面积、户型(如 2 室 2 厅,3 室 3 厅等)、房屋使用状态(入住、闲置、出租、未售)、物业费。

小区业主信息包括：业主姓名、房产编号(必须能在房产信息中查得到)、房产证、业主身份证、联系电话。

系统的主要功能包括：

(1) 房产信息管理。

① 创建房产基本信息文件。输入若干房产的信息,并将其保存至一个文件中。

② 修改房产信息。提示用户输入要进行修改的房产编号,在房产基本信息文件中找到该房产信息,可以修改房产的房屋使用状态,并将结果保存至原房产基本信息文件中,并提示用户选择是否继续进行修改操作。

③ 房产信息查询,可以根据房产编号、建筑面积、户型、房屋使用状态分别进行查询或多个条件组合起来进行房产查询。

④显示所有房产信息。

(2) 业主信息管理。

① 创建业主信息文件。输入若干业主的信息,并将其保存至一个文件中。

② 增加、修改、删除业主信息。注意,信息变化后要对文件进行更新。

③ 业主信息查询,可根据姓名、身份证、电话分别进行查询或多个条件组合起来进行查询。

④ 显示所有业主信息。

(3) 物业收费管理。

① 创建物业收费文件(每个月需创建一个文件),物业收费记录包括：业主姓名、房产编号(以上两项必须在业主信息中查得到)、水表起码、水表止码、电表起码、电表止码、物业费、水费、电费。物业费直接通过房产信息文件获得,水费、电费必须经过计算得到,费用是正数表示交费金额,负数表示欠费金额。

水费=(水表止码－水表起码)×3.0(元)

电费=(电表止码－电表起码)×0.6(元)

其中,水表、电表起码来自上个月的物业收费文件,水表、电表止码需要本月进行输入。

房屋使用状态如果是闲置的,只有物业费,不产生水费、电费。

② 输入业主姓名或房产编号,查询对应的各项收费信息。

③ 输入一个日期(年、月),输出该月有欠费情况的业主信息。

实验 10.14　校园超市商品信息管理系统

超市商品基本信息包括:商品编号(任意两种商品的编号不可以重复)、商品名称、商品厂家名称、商品类型、商品进货价格、商品生产日期、商品库存数量、商品保质期。

商品销售信息中包括:商品编号(必须在商品基本信息中查得到)、商品名称、商品销售价格、销售数量、销售日期。

系统的主要功能包括:

(1) 创建商品信息文件。根据提示输入商品的各项信息,按商品编号对商品信息进行排序,并将排序后的商品信息存储到一个二进制文件中。

(2) 增加商品信息。在原有商品信息文件的基础上增加新的商品信息,要求:增加后的商品信息仍按编号排序,并继续保存至文件中。

(3) 删除商品信息。提示用户输入要进行删除操作的商品编号,如果在文件中有该商品信息存在,则将该编号所对应的商品信息删除,否则输出提示信息,并提示用户选择是否继续进行删除操作。

(4) 修改商品信息。提示用户输入要进行修改操作的商品编号,如果在文件中有该商品信息存在,则将提示用户输入该编号对应的要修改的选项,结果保存至原文件,并提示用户选择是否继续进行修改操作。

(5) 显示所有商品信息。

(6) 按不同条件对超市商品信息进行查询操作,输出满足条件的商品信息。

① 按商品编号查询,输入一个编号,输出对应的商品信息。

② 按商品名称查询,包括精确查询(输入全名)、模糊查询(输入部分名称)。

③ 按商品厂家查询,输入商品厂家名称,输出此厂家的所有商品信息。

(7) 销售商品,提示用户输入要进行销售操作的商品编号,如果在商品基本信息文件中有该商品信息存在,则提示用户输入要销售的数量,检查输入数量是否大于库存数量,如果输入数量大于库存数量则让用户重新输入;然后将该编号所对应的商品库存数量减去销售数量后,再重新存入商品库存数量中,并将相应信息写入商品销售信息,完成销售操作,否则输出提示信息,并提示用户选择是否继续进行销售操作。

(8) 按不同条件对商品信息进行统计。

① 显示所有商品销售信息。

② 统计当月各商品销售的数量和成交额。

③ 当某商品库存数量小于20时,进行库存警示,提示进行补货处理。

④ 计算各商品距离过期日期的天数,当天数少于30天的进行销售警示。

实验 10.15 电影院管理系统

电影院放映厅基本信息包括：放映厅编号、座位数、放映时间安排表（一天的放映时间）。

影片基本信息包括：影片名称、影片类型（如爱情、警匪、科幻、灾难等）、语言种类（中文、英文等）、票价、放映厅编号、放映开始日期、放映结束日期（以上两个日期之间的日期段表示放映档期，如 2021 年 12 月 5 日至 2021 年 12 月 20 日）。

系统的主要功能包括：

（1）影片基本信息管理。

① 创建影片基本信息文件。输入若干影片的信息，并将其保存至一个文件中。

② 增加影片信息。增加新的影片信息，并保存至影片基本信息文件中。

③ 删除影片信息。提示用户输入要进行删除的影片名称，如果在影片基本信息文件中有该影片存在，则将对应的影片信息删除，否则输出提示信息，并提示用户选择是否继续进行删除操作。

④ 影片查询，可以根据影片名称、影片类型、放映日期（年、月、日）等分别进行查询或多个条件组合起来进行查询。

（2）影片放映管理。

① 售票。创建一个售票信息文件，包括：影片名称、放映厅编号、放映日期（年、月、日）、放映时间（几点几分）、购票数（购票数要小于或等于该放映厅的余票数，余票数＝座位数－购票数）。注意，对于同一部影片，如果该片在多个放映厅放映，则会产生多条售票信息，但是同一部影片在同一个放映厅只有一条售票信息。

② 输入影片名称和放映日期（年、月、日），输出该影片当天的票房信息（观看人数和票房收入）。一个影片可能在多个放映厅放映，每个放映厅不同的放映时间观看电影的人数都不同。

③ 输入影片名称，输出该影片在放映档期内的票房信息（观看人数和票房收入）。

④ 输入一个日期（年、月、日），输出该天每一部影片的观看人数和票房收入，并统计该天电影院的全部影片的观看人数和票房收入。

⑤ 输入一个日期（年、月），统计该月电影院的票房收入。

⑥ 输入一个日期（年，如 2013 年），统计在该年度内放映的每部影片的票房总收入，并按票房总收入从高到低的顺序将影片名称和票房收入这两项信息存入一个文件中。

实验 10.16 高校学生评教系统

教师信息包括：教师编号（任意两名老师的编号不可以重复）、姓名、性别、学院、所教课程名称（最多 5 门）、评教成绩（所教全部课程的评教得分的平均分）。

学生信息包括：学号（任意两名同学的学号不可以重复）、姓名、性别、学院、班级、密码。

系统的主要功能包括：

(1) 教师信息管理。

① 创建教师信息文件。根据提示输入教师的各项信息,按教师编号对教师信息进行排序,并将排序后的教师信息存储到文件中。

② 增加教师信息。在原有教师信息文件的基础上增加新的教师信息,要求:增加后的教师信息仍按编号排序,并继续保存至文件中。

③ 删除教师信息。首先用户输入要删除的教师姓名,如果该教师信息存在,则将其信息输出到屏幕上,然后询问用户是否确定要删除该教师的信息,若确定删除则将该教师信息删除,并将删除后的结果保存至原文件;否则取消删除操作。最后提示用户是否选择继续进行删除操作,选"是"则重复以上的删除过程,选"否"则退出删除功能。

④ 修改教师信息。提示用户输入要进行修改操作的教师姓名,如果该教师信息存在,则将其信息输出到屏幕上,然后提示用户输入想要修改的选项,并将修改后的结果保存至原文件中。最后提示用户是否选择继续进行修改操作,选"是"则重复以上的修改过程,选"否"则退出修改功能。

(2) 学生评教管理。

评教信息包括:教师编号、姓名、学院、课程名称、评教人数、评教总分、最终评教得分(按评教人数计算的平均分)。若一个教师教授3门课程,则会产生3条评教信息。

① 学生必须先登录系统,登录时输入学号和密码,正确才能进行评教。

② 可以按姓名查询教师,包括精确查询(输入全名)、模糊查询(输入名字中的任何一个字),然后选择课程进行打分(百分制),对于同一个教师的同一门课程只允许进行一次评教。如果是对某个教师某门课程的第一次评教,将产生一条新的评教记录(学号、教师编号、课程名称、评教分数),如果不是第一次评教,则应修改原有评教记录中的评教人数、评教总分、最终评教得分。

(3) 查询和统计管理。

① 输入教师编号或姓名,输出该教师所有课程的最终评教得分。

② 输入学院名称,对该学院所有教师的评教成绩从高到低进行排序,然后输出排序后的信息,并将排序后的信息存入一个新文件中。

③ 对教师的评教成绩按分数段(90~100,80~89,70~79,0~69)分别统计人数。

④ 输入课程名称,输出所有教授该课程的教师的最终评教得分。

实验 10.17 酒店客房信息管理系统

酒店客房基本信息包括:房间编号、房型(大床房、标准间、家庭房、三人间、套房等)、房价(不同房型价格不同)、房间状态(空闲、已预定、已入住)。

客户基本信息包括:姓名、身份证号码、来源地区、联系电话、备注信息(可以记录客户的特殊要求等)。

系统的主要功能包括:

(1) 客房基本信息管理。

① 创建客房基本信息文件。输入若干客房的信息,并将其保存至一个文件中。

② 增加客房信息。增加新的客房信息,并保存至客房基本信息文件中。

③ 删除客房信息。提示用户输入要进行删除的房间编号,如果在客房基本信息文件中有该客房信息存在,则将对应的客房信息删除,否则输出提示信息,并提示用户选择是否继续进行删除操作。

④ 修改客房信息。主要是修改房间状态和修改房价。例如,周末和节假日调高房价。

(2) 客房管理。

① 客房预订。创建一个预订信息文件,包括:客户名称、联系电话、房间编号、房型、预订的入住时间、预订的退房时间。

② 入住登记。已预订客户实际入住时,还需要登记客户的身份证号码、来源地区和备注(如无特殊要求此项可为空),同时修改预订房间的状态(由已预订改为已入住)。如果是没有预订过的客户直接办理入住,则需要登记姓名、身份证号码、来源地区、联系电话、备注信息,同时给客户分配房间,在空闲的房间中找到满足客户要求的房间,并修改该房间的状态(空闲改为已入住),还要记录客户的入住时间。

③ 客房情况查询。可以根据房间编号、房间状态、房型等分别进行查询,以及多个条件组合起来进行查询。例如,查找空闲的标准间。

④ 退房结算。根据客户住宿的天数和房价计算应收费的金额,同时修改房间状态(已入住改为空闲)。

⑤ 输入一个日期,可以具体到年份、月份或某一天,统计这个时间的客房总收入。例如,输入 2021.3,就统计 2021 年 3 月的酒店客房总收入,如果输入 2021.5.1,就统计 2021 年 5 月 1 日这一天的客房总收入。

实验 10.18　企业员工培训管理系统

培训课程基本信息包括:课程编号、课程名、课程简介、教材、上课时间、上课地点、选课人数限制、已选课人数、课程状态(选课中、授课中、已结课)。

员工基本信息包括:员工编号、姓名、部门、联系电话、参加培训的情况(包括培训课程名和培训考核成绩)。

系统的主要功能包括:

(1) 培训课程基本信息管理。

① 创建培训课程基本信息文件。输入若干培训课程的信息,并将其保存至一个文件中。

② 增加培训课程信息。增加新的培训课程信息,并保存至培训课程基本信息文件中。

③ 删除培训课程信息。提示用户输入要进行删除的课程编号,如果在培训课程基本信息文件中有该培训课程信息存在,则将对应的培训课程信息删除,否则输出提示信息,并提示用户选择是否继续进行删除操作。

④ 修改培训课程信息。例如,可以修改教材、上课时间、上课地点等。

⑤ 培训课程情况查询。可以根据课程编号、课程名等分别进行查询以及多个条件组合起来进行查询。

⑥ 输出一个课程表。即输出所有培训课程的全部信息。

(2) 培训管理。

① 员工选课。员工可以通过查询课程表来选择自己想要参加的培训课程,同时生成一个选课信息文件,包括:员工编号、姓名、已选的课程编号、课程名、培训情况(包括待开始、学习中、已结束)、培训考核成绩(已结束的有成绩,其他为空)。

② 输出全部选课结果。将培训课程的相关信息包括:课程编号、课程名、选课人数限制、已选课人数等输出。

③ 选课情况查询。可以根据课程编号、课程名、课程状态等分别进行查询以及多个条件组合起来进行查询。例如,查找"授课中"的培训课程有哪些,并且可以提供该课程的选课名单。

④ 课程考核。当培训课程结课时必须创建一个考核成绩的文件,记录选课员工的考核成绩,同时也要修改员工信息中的培训情况,及时更新记录。

⑤ 培训情况查询。输入员工编号和姓名,查看该员工参加过的所有培训课程及考核成绩。根据选课人数可以对培训课程进行排序,找出最受欢迎的培训课程 TOP5 并输出。

实验 10.19 停车场管理系统

假设停车场分为 3 个区域:①A 区用来停放轿车,有车位 20 个,车位编号为 A01~A20,每小时收费 3 元;②B 区用来停放中型客车或货车,有车位 15 个,车位编号为 B01~B15,每小时收费 4 元;③C 区用来停放大型客车或货车,有车位 10 个,车位编号为 C01~C10,每小时收费 5 元。

本系统要求用链表实现,设置 3 个链表分别对应停车场的 3 个区域,链表结点的数据成员应包括:车位号、车牌号、停车时间(几点几分)、离开时间。每个链表设置一个表头结点,该结点存放的数据比较特殊,用车位号成员存放当前空闲的且最小的车位号,如果该区域所有车位已满,则用 A00(或 B00、C00)表示,表头结点的车牌号和停车时间成员都置空。

初始状态是停车场为空,此时可用图 10.1 表示。

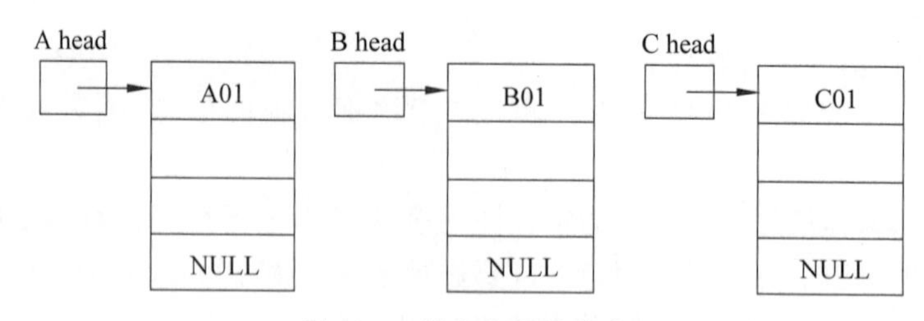

图 10.1 停车场初始状态

设计一个系统总菜单,内容包括以下列出的系统主要功能。

系统的主要功能包括:

(1) 停车管理。如果有车要进入停车场,首先输入车型(大型、中型、小型),根据车型找到相应链表表头结点的数据成员,查看是否还有空闲车位,若有空闲车位,则允许该车进入停车场,此时对应链表应该插入一个新结点。例如,停车场开放一段时间后,可能出现如图

10.2 所示的状态。如果有一辆中型车想进入停车场，因链表 B 的表头结点的车位号为 B00，则会被告知没有车位；如果有一辆小轿车想进入停车场，则可以将 A02 车位分配给它，此时要求将新结点插入到 A01 和 A03 之间，注意此时还需要修改链表 A 表头结点的车位号，将其改为 A04。

（2）收费管理。当有车要离开停车场，先输入当前时间，根据车位号按不同区域的收费标准计算应收取的停车费用，收费规定：停车时间不足 30 分钟的按半小时收费，停车时间超过 30 分钟但不足 1 小时的按 1 小时收费。假设停车场的营业时间为早 6 点到晚 22 点，注意汇总当天收取的费用总额，并将该数据存放到一个文本文件中，文件中的数据格式为：****年**月**日，***.*元(每天一行)。注意，汽车离开后应将对应的结点删除，并根据情况看是否要修改表头结点中的车位号。

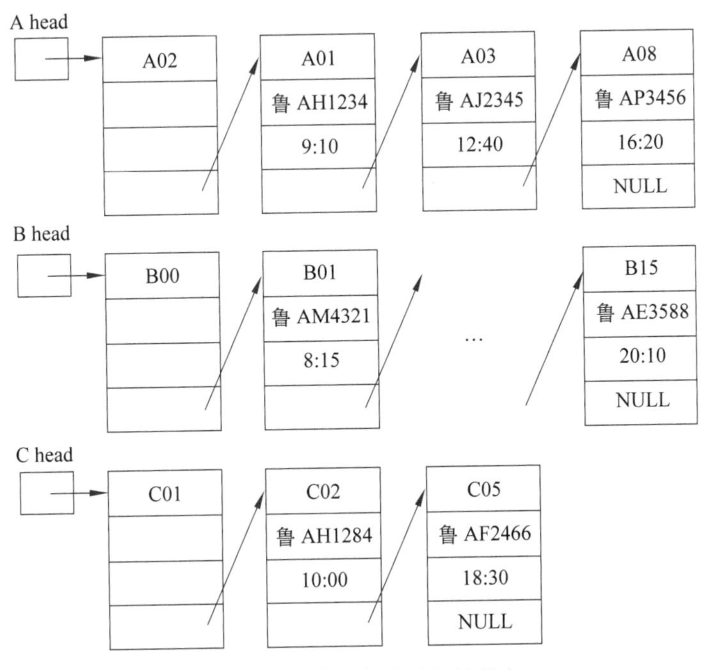

图 10.2　停车场某个时刻的状态

（3）按不同条件进行查询操作。

① 分别输出 A 区、B 区、C 区当前所停放的汽车的信息。

② 分别输出 A 区、B 区、C 区当前空闲的车位号。

③ 输入车牌号，输出该汽车所停放的车位号。

（4）按不同条件进行统计。

① 分别输出 A 区、B 区、C 区当前所停放的汽车的数量。

② 输入当前时间，分别统计 A 区、B 区、C 区到当前时间为止，停车时间超过 5 小时的汽车数量，并输出这些汽车的信息。

③ 输入一个日期(年、月)，统计该月停车场的收费金额。

实验10.20　火车订票管理系统

假设有5条火车线路(起点均为济南),每条线路所涉及的信息有:终点站、车次、发车时间(年、月、日、时、分)、票价、余票数(假设火车总票数为300)。

乘客订票信息包括:乘客姓名、乘客身份证号码、订票数,总票价。

本系统要求用结构体数组和链表实现,将火车线路信息存放在结构体数组中,每条线路对应一个链表,乘客订票就是在链表中插入结点,乘客退票就是在链表中删除结点。

链表的结点类型和结构体类型定义如下。

```
struct node
{  char name[12];                    //乘客姓名
   char IDcard[20];                  //乘客身份证号码
   int TicketNum;                    //订票数
   float FareSum;                    //总票价
   struct node * next;               //指针成员
};
struct Dtime
{  short year;
   short month;
   short day;
   short hour;
   short minute;
};
struct train
{  char terminal[20];                //终点站
   char sequence[20];                //车次
   struct Dtime StartTime;           //发车时间
   float fare;                       //票价
   int SpareTicketNum;               //余票数
   struct node * head;               //指针成员,指向该线路第一个订票乘客
};
```

火车订票管理系统整体结构如图10.3所示。

火车订票管理系统的主要功能包括:

(1) 火车线路查询功能。乘客输入终点站名称或输入车次,输出相应的火车线路信息。

(2) 订票功能。乘客输入车次和订票数,先查询该车次的余票数,若余票数大于或等于订票数,则为乘客办理订票手续,要求乘客输入姓名、身份证号码,计算出总票价,产生一个新结点,将该结点添加到对应车次的链表中,然后修改该车次的余票数。若余票数小于订票数,则输出提示信息"余票数不足,订票失败!"。

(3) 退票功能。乘客输入车次和身份证号码,在该车次对应的链表中查找该乘客,若找到该乘客,询问乘客退票数量,若退票数小订票数,则只需修改结点的订票数;若退票数等于订票数,则将该乘客对应的结点删除,然后修改该车次的余票数;若没找到该乘客,则应提示"未找到相应信息",要求乘客重新输入车次和身份证号码,再进行查找,如果仍未找到该乘客,则输出提示信息"输入信息错误,退票失败!"。

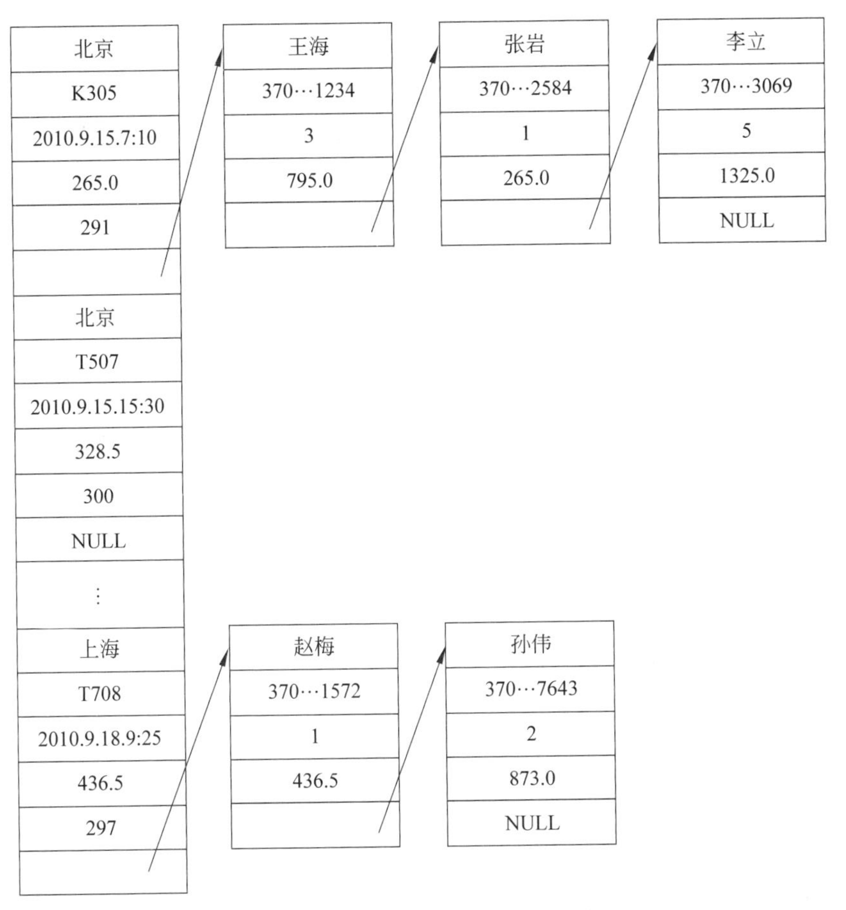

图 10.3　火车订票管理系统结构示意图

(4) 其他查询功能。

① 输入车次,输出该车次的全部订票信息。

② 输入车次,输出该车次的订票数和余票数。

③ 输入终点站名称,输出相关火车线路的信息。

④ 输入日期(年、月、日),输出发车时间为该天的火车线路的信息。

⑤ 输出余票数为 0 的火车线路的信息。

实验 10.21　英文文档处理系统

在一个文本文件 file.txt 中存入一篇英文文档(如大学英语中的一篇课文),注意输入的文档已经分行,每行字符数小于 80,然后完成以下系统功能设置。

(1) 对文本文件进行处理,判断每句话开头的第 1 个单词的首字母是否为大写字母,如果首字母是小写字母则将其改为大写字母。另外,注意文件中如果有一个单词只是一个小写字母 i,则将它改为大写字母 I,处理好的文档保存到一个新文件 newfile1.txt 中。

例如,已知一个原始的文本文件 file.txt,它的内容如下。

Apple round apple red.

apple juice apple sweet.

apple apple i love you.

Apple sweet i love to eat.

处理了首字母大写和单词 i 改为 I 后，保存到一个新文件 newfile1.txt 中，新文件的内容如下。

Apple round apple red.

Apple juice apple sweet.

Apple apple I love you.

Apple sweet I love to eat.

(2) 在处理好的文件 newfile1.txt 的每一行的最前面加上一个整数行号，行号和字母间用两个空格分开，并保存到一个新的文本文件 newfile2.txt 中，新文件的内容如下。

1 Apple round apple red,

2 Apple juice apple sweet.

3 Apple apple I love you,

4 Apple sweet I love to eat.

(3) 在加了行号的新文件 newfile2.txt 中实现以下功能。

① 输入一个行号，删除该行的信息，并更新文件。

② 输入两个行号，交换这两行的内容，并更新文件。

③ 输入一个行号，再输入一行英文，在这个行号后面插入新输入的英文，并更新文件。

(4) 输入一个英文单词，在最初的原始文件 file.txt 中查询是否有这个单词，若查询到则输出 YES，否则输出 NO。

(5) 输入一个英文单词，在最初的原始文件 file.txt 中查询是否有这个单词，将查询到的单词全部删除，然后另存到一个新文件 newfile3.txt 中。

(6) 输入两个英文单词 A 和 B，在最初的文件 file.txt 中查询单词 A，然后用单词 B 去替换单词 A，注意可能会替换多次，并将替换后的文档另存为一个文本文件 newfile4.txt。如果文档中没有单词 A，则直接输出 error。

(7) 统计最初的原始文件 file.txt 中每个单词出现的次数(注意单词不区分字母大小写)，并且按字母序对单词排序，然后将单词的排序结果写入一个新的文本文件 word.txt 中，文件中数据的格式：单词，数量。新文件内容如下。

apple,7

eat,1

i,2

juice,1

love,2

red,1

round,1

sweet,2

to,1

you,1

参考文献

[1] 刘明军. 程序设计基础(C 语言)[M]. 2 版. 北京：清华大学出版社，2014.

[2] 姜桂洪，谷亚鹏，刘秋香，等. C 程序设计教程习题解答与上机指导[M]. 北京：清华大学出版社，2008.

[3] 姜灵芝，余健. C 语言课程设计案例精编[M]. 北京：清华大学出版社，2008.

[4] 谭浩强. C 程序设计试题汇编[M]. 2 版. 北京：清华大学出版社，2006.

[5] 汪同庆，关焕梅，杨洁. C 语言程序设计实验教程[M]. 北京：机械工业出版社，2007.

[6] 顾治华，陈天煌，贺国平. C 语言程序设计实验指导[M]. 北京：机械工业出版社，2007.

[7] 刘振安，孙忱，刘燕君. C 程序设计课程设计[M]. 北京：机械工业出版社，2004.

[8] 苏小红. C 语言大学实用教程习题与实验指导[M]. 北京：电子工业出版社，2004.

图书资源支持

感谢您一直以来对清华版图书的支持和爱护。为了配合本书的使用，本书提供配套的资源，有需求的读者请扫描下方的“书圈”微信公众号二维码，在图书专区下载，也可以拨打电话或发送电子邮件咨询。

如果您在使用本书的过程中遇到了什么问题，或者有相关图书出版计划，也请您发邮件告诉我们，以便我们更好地为您服务。

我们的联系方式：

地　　址：北京市海淀区双清路学研大厦 A 座 714

邮　　编：100084

电　　话：010-83470236　010-83470237

客服邮箱：2301891038@qq.com

QQ：2301891038（请写明您的单位和姓名）

资源下载：关注公众号“书圈”下载配套资源。

资源下载、样书申请

书圈

图书案例

清华计算机学堂

观看课程直播